"十四五"职业教育国家规划教材

SQL Server 数据库技术及应用

第三版

新世纪高职高专教材编审委员会 组编
主　编　黄崇本　韦存存
副主编　谭恒松　徐　畅　严良达

浙江省普通高校
"十三五"新形态教材

大连理工大学出版社

图书在版编目(CIP)数据

SQL Server 数据库技术及应用 / 黄崇本，韦存存主编. -- 3 版. -- 大连：大连理工大学出版社，2022.1
（2023.11 重印）
新世纪高职高专计算机应用技术专业系列规划教材
ISBN 978-7-5685-3719-3

Ⅰ.①S… Ⅱ.①黄… ②韦… Ⅲ.①关系数据库系统－高等职业教育－教材 Ⅳ.①TP311.132.3

中国版本图书馆 CIP 数据核字(2022)第 021774 号

大连理工大学出版社出版

地址：大连市软件园路 80 号　邮政编码：116023
电话：0411-84708842　邮购：0411-84708943　传真：0411-84701466
E-mail:dutp@dutp.cn　URL:https://www.dutp.cn
大连图腾彩色印刷有限公司印刷　　大连理工大学出版社发行

幅面尺寸：185mm×260mm　印张：17.5　字数：446 千字
2014 年 12 月第 1 版　　　　　　 2022 年 1 月第 3 版
2023 年 11 月第 5 次印刷

责任编辑：高智银　　　　　　　　责任校对：李　红
　　　　　　　封面设计：张　莹

ISBN 978-7-5685-3719-3　　　　　　　　定　价：55.80 元

本书如有印装质量问题，请与我社发行部联系更换。

前　言

　　《SQL Server 数据库技术及应用》(第三版)是"十四五"职业教育国家规划教材、"十三五"职业教育国家规划教材、"十二五"职业教育国家规划教材、浙江省普通高校"十三五"新形态教材,也是新世纪高职高专教材编审委员会组编的计算机应用技术专业系列规划教材之一。

　　党的二十大报告中指出,科技是第一生产力、人才是第一资源、创新是第一动力。大国工匠和高技能人才作为人才强国战略的重要组成部分,在现代化国家建设中起着重要的作用。数字中国是国家的发展战略。要建设好数字中国,需要大力发展软件与信息服务业,特别是发展国产软件,是强化数字中国关键能力,实现科技自立自强的重要路径。因此,软件的技术技能型人才培养显得尤为重要。

　　数据库技术是信息处理的核心技术之一,本教材注重高职高专计算机类专业所需数据库基本知识和基本技能的培养,精心设计了 27 个任务进行教学实施,除第 1 章外,每个任务均由"任务描述与必需知识""任务实施与思考""课堂实践与检查""知识完善与拓展"四部分组成。

1. 特色创新

　　(1)创新了"模块化"教材内容——凸显职教特色、德技并修。通过走访调研,邀请中软国际等知名企业、软件行业协会专家,共同明确数据库开发岗位任职要求和行业标准,确定工作必备的核心能力,提出具体技能要求,进而设置"模块化"教材内容。

　　变传统的"知识"体系为"能力体系",紧密对接企业转型升级和职业岗位需求,依据计算机类专业人才培养目标和"1+X职业技能证书"考试要求,依托国家专业教学标准,以碎片化的资源建设为基础,以结构化的课程建设为骨架,以课程思政贯穿教材,关注学生学习能力建构、工匠精神培养和职业素养提升,开发建设了衔接紧密、德技并修的教学模块。教材以典型工作任务和岗位需求为核心,按照数据库开发岗位的工作任务的逻辑关系,构建理实一体化教材。

　　(2)精心设计教学任务。根据 SQL Server 数据库技术及应用的知识点和技能点的教学要求,以"了解—设计—建库—查询—编程—管理—开发"为线索展开编写。每个任务均可以

通过任务描述、必需知识讲解、任务演示、任务实施、问题思考、课堂实践、课堂检查、小组讨论等环节进行教与学。

(3) 合理安排教学过程。充分体现"做中教、做中学"的思想：教师的教——知识回顾复习、任务布置分析、必需知识讲解、任务演示说明、任务实施指导、课堂实践指导、组织小组讨论等；学生的学——学习任务所需知识、验证任务实施过程、CRM 项目课堂实践训练、HR 项目课内外综合训练、学习"知识完善与拓展"内容等。

(4) 创新设计知识提升。每章均设"知识提升"部分，内容包括：专业英语、考证天地、问题探究、技术前沿等。专业英语，列出与本章相关的数据库技术方面的专业词或词组；考证天地，结合"数据库系统工程师""1＋X 职业技能证书"考试要求和本章教学内容，进行考点归纳和真题分析，有效实现书证融通；问题探究，结合本章教学内容，选择 1～3 个问题进行分析思考；技术前沿，结合本章教学内容，选择 1～3 个主题进行简述。

2. 内容要点

本教材分为 7 章，结合 SQL Server 2012 DBMS 和 CRM 客户关系管理数据库(课堂教学使用)、HR 人力资源管理数据库(课内外练习使用)，介绍数据库技术的基础知识和基本方法，训练数据库技术应用的基本技能。

第 1 章，认识数据库：主要介绍数据库系统的基本概念、关系模型、关系数据库等基本知识，关系运算及关系数据库语言 SQL 等基本知识，SQL Server 2012 DBMS 的安装过程。

第 2 章，数据库设计：主要介绍需求分析、数据库概念结构设计、数据库逻辑结构设计、关系规范化等基本知识与基本方法，介绍利用 PowerDesigner 建模工具进行数据库建模的方法。

第 3 章，数据库建立：主要介绍 SQL Server 数据库及表的创建和管理、数据库完整性的设置、数据库数据的输入与更新、数据库索引的建立和管理等基本知识与基本方法。

第 4 章，数据库查询：主要介绍简单查询、统计查询、连接查询、子查询等基本知识与基本方法，介绍视图的创建和使用的基本知识与基本方法。

第 5 章，数据库编程：主要介绍数据库编程基础、创建与执行存储过程、创建与验证触发器、事务控制与并发处理等基本知识与基本方法。

第 6 章，数据库管理：主要介绍数据库安全管理、数据库备份和恢复、数据库导入/导出与复制等基本知识与基本方法。

第 7 章，数据库开发：主要介绍 ADO.NET 数据库访问技术、数据库系统实现的基本方法。

建议课时及说明见下表。

章 序	内 容	建议课时	说 明
1	认识数据库	8	含课程引入与课程介绍
2	数据库设计	8＋2	
3	数据库建立	10＋2	含索引
4	数据库查询	10＋2	含视图
5	数据库编程	8＋2	
6	数据库管理	10	
7	数据库开发	6＋4	含项目检查与评价
合 计		60＋12	不含课外学时

3. 编写团队

本教材由浙江工商职业技术学院黄崇本、韦存存任主编，浙江工商职业技术学院谭恒松、徐畅、严良达任副主编，浙江工商职业技术学院葛茜倩和吴冬燕参与编写。具体编写分工如下：第1章由黄崇本编写，第2章、第6章由韦存存编写，第3章由严良达编写，第4章由谭恒松编写，第5章、第7章由徐畅编写；葛茜倩参与第3章编写，吴冬燕参与第6章编写。黄崇本对全书进行统编、定稿。本教材为学院与中软国际有限公司合作开发，在编写本教材的过程中，中软国际有限公司的多位同仁参与了编写并给予了很多具体指导，他们对于本教材的项目案例设计和学习任务编排等环节提出了许多建设性的意见，在此表示最诚挚的感谢。

在编写本教材的过程中，编者参考、引用和改编了国内外出版物中的相关资料以及网络资源，在此表示深深的谢意！相关著作权人看到本教材后，请与出版社联系，出版社将按照相关法律的规定支付稿酬。

本教材可结合爱课程网（www.icourses.cn）中"数据库技术与应用"资源共享课进行学习，该课程是国家级精品课程。本教材提供职教云慕课版在线学习平台，网址为https://zbti.zjy2.icve.com.cn/course.html?courseOpenId=hhqkafqsuyjg6hkamerdtg。另外，本教材还提供了微课，用手机扫码即可观看学习。

本教材为高职高专计算机类专业数据库基础教材，也可作为应用型本科非计算机类专业数据库课程教材，还可供从事计算机信息处理工作的科技人员学习参考。

由于编者水平有限，加上时间仓促，书中不妥之处在所难免，希望读者批评指正。

慕课版在线学习平台

编 者

所有意见和建议请发往：dutpgz@163.com
欢迎访问职教数字化服务平台：https://www.dutp.cn/sve/
联系电话：0411-84706671　84707492

目　　　录

第 1 章　认识数据库 ………………………………………………………………………… 1
　　任务 1.1　认知数据库系统 ……………………………………………………………… 1
　　任务 1.2　认知关系数据库 ……………………………………………………………… 9
　　任务 1.3　安装配置 SQL Server 2012 ………………………………………………… 14
　　综合训练 1　安装与启动 SQL Server 2012 …………………………………………… 26
　　知识提升 ………………………………………………………………………………… 26
　　本章小结 ………………………………………………………………………………… 30
　　思考习题 ………………………………………………………………………………… 31

第 2 章　数据库设计 ………………………………………………………………………… 33
　　任务 2.1　需求分析与概念结构设计 …………………………………………………… 33
　　任务 2.2　数据库逻辑结构设计 ………………………………………………………… 45
　　任务 2.3　数据库建模 …………………………………………………………………… 53
　　综合训练 2　自选项目数据库设计 ……………………………………………………… 65
　　知识提升 ………………………………………………………………………………… 66
　　本章小结 ………………………………………………………………………………… 72
　　思考习题 ………………………………………………………………………………… 72

第 3 章　数据库建立 ………………………………………………………………………… 75
　　任务 3.1　创建与管理数据库 …………………………………………………………… 80
　　任务 3.2　创建与管理数据表 …………………………………………………………… 87
　　任务 3.3　设置数据库完整性 …………………………………………………………… 94
　　任务 3.4　更新数据库的数据 …………………………………………………………… 105
　　任务 3.5　创建与使用索引 ……………………………………………………………… 109
　　综合训练 3　建立 HR 人力资源管理数据库 …………………………………………… 113
　　知识提升 ………………………………………………………………………………… 118
　　本章小结 ………………………………………………………………………………… 122
　　思考习题 ………………………………………………………………………………… 122

第 4 章　数据库查询 ………………………………………………………………………… 124
　　任务 4.1　数据库的简单查询 …………………………………………………………… 124
　　任务 4.2　数据库的统计查询 …………………………………………………………… 130
　　任务 4.3　数据库的连接查询 …………………………………………………………… 133
　　任务 4.4　数据库的子查询 ……………………………………………………………… 137
　　任务 4.5　创建和使用视图 ……………………………………………………………… 141

综合训练 4　查询 HR 人力资源管理数据库 ………………………………………………… 146
知识提升 …………………………………………………………………………………………… 147
本章小结 …………………………………………………………………………………………… 151
思考习题 …………………………………………………………………………………………… 151

第 5 章　数据库编程 ……………………………………………………………………………… 153

任务 5.1　数据库编程基础 ………………………………………………………………………… 153
任务 5.2　创建与执行存储过程 …………………………………………………………………… 163
任务 5.3　创建与验证触发器 ……………………………………………………………………… 168
任务 5.4　事务控制与并发处理 …………………………………………………………………… 173
综合训练 5　HR 人力资源管理数据库编程 ……………………………………………………… 180
知识提升 …………………………………………………………………………………………… 180
本章小结 …………………………………………………………………………………………… 184
思考习题 …………………………………………………………………………………………… 184

第 6 章　数据库管理 ……………………………………………………………………………… 187

任务 6.1　登录与用户管理 ………………………………………………………………………… 187
任务 6.2　权限与角色管理 ………………………………………………………………………… 195
任务 6.3　数据库备份 ……………………………………………………………………………… 206
任务 6.4　数据库还原 ……………………………………………………………………………… 212
任务 6.5　数据导入/导出与复制 …………………………………………………………………… 220
综合训练 6　HR 人力资源管理数据库管理 ……………………………………………………… 232
知识提升 …………………………………………………………………………………………… 233
本章小结 …………………………………………………………………………………………… 236
思考习题 …………………………………………………………………………………………… 236

第 7 章　数据库开发 ……………………………………………………………………………… 238

任务 7.1　ADO.NET 数据库访问 ………………………………………………………………… 238
任务 7.2　数据库系统实现 ………………………………………………………………………… 245
综合训练 7　HR 人力资源管理系统的实现 ……………………………………………………… 260
知识提升 …………………………………………………………………………………………… 261
本章小结 …………………………………………………………………………………………… 264
思考习题 …………………………………………………………………………………………… 264

参考文献 …………………………………………………………………………………………… 266

附录　数据库设计大作业资料 …………………………………………………………………… 267

本书微课视频列表

序号	微课名称	页码
1	认识数据库系统	1
2	SQL Server 介绍	16
3	安装配置 SQL Server	18
4	需求分析与概念结构设计	33
5	数据库逻辑结构设计	45
6	创建与管理数据库	80
7	创建与管理数据表	87
8	认识数据表	89
9	T-SQL 语句创建与管理数据表	90
10	数据类型的选择	91
11	创建主键、标识列唯一约束	95
12	创建外键约束	97
13	创建默认值约束	98
14	创建检查约束	98
15	使用 SSMS 图形化界面更新数据库的数据	106
16	使用 T-SQL 语句更新、修改、删除数据	107
17	创建与使用索引	110
18	简单查询	124
19	统计查询	130
20	内连接查询	134

（续表）

序号	微课名称	页码
21	外连接查询	135
22	谓词连接	136
23	虚拟表在查询中的运用	137
24	查询中的集合运算	137
25	IN 子查询	138
26	比较子查询	138
27	Exists 子查询	139
28	创建和使用视图	141
29	数据库编程基础	155
30	创建与执行存储过程	163
31	登录与用户管理	187
32	权限与角色管理	195
33	数据库备份	206
34	数据库还原	212
35	数据库导入/导出	220

第1章 认识数据库

数据库技术是计算机科学的重要分支,是信息时代的重要技术。由于数据库具有数据结构化、较低的冗余度、较高的程序与数据独立性、易扩充和易编制应用程序等优点,绝大多数信息处理系统都采用了数据库技术。数据库技术已成为目前最活跃、应用最广泛的信息技术之一,几乎所有的应用系统都涉及数据库,以数据库方式存储数据。

本章结合当今最流行的 SQL Server 2012 介绍数据库系统的基本概念、关系数据库以及系统安装配置等内容,目的是让读者对数据库及数据库技术有一个初步认识。

教学目标

- 掌握数据库、数据库管理系统、数据库系统等基本概念。
- 理解数据库系统结构、数据库系统的体系结构。
- 理解数据模型的概念、组成及类型。
- 掌握关系、关系模型、关系数据库、关系运算等基本概念。
- 掌握安装配置 SQL Server 2012 实例的基本方法。
- 了解数据管理技术的发展情况。
- 了解数据库的安全性与完整性。
- 了解当前流行数据库管理系统情况。

教学任务

【任务 1.1】认知数据库系统
【任务 1.2】认知关系数据库
【任务 1.3】安装配置 SQL Server 2012

任务 1.1 认知数据库系统

任务描述

(1)了解数据管理技术的发展情况。
(2)掌握数据库、数据库管理系统、数据库系统等基本概念。
(3)理解数据库系统结构、数据库系统的体系结构。

1.1.1 数据管理

1. 数据、数据管理

(1) 数据与信息

人类的一切活动都离不开数据,离不开信息。数据和信息既有区别也有联系,也是相对的。数据是符号的集合,是事物特性的描述。这里的"符号"不仅仅指数字、字母、文字和其他特殊符号,而且还包括图形、图像、声音等多媒体的表示。信息是关于现实世界中事物的存在方式或运动形态的反映,是人们进行各种活动所需的知识,它是以数据的形式表示的,即数据是信息的载体,但不是所有的数据都能表示信息,信息是人们消化了的数据。信息是抽象的,不随数据设备所决定的数据形式而改变,而数据的表示方式具有可选择性。

简单地说,信息是有具体含义的数据;数据是用来表示信息的物理符号。

(2) 数据处理与数据管理

数据处理是指将数据转换成信息的过程。广义地讲,它包括对数据的收集、整理、存储、分类、排序、检索、统计、加工、传播、打印各类报表或输出各种需要的图形等一系列活动,目的是获取人们所需要的数据并提取有用的信息,作为决策的依据。狭义地讲,它是指对所输入的数据进行加工后输出。在数据处理的一系列活动中,数据收集、存储、分类、排序、检索、统计等操作是基本环节,这些基本环节统称为数据管理。

数据与信息之间的关系可以表示为:

$$信息 = 数据 + 数据处理$$

数据是原料,是输入,而信息是产出,是输出结果。当两个或两个以上的数据处理过程前后相继时,前一过程称为预处理。预处理的输出作为二次数据,成为后面处理过程的输入,即数据与信息的概念具有相对性。数据与信息的关系如图 1-1 所示。

图 1-1 数据与信息的关系

思考: 如何理解数据与信息、数据管理、数据处理及相互之间的关系?如何理解数据管理体现了数据处理的共性问题?

2. 数据管理三阶段

数据管理随着计算机技术的发展而不断发展,大致经历了人工管理阶段、文件系统阶段、数据库系统阶段三个阶段。

(1) 人工管理阶段

计算机主要用于科学计算。在这个阶段没有像硬盘这样的可以随机访问、直接存取的外部存储设备,没有专门管理数据的软件,数据由处理它的程序自行携带,数据处理方式基本是批处理。

人工管理阶段的主要问题:

① 数据和程序不具有独立性。一组数据对应一组程序,这就使得程序依赖于数据,也无法被其他程序共享,程序与程序之间存在大量的重复数据。

② 数据不能长期保存。由于数据是面向应用程序的,是在程序中定义的,因此,数据不能长期保存。

> **思考**：如何理解人工管理阶段程序与数据之间的关系？

(2) 文件系统阶段

计算机开始大量地用于数据处理。在硬件方面，可以直接存取的磁鼓、磁盘成为主要外存。在软件方面，出现了高级语言和操作系统。操作系统中的文件系统是负责管理和存储文件信息的软件。数据处理方式有批处理，也有联机实时处理。

文件管理阶段，程序与数据有了一定的独立性，程序与数据分开存储，有了程序文件和数据文件的区别。数据文件可以长期保存在外存储器上，可以多次存取。数据的存取以记录为基本单位，并具有多种文件组织形式，如顺序文件、索引文件、随机文件等。

文件系统阶段的主要问题：

① 数据冗余大。数据冗余是指不必要的重复存储，同一数据项重复出现在多个文件中。在文件系统中，数据文件基本上与各自的应用程序相对应，数据不能以记录和数据项共享。这样不仅浪费存储空间，而且，更加严重的会造成数据的不一致性。

② 数据独立性不够。文件系统中的数据文件是为某一特定的应用而设计的，数据与程序相互依赖，如果改变数据的逻辑结构或文件的组织方法，必须修改相应的应用程序，反之也是。

③ 数据无集中管理。数据文件均由相应的应用程序管理和维护，没有统一的管理机制，造成数据文件之间无法进行联系，不能反映现实世界事物之间的联系。

> **思考**：如何理解文件系统阶段程序与数据之间的关系？数据冗余是指什么？出现数据冗余的主要原因是什么？

(3) 数据库系统阶段

计算机管理的数据量急剧增长，并且对数据共享的需求日益增强，文件系统的数据管理方法已无法适应应用系统的需要。再加上大容量存储设备的出现，使计算机随机存取数据成为可能。为了解决数据的独立性问题，实现数据的统一管理，达到数据共享的目的，出现了数据库技术，数据库系统克服了文件系统的缺陷，提供了对数据更高级、更有效的管理。该阶段程序与数据之间的联系通过数据库管理系统(DataBase Management System, DBMS)来实现，如图1-2所示。

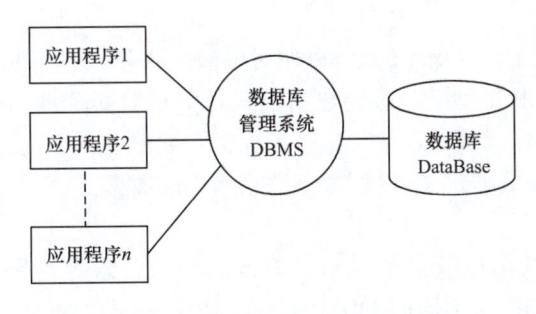

图 1-2 数据库系统程序与数据的关系

数据库系统阶段的数据管理具有以下特点：

① 实现数据共享，减少数据冗余。数据库中存放通用的综合数据，某一应用通常仅使用总体数据的子集。

② 数据高度结构化。数据库中的数据是有结构的，它是用某种数据模型表示出来的，这种结构既反映文件内数据之间的联系，也反映文件之间的联系。

③ 具有较高的数据独立性。在数据库系统中，DBMS提供映象功能，确保应用程序对数

据结构和存取方法有较高的独立性。数据的物理存储结构与用户看到的逻辑结构可以有很大的差别。用户只是用简单的逻辑结构来操作数据,无须考虑数据在存储器上的物理位置与结构。

④有统一的数据控制功能。数据库作为用户与应用程序的共享资源,对数据的存取往往是并发的,即多个用户同时使用同一个数据库。数据库管理系统必须提供并发控制功能、数据安全性控制功能和数据完整性控制功能。

思考:如何理解数据库阶段程序与数据之间的关系?什么是数据独立性?为什么说数据库系统具有较高的数据独立性,而文件系统缺乏数据独立性?

目前,数据库系统已成为数据管理的主要方式,其应用已涉及社会生活中的各个领域,如银行、交通、邮电、军事等。现在,几乎各行各业都建立以数据库为核心的信息管理系统。

1.1.2 数据库系统

1. 数据库

数据库(DataBase,DB)是长期存储在计算机系统内,有结构的、大量的、可共享的数据集合,它不仅包括数据本身,而且包括关于数据之间的联系。数据库中的数据不是面向某一特定的应用,而是面向多种应用,可以被多个用户、多个应用程序共享。其数据结构独立于使用数据的程序,具有最小的冗余度和较高的数据独立性。数据的增加、删除、修改、检索及用户管理等统一由系统进行控制。

2021年数据库发展研究报告

由于数据库中的数据是大量的、用户是大量的,所以必须保证数据库的安全有效,即保证数据库的安全性、完整性及系统可恢复性。

2. 数据库管理系统

数据库管理系统(DBMS)是管理数据库的软件,是数据库系统的核心。它是在操作系统支持下运行的,是位于操作系统与用户之间的数据管理软件,负责对数据库进行统一管理和控制。通过数据库管理系统,用户能够方便地定义数据和操纵数据,并能够保证数据的安全性、完整性,能够保证多用户对数据的并发使用及发生故障后的系统恢复。

数据库管理系统的主要功能:

(1)数据定义功能

提供数据定义语言 DDL 或操作命令,以便对各级数据模式进行精确的描述。由此,系统必须包含 DDL 的编译或解释程序。这些数据模式并不是数据本身,而是具体 DBMS 所支持的数据模型结构。用 DDL 所做的定义将被系统保留在数据字典中,以便在进行数据操纵和控制时使用。用户可以查阅数据定义,以便共享数据库中的数据。

(2)数据操纵功能

为了对数据库中的数据进行追加、插入、修改、删除、检索等操作,DBMS 提供语句或命令,称为数据操纵语言 DML。不同的 DBMS 语言的语法格式也不同,以其实现方法而言,可以分为两类:一类是 DML,可以独立交互式使用,不依赖于任何程序设计语言,称为自含或自主型语言。另一类是宿主型 DML,嵌入宿主语言中使用,如嵌入 C 程序设计语言中,在使用高级语言编写的应用程序中,需要调用数据库中的数据时,则要用宿主型 DML 语句来操纵数据。

(3)数据库运行控制功能

数据库中的数据是提供给多个用户共享的,用户对数据的存取可能是并发的,即多个用户同时使用一个数据库。DBMS 必须提供以下三方面的数据控制功能:

①并发控制功能。对多个用户并发操作加以控制和协调,避免产生一个用户要写某数据时,另一个用户要读该数据而产生的错误,或两个用户同时要对某数据进行写操作而出现错误等。

②数据的安全性控制。数据安全性控制是对数据库采取的一种保护措施,防止非授权用户存取,造成数据泄密或破坏。例如,设置口令、确定用户访问权限等。

③数据完整性是指数据的正确性和一致性。系统应采取一定的措施确保数据有效,与数据库的定义一致。

(4)数据字典

数据字典中存放数据库系统中有关数据的数据,称之为元数据,它提供对数据库数据描述的集中管理手段,对数据库的使用和操作都通过查阅数据字典来进行,内容包括对各级模式的描述、数据库的使用人员等信息。数据字典可以看作是数据库系统自身的小数据库,它既可以供数据库系统人员使用,又可以提供给一般用户使用。因此,数据字典有两方面的作用:①有利于数据库管理员(DBA)掌握整个系统结构和系统运行情况。DBA可以通过查阅数据字典来监视系统,如已经建立多少个数据库,各个数据库的结构如何,多少个用户在使用系统等,并协助用户完成其应用。②方便用户使用系统。用户可以从数据字典中查看某个属性出现在哪个关系中等信息。

思考:数据库管理系统主要功能是什么?如何理解数据安全性与数据完整性?

目前流行的关系型数据库管理系统包括:Oracle、SQL Server、MySQL、PostgreSQL 及 Access 等,非关系数据库主要有 Redis、MongoDB 等。

Oracle 数据库管理系统是 Oracle 公司(甲骨文)推出的大型数据库管理软件,是一款最早商品化的关系数据库管理系统,其应用广泛、功能强大,一般作为大型企业的数据库服务器。Oracle 数据库管理系统还是一款分布式数据库管理系统,支持各种分布式功能,特别是支持 Internet 应用。Oracle 使用 PL/SQL 语言执行各种操作,具有开放性、可移植性、可伸缩性等功能。目前的 Oracle 数据库管理系统支持面向对象的功能,使得 Oracle 产品成为一种对象/关系数据库管理系统。

SQL Server 数据库管理系统是微软公司提供的一款典型的大型数据库管理软件,可以在许多操作系统上运行,使用 Transact-SQL 语言完成数据操作。SQL Server 具有开放性、可伸缩性、可靠性、可管理性等特点,广泛应用于各类企业的数据库服务器,为用户提供完整的数据库解决方案。

MySQL 是一个开放源码的小型关系型数据库管理系统,被广泛应用在 Internet 上的中小型网站中,开发者为瑞典 MySQLAB 公司,2008 年被 Sun 公司收购,2009 年,Sun 公司又被 Oracle 公司收购。由于其体积小、速度快、成本低,许多中小型网站为了降低网站总成本而选择 MySQL 作为网站数据库。

PostgreSQL 是一个功能强大的、免费开源的关系型数据库管理系统(RDBMS),它支持大部分的 SQL 标准并且提供了很多其他现代特性,如复杂查询、外键、触发器、视图、事务完整性、多版本并发控制等,具有较强的稳定性。

Access 数据库管理系统是微软公司 Office 的一个组成部分,是在 Windows 环境下的桌面型数据库管理系统。

MongoDB 是由 C++语言编写的,是一个基于分布式文件存储的开源数据库系统,旨在为 Web 应用提供可扩展的高性能数据存储解决方案。MongoDB 将数据存储为一个文档,数据结构由键值(key=>value)对组成。MongoDB 文档类似于 JSON 对象。字段值可以包含其他文档、数组及文档数组。

Redis 是使用 ANSI C 语言开发的一个高性能 Key-Value 数据库,是当今速度最快的内存型非关系型(NoSQL)数据库,可以存储键和五种不同类型的值之间的映射。键的类型只能为字符串,值支持五种数据类型:字符串、列表、集合、散列表、有序集合。Redis 最大优点在于数据全放在内存,速度快,效率高。尤其适合热点数据量非常大,而数据在内存和磁盘之间切换代价比较高的场景。

> **国家及民族情感——国家安全、科技自主**
>
> 2021 年,中国信息通信研究院发布的《数据库发展研究报告》中提到:"目前国内金融行业国外数据库使用占比为 93%,而国产数据库占比只占 7%"。一旦出现数据库产品断供或服务中断,便存在巨大的金融风险。如何解决核心技术卡脖子问题变得日趋紧迫。

3. 数据库系统

数据库系统(DBS)是指具有管理和控制数据库功能的计算机应用系统,也称数据库应用系统(DBAS)。例如,一个以数据库为基础的学生信息管理系统。数据库系统由五部分组成:计算机系统(含硬件系统及相关软件)、数据库集合、数据库管理系统(DBMS)、数据库管理员(DBA)和用户,如图 1-3 所示。

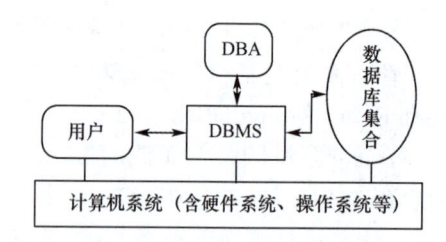

图 1-3　数据库系统示意图

硬件系统是整个数据库系统的基础,需要有足够大的内存、足够大容量的存取设备等,相关软件是支持软件,如操作系统等。数据库集合是若干个设计合理、满足应用需求的数据库。数据库管理系统是为数据库的建立、使用和维护而配置的软件,是数据库系统的核心组成部分。数据库管理员是全面负责建立、维护和管理数据库系统的人员。用户是最终系统的应用程序和操作使用人员。

随着数据库技术、网络技术和相关计算机技术的发展,数据库系统已经发展为对象数据库系统、网络数据库系统、分布式数据库系统、新决策支持系统等类型。

大数据时代,数据量不断爆炸式增长,数据存储结构也越来越灵活多样,日益变革的新兴业务需求催生数据库及应用系统的存在形式愈发丰富,同时也推动数据库技术向三个方向发展:第一,多模数据库实现一库多用、利用统一框架支撑混合负载处理、运用 AI 实现管理自治,提升易用性、降低使用成本;第二,充分利用新兴硬件、与云基础设施深度结合,增强功能、提升性能;第三,利用隐私计算技术助力安全能力提升、区块链数据库辅助数据存证溯源,提升数据可信与安全。

1.1.3　数据库系统结构

从数据库管理系统角度看,数据库系统通常采用三级模式结构。从数据库用户角度看,数据库系统的体系结构分为单用户结构、主从式结构、分布式结构、客户机/服务器结构及浏览器/服务器结构等。在此主要介绍数据库系统的三级模式结构。

1. 数据库系统的三级模式结构

模式是数据库中全体数据的逻辑结构和特征的描述,包括数据逻辑结构描述、数据之间联系描述、数据安全性及数据完整性要求描述等。

数据库系统的三级模式结构是指数据库系统由外模式、模式和内模式三级构成,如图1-4所示。

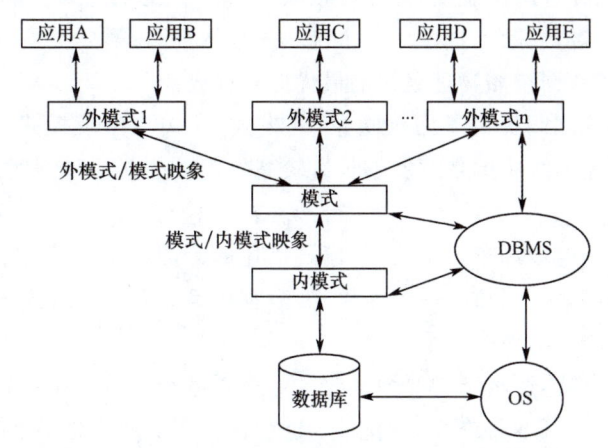

图1-4 数据库系统的三级模式结构

(1) 外模式

用户使用的数据视图叫作外模式,外模式也称子模式或用户模式,它是用户与数据库系统的接口,是用户用到的那部分数据的逻辑结构和特征的描述,是数据库用户的数据视图。外模式是一种局部的逻辑数据视图,表示用户所理解的实体、实体属性和实体关系。用户使用数据操纵语言(DML)对数据库进行操作,实际上是对外模式的相应记录进行操作。

外模式通常是模式的子集,一个数据库可以有多个外模式。由于它是各个用户的数据视图,如果不同的用户在应用需求、组织数据的方式及对数据保密的要求等方面存在差异,则其外模式描述就是不同的。另一方面,一个外模式也可以为某一用户的多个应用系统所使用,但一个应用程序只能使用一个外模式。

DBMS提供外模式描述语言(外模式DDL)来严格定义外模式。

(2) 模式

模式也称逻辑模式或概念模式,是数据库中全体数据的逻辑结构和特征的描述,是所有用户的公共数据视图。它是全局的逻辑数据视图,是数据库管理员所看到的实体、实体属性和实体之间的关系。

模式实际上是数据库数据在逻辑级上的视图。一个数据库只有一个模式。在定义数据库各层次结构时,首先应定义模式。定义模式时不仅要定义数据的逻辑结构,例如数据记录由哪些数据项构成,数据项的名字、类型、取值范围等,而且要定义数据之间的联系,定义与数据有关的安全性、完整性要求。

DBMS提供模式描述语言(模式DDL)来严格定义模式。

(3) 内模式

内模式也称存储模式或物理模式。它是数据物理结构和存储方式的描述,是数据在数据库内部的表示方式。一个数据库只有一个内模式。

内模式依赖于全局逻辑结构,其目的是将模式中定义的数据结构进行适当的组织和空间分配,以实现较好的时空运行效率。

DBMS提供内模式描述语言(内模式DDL)来严格定义内模式。

2. 数据库的两级映象

在数据库系统中,用户看到的数据与计算机中存储的数据是两回事,两者之间是有联系的,实际上它们之间已经过两次变换,即为两级映象。一次是系统为了减少冗余,实现数据共享,把所有用户的数据进行综合,抽象成一个统一的数据视图;第二次是为了提高存取效率,改善性能,把全局视图的数据按照物理组织的最优形式存放。

DBMS在三级模式之间提供了两级映象:外模式/模式映象及模式/内模式映象,正是这两级映象保证了数据库系统中的数据能够具有较高的逻辑独立性和物理独立性。

(1) 外模式/模式映象

模式描述的是数据的全局逻辑结构,外模式描述的是数据的局部逻辑结构。对应于同一个模式可以有多个外模式。对于每一个外模式,数据库系统都有一个外模式/模式映象,它定义了该外模式与模式之间的对应关系。

如果模式改变(即整体逻辑结构要做修改),那么对各个外模式/模式的映象做相应改变,可以使外模式保持不变,可不必修改应用程序,这就保证了数据与程序的逻辑独立性,简称数据的逻辑独立性。外模式/模式映象放在外模式中描述。

(2) 模式/内模式映象

模式/内模式映象是唯一的,它定义了数据库全局逻辑结构与存储结构之间的对应关系。如果数据库的存储结构(即内模式)要做修改,那么模式/内模式映象也要做相应的修改,才可以使模式保持不变,而不必改变应用程序,这就保证了数据与程序的物理独立性,简称数据的物理独立性。模式/内模式映象一般放在内模式中描述。

思考:数据库系统结构中的三种模式、两级映象你理解了吗?对数据库系统中的数据独立性是否有进一步的理解了呢?

3. 数据库系统的体系结构

从数据库用户角度看,数据库系统结构也称为数据库系统的体系结构,分为单用户结构、主从式结构、分布式结构、客户机/服务器结构及浏览器/服务器结构等。

单用户结构的整个数据库系统包括操作系统、DBMS、应用程序及数据库等都安装在一台计算机上,由一个用户独占,不同计算机之间不能共享,容易造成大量的数据冗余,主要适用于个人计算机用户。在这种结构中,数据存储层、业务处理层和界面表示层都放在同一台计算机上。

主从式结构的数据库系统是一种采用大型主机和终端相结合的系统。这种结构是将操作系统、数据库管理系统、应用程序及数据库等数据和资源放在主机上,由主机完成所有的处理任务,终端只作为输入/输出设备,可以共享主机上的数据和资源。在这种结构中,数据存储层、业务处理层都放在主机上,而界面表示层放在各个终站端上。该系统结构简单易维护,但主机性能要求高且有压力。

分布式结构的数据库系统是指数据库中的数据在逻辑上是一个整体,但在物理上分布在计算机网络的不同结点上的分布式数据库系统。分布式数据库系统由多台计算机组成,每台计算机都配有各自本地数据库。大多数处理任务由本地计算机访问本地数据库完成局部应用；对于少量本地计算机不能完成的处理任务，通过网络同时存取和处理多个异地数据库中的数据，执行全局应用。该系统结构灵活性能好，但维护管理难，也会受到网络传输影响。

客户机/服务器(C/S)结构的数据库系统是指由数据库服务器和客户机构成的系统。网络中某个(些)结点上的计算机专门用于执行 DBMS 功能，称为数据库服务器(Server)。其他结点上的计算机安装 DBMS 外围应用开发工具及用户的应用系统，称为客户机(Client)。客户机通过网络将前台客户请求发送给后台数据库服务器，数据库服务器接收并处理后，只将处理结果返回给客户机。在这种结构中，数据存储层处在服务器上，应用层和用户界面层处于客户机上。该系统结构改善了网络性能，但系统安装量大、复杂且资源浪费。

浏览器/服务器(B/S)结构的数据库系统是指由数据库服务器、Web 服务器及浏览器构成的系统。它是随着 Internet 技术的兴起，对 C/S 结构的一种变化或者改进的结构，统一用浏览器(Browser)作为用户工作界面，实现用户的输入、输出，事务逻辑在 Web 服务器端(WebServer)实现，数据存放在数据库服务器(DBServer)中。这种结构通常为三层结构，即由表示层(即 Browser)、逻辑层(即 WebServer)及数据层(即 DBServer)组成，它是目前最流行的数据库系统体系结构。该系统结构最大的优点就是可以在任何地方进行操作而不用安装任何专门的软件，但系统在图形的表现能力以及运行的速度上弱于 C/S 结构。

任务 1.2　认知关系数据库

任务描述

(1)理解数据模型的概念、组成及类型。
(2)掌握关系、关系模型、关系数据库等基本概念。
(3)掌握关系集合运算、关系基本运算。

1.2.1　数据模型

数据库中的数据是有结构的，这种结构反映出事物和事物之间的联系。数据模型就是指数据以及数据之间的联系的描述，体现了数据库的逻辑结构。任何一个数据库管理系统都是基于某种数据模型的，它不仅管理数据的值，而且要按照模型管理数据间的联系。一个具体数据模型应当反映出数据之间的整体逻辑关系。

1. 数据模型的组成

数据模型由三部分组成，即数据结构、数据操作和完整性规则。其中数据结构是数据模型最基本的部分，它将确定数据库的逻辑结构，是对系统静态特性的描述。数据操作提供了对数据库的操纵手段，主要有检索和更新两大类操作，它是对系统动态特性的描述。完整性规则是对数据库有效状态的约束。

2. 数据模型的类型

数据库管理系统所支持的数据模型一般分为：层次模型、网状模型、关系模型及面向对象模型等。层次模型与网状模型又统称为格式化模型，关系模型是当今最流行的数据模型，面向对象模型是面向对象技术与数据库技术相结合的产物，是目前研究与开发的一个热门方向。

不同数据模型之间的根本区别在于数据之间联系的表示方式不同:

层次模型是用"树结构"来表示数据之间的联系。层次模型的特征有:(1)有且仅有一个结点无双亲,这个结点称为根结点;(2)其他结点有且仅有一个双亲。

网状模型是用"图结构"来表示数据之间的联系。网状模型的特征有:(1)可以有一个以上结点无双亲;(2)至少有一个结点有多于一个的双亲。

关系模型是用"二维表"(或称为关系)来表示数据之间的联系。

面向对象模型是用"对象、类及类层次"来表示数据、操作及相互联系。

思考:如何理解数据模型的三部分组成内容?

1.2.2 关系模型

1. 关系

(1)关系与二维表

一个关系通常可以看作一张二维表(简称表),表的每一行代表一个元组,每一列代表一个属性。一个关系表表示了客观现实中的实体,如客户实体,如图 1-5 所示。"客户"是关系名(表名)。结构(表头)由一些反映实体属性的属性(列)组成,它定义了实体属性的类型,也就是说,规定了实体属性的值域,即规定了实体属性的取值范围。内容(表体)由若干元组(行)组成,它是数据库的内容及数据库操作对象。

关系名(表名):客户

客户编号	客户单位	客户电话	……
CR001	德胜电器贸易有限公司	87456565	……
CR002	宁波麦强数码有限公司	87458899	……
CR003	杭州凌科数码有限公司	87687878	……
……	……	……	……

图 1-5 二维表及相关术语

(2)关系的性质

在关系数据库中,要求关系中的每一个分量是不可再分的数据项。关系数据库中的关系应具有以下性质:

①列是同质的,即每一列中的分量均是同类型的数据,即均来自同一个域。

②不同的列可以出自同一个值域,每一列称为一个属性,不同列属性名不同。

③每一分量必须是不可再分的数据项。

④任意两个元组不能完全相同。

⑤列的顺序是无所谓的,即列的次序可以变换。

⑥行的顺序是无所谓的,即行的次序可以变换。

思考:关系的含义是什么?有什么性质?

2. 关系模型

关系模型由三部分组成:关系(即数据结构)、关系操作、关系模型的完整性。

(1)关系:单一的数据结构

在关系模型中,无论是实体还是实体之间的联系均由关系(单一的类型结构)来表示。关系中涉及关键字、关系模式和关系数据库模式等基本概念。

①关键字。关系中的某一组属性,若其值可以唯一地标识一个元组,则称该属性组为一个候选关键字,若一个关系中有多个候选关键字,则可以任选一个作为主关键字。主关键字中的属性称为主属性。

②关系模式。关系模式是指关系的描述,即对关系名、组成关系的各属性名、属性到域的映射、属性间的数据依赖关系等。关系模式通常简记为 $R(A_1,A_2,\cdots,A_n)$,其中 R 是关系名,$A_1,A_2,\cdots,A_n$ 为属性名。属性到域的映射一般通过指定的类型和长度来说明。

③关系数据库模式。关系数据库模式是指数据库结构的描述,它包括关系数据库名,若干属性的定义,以及这些属性上的若干关系模式。

(2)关系操作

关系操作主要有:并、交、差、选择、投影、连接等,其中选择、投影及连接是最基本的关系操作。这些操作均对关系的内容或表体实施操作,得到的结果仍为关系。关系模型规定了关系操作的功能和特点,但不对 DBMS 语言的语法做出具体的规定。关系数据库语言的主要优点是其高度的非过程化,用户只需知道语句做什么,而不必知道怎么做。用户一般也不必求助于循环、分支等程序设计语句来完成数据操作。

关系操作的特点是集合操作,即操作对象和结果都是集合。关系操作可以分为关系代数与关系演算两大类,关系演算又可以分为元组演算和域关系演算。

(3)关系模型的完整性

关系模型的三类完整性:实体完整性、参照完整性及用户定义的完整性。其中,实体完整性和参照完整性是任何关系模型都必须满足的完整性约束,应该由关系数据库管理系统(RDBMS)自动支持。而用户定义的完整性的支持是由 DBMS 提供完整性定义功能实施,可以随 DBMS 商品软件不同而有所变化。

实体完整性是指:若属性 A 是基本关系 R 的主属性,则属性 A 不能取空值且不能重复。一个基本关系通常对应于现实世界中的一个实体集,而实体是可以区分的,如果主属性可以取空、可以重复,则实体就无法进行区分,所以主属性不能为空、不能重复。如客户实体中的客户编号是主属性,因此其值不能为空、不能重复,必须具有唯一性。

参照完整性是指:若基本关系 R 中含有另一个基本关系 S 的主关键字 Ks 所对应的属性组 F(F 称为 R 的外部关键字),则在关系 R 中的每个元组中的 F 上的值必须满足:①或取空值(即 F 中的每个属性值均为空值);②或等于 S 中某个元组的主关键字的值。如客户订购表中的商品编号或为空值,或为商品表中存在的商品编号。

用户定义的完整性是指:它涉及某一具体的应用中的数据所必须满足的要求,由用户根据需要进行定义,关系模型的 DBMS 提供定义和检验这类完整性的机制。

思考:关系模型有什么特点?如何理解关系模型、关系模式、关系数据库模式及相互之间的联系与区别?

3. 关系数据库

(1)关系数据库描述

关系数据库描述是指定义数据库的模式,数据库模式由若干关系模式构成,根据关系模型的要求必须逐个对关系模式进行描述。

因关系从域(值的集合)出发定义,所以描述关系是首先对域进行描述,然后在域上定义各个关系模式。不同 DBMS 的数据描述语言 DDL 不尽相同,采用的方式也不一样:一种采取问答式建立关系模式,另一种用专门的 DDL 语言写成关系模式,即非问答式生成关系模式。

①问答式

问答式是通过人机对话,由系统提问关系名、各个属性名及其类型和长度,对话完毕,关系模式随之建成,每个关系模式均通过问答,脱离应用程序单独建立,若干关系模式构成数据库模式,并被系统存储及管理,以备后用。如在 SQL Server 数据库管理系统中,采用图形化界面方式(即问答式)建立关系数据库。

问答式使用简单,但人工干预多,速度较慢。

SQL Server、Access 数据库管理系统都提供了问答式的关系数据库描述方式。

②语言描述式

语言描述式是用 DBMS 提供的 DDL 语言定义数据库模式。DDL 语言中主要有:域描述语句和关系描述语句。

域描述语句一般格式为:

DOMAIN domain_name DATATYPE(len) [CHECK]

其中,DATATYPE 为数据类型,CHECK 为约束。

关系描述语句格式如下:

RELATION relation_name (domain_name1,domain_name2,…)

KEY=(domain_namei,domain_namej,…)

其中,KEY 子句定义关键字。

目前,DBMS 都提供了语言描述式的关系数据库描述方式。如在 SQL Server 数据库管理系统中,采用 CREATE DATABASE 语句方式(即语言描述式)建立关系数据库。

(2)关系数据库操纵

关系数据语言可分为三类:数据描述语言 DDL、数据操纵语言 DML 和数据控制语言 DCL。其中,DDL 负责数据库的描述,提供一种数据描述机制,用来描述数据库的特征或数据的逻辑结构。DML 负责数据库的操作,提供一种数据处理操作的机制。DCL 负责控制数据库的完整性和安全性,提供一种检验完整性和保证安全的机制。

DML 包括数据查询和数据的增、删、改等功能。数据查询是 DML 的主要内容,关系数据库的 DML 按照查询方式可以分为两大类:用关系的集合运算来表示查询方式,称为关系代数;用谓词演算来表达查询方式,称为关系演算,关系演算又可按谓词演算的基本对象是元组变量还是域变量分为元组关系演算和域关系演算两种。

关系代数和关系演算均是抽象的查询语言,是实际 DBMS 软件产品中实现的具体查询语言的理论基础。关系代数、元组关系演算及域关系演算三种语言在表达能力上是相互等价的。实际的 DBMS 软件产品中的查询语言可能是它们的综合。在关系数据库领域中广泛采用的结构化查询语言 SQL,就是介于关系代数和关系演算的一种语言,它不仅具有丰富的查询功能,而且还具有数据库定义和数据库控制功能。SQL 是集 DDL、DML、DCL 为一体的标准的关系数据库语言。

关系代数是以关系为运算对象的一组运算集合。它的运算可以分为两类:一类是传统的集合运算,包含并、交、差运算等。这类运算将关系看成元组的集合,其运算是从关系的"水平"方向即行的角度进行的;另一类是针对数据库环境专门设计的关系运算,包括投影、选择、连接和除法等,这类运算不仅涉及行而且涉及列。

思考:如何理解关系数据库?

> **国家及民族情感——科技强国、技术强国**
>
> 王坚院士十年如一日开发"阿里云",实现了我国数据库云平台从0到1的突破,我国科技工作者的自主创新、科技强国精神值得大家学习。

1.2.3 关系运算

关系运算有两类:一类是传统的集合运算(并、交、差等),另一类是专门的关系运算(选择、投影、连接),当然,许多查询需要几种基本运算的组合。

1. 传统的集合运算

传统的集合运算是二目运算。设关系R和关系S具有相同的度,且相应的属性值取自同一个域,则它们之间能进行并、交及差运算。

(1) 并运算

两个关系R与S的并记为R∪S,它是一个新的关系,由属于R或属于S的元组组成,可形式地定义为:

R∪S={t | t∈R ∨ t∈S}

其中t是元组变量,表示关系中的元组。

(2) 交运算

两个关系R与S的交记为R∩S,它是由属于R且属于S的元组组成,可形式地定义为:

R∩S={t | t∈R ∧ t∈S}

(3) 差运算

两个关系R与S的差记为R−S,它是由属于R但不属于S的元组组成,可形式地定义为:

R−S={t | t∈R ∧ t∉S}

图1-6给出了上述并、交与差运算的一个实例。

假设,关系R、关系S的内容分别如图1-6(a)、(b)所示,则R与S的并运算结果如图1-6(c)所示、R与S的交运算结果如图1-6(d)所示、R与S的差运算结果如图1-6(e)所示。

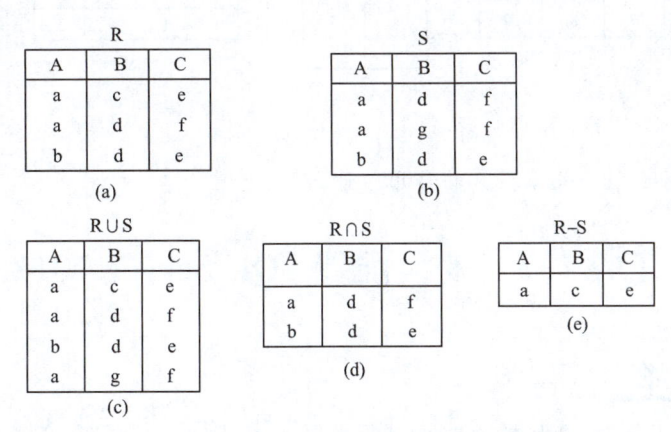

R

A	B	C
a	c	e
a	d	f
b	d	e

(a)

S

A	B	C
a	d	f
a	g	f
b	d	e

(b)

R∪S

A	B	C
a	c	e
a	d	f
b	d	e
a	g	f

(c)

R∩S

A	B	C
a	d	f
b	d	e

(d)

R−S

A	B	C
a	c	e

(e)

图1-6 并、交、差运算实例

思考:如何理解关系的集合运算?

2. 专门的关系运算

专门的关系运算主要有三种:选择运算、投影运算及连接运算。

(1)选择运算。选择运算是从某个给定的关系中筛选出满足限定条件的元组子集,它是一元关系运算。可形式地定义为:

$$\sigma_F(R) = \{t \mid t \in R \land F(t)\}$$

其中,F 是筛选关系 R 中元组的限定条件的布尔表达式,它由逻辑运算符 $\land$、$\lor$、$\neg$ 连接各算术表达式组成。

(2)投影运算。选择运算是从某个关系中选取一个"行"的子集,而投影运算实际上是生成一个关系的"列"的子集,它从给定的关系中保留指定的属性子集而删去其余属性。设某关系 R(X),X 是 R 的属性集,A 是 X 的一个子集,则 R 在 A 的投影可表示为:

$$\pi_A(R) = \{t[A] \mid t \in R\}$$

其中,t[A]表示元组相应 A 属性中的分量。

(3)连接运算。连接运算是从两个给定的关系的笛卡尔积中选取满足一定条件的元组子集,可形式定义为:

$$R \times S(A\theta B) = \{rs \mid r \in R \land s \in S \land r[A]\theta s[B]\}$$

其中,A 是关系 R 中的属性组,B 是关系 S 中的属性组,它们的度数相同且可以比较。θ 为算术比较运算符(即 $<$、$>$、$\leq$、$\geq$、$=$、$\neq$)。

假设,关系 R、关系 S 的内容分别如图 1-7(a)、(b)所示,则 $\sigma_{A>1}(R)$ 选择运算结果如图 1-7(c)所示、$\Pi_{A,B}(R)$ 投影运算结果如图 1-7(d)所示、R×S(R.B=S.B)连接运算结果如图 1-7(e)所示。

R

A	B	C
1	2	3
4	5	6
7	8	9

(a)

S

B	D
2	9
8	3

(b)

$\sigma_{A>1}(R)$

A	B	C
4	5	6
7	8	9

(c)

$\Pi_{A,B}(R)$

A	B
1	2
4	5
7	8

(d)

R×S (R.B=S.B)

A	B	C	D
1	2	3	9
7	8	9	3

(e)

图 1-7 选择、投影、连接的实例

思考:三种专门的关系运算的作用是什么?

任务 1.3 安装配置 SQL Server 2012

任务描述

(1)了解 SQL Server 的版本演进、组成元素及 SQL Server 数据库等概念。
(2)掌握 SQL Server 2012 实例的安装方法。
(3)掌握 SQL Server 2012 服务的配置方法。
(4)了解 SQL Server Management Studio(SSMS)的功能。

1.3.1 SQL Server 基础

1. SQL Server 的版本演进

SQL Server 是微软公司针对企业级市场的数据库产品，Microsoft SQL Server 是源于 UNIX 和 VMS 操作系统的 Sybase SQL Server 4.0。

1988 年，Microsoft 公司与 Sybase 公司联合开发的 OS/2 系统上的 SQL Server 问世。后来，Microsoft 公司将 SQL Server 移植到 Windows NT 平台上，并不再与 Sybase 公司联合开发，Microsoft 公司致力于 Windows NT 平台的 SQL Server 开发，而 Sybase 公司则致力于 UNIX 平台的开发。Microsoft 公司于 1995 年、1998 年和 2000 年 8 月相继推出了 SQL Server 6.0、SQL Server 7.0 和 SQL Server 2000。

SQL Server 2000 是 Microsoft SQL Server 数据库产品的重要里程碑，是 SQL Server 数据库产品持续改进的基础，之后在 2005 年 11 月推出了 SQL Server 2005，2008 年 8 月推出了 SQL Server 2008，2012 年 4 月推出了 SQL Server 2012。在此期间，SQL Server 功能越来越强、操作越来越简单、应用越来越广。

SQL Server 2012 是目前最新的 Microsoft SQL Server 数据库产品，它不仅延续了 SQL Server 2008 数据库平台的强大功能，而且全面支持云技术。

2. SQL Server 的组成元素

SQL Server 架构的基本元素有服务、实例和工具。

(1) 服务 (Services)

Windows 操作系统的服务是一种在后台执行的程序，通常都是计算机启动后就自动执行，因为它并不需要与用户互动。当安装 SQL Server 后，SQL Server 会在安装计算机的 Windows 操作系统上创建多个服务，如数据库引擎、SQL Server Agent 和全面搜索服务等。

(2) 实例 (Instances)

SQL Server 可以在同一台计算机安装多个实例，可以将 SQL Server 实例视为是在同一台计算机安装了多个 SQL Server 数据库服务器，可以提供不同的服务和用途。对于 SQL Server 来说，一台计算机只能拥有一个默认实例，可以有多个命名实例。

(3) 工具 (Tools)

SQL Server 提供多种工具来帮助用户管理、开发和查询 SQL Server 数据库，主要工具有：

SQL Server Management Studio(SSMS)：SQL Server 图形界面的整合管理工具，可以帮助用户管理、开发和查询 SQL Server 数据库。

SQL CMD：命令行模式的管理工具，可以让用户直接下达 T-SQL 命令来管理 SQL Server 数据库。

SQL Server 配置管理器：可以帮助用户管理 SQL Server 服务、设置服务或客户端的网络协议以及管理客户端计算机的网络连接配置。

3. SQL Server 数据库

在安装 SQL Server 实例后，SQL Server 管理的数据库分两种：系统数据库和用户数据库。系统数据库是安装 SQL Server 后自动创建的系统运行所需要的数据库，用户数据库是用户创建并能控制管理的数据库。

(1) 系统数据库

SQL Server 2012 系统数据库，分别是 master、model、msdb、tempdb、resource，系统数据库作用见表 1-1。

表 1-1 系统数据库作用

系统数据库	作用说明
master	记录 SQL Server 实例的所有系统级信息
model	用作 SQL Server 实例上创建的所有数据库的模板。对 model 数据库进行的修改（如数据库大小、排序规则、恢复模式和其他数据库选项）将应用于以后创建的所有数据库
msdb	提供 SQL Server 代理程序使用的数据库,存储警示和作业等调度数据
tempdb	一个工作空间,用于保存 SQL Server 执行所需的临时对象或中间结果集
resource	一个只读且隐藏的数据库,必须和 master 数据库存放在同一个路径。主要目的是方便管理系统数据表和加速升级操作

（2）数据库对象

系统数据库和用户数据库都是由各种对象组成的,SQL Server 2012 数据库的常用对象见表 1-2。

表 1-2 数据库的常用对象

对象	说　明
数据库关系图	用于建立表间关系
表	用于存储数据
视图	是查看一个或多个表的一种方式,是一种虚表
索引	使用索引是加快检索数据的一种方式
存储过程	一组预编译的 T-SQL 语句,可以完成一定的功能
触发器	一种特殊类型的存储过程,当某个操作影响到其保护的数据时,触发器就会自动触发执行相关操作
约束	强制数据库的完整性
规则	用于限制表中列的取值范围
默认值	自动插入的常量值

1.3.2　安装 SQL Server 2012

SQL Server 支持主从架构或分布式数据库系统处理架构,可以在同一台或多台计算机安装 SQL Server DBMS。虽然 SQL Server 可以将数据库引擎和相关工具都安装在同一台计算机,但其逻辑结构仍然是一种主从架构,只是客户端和服务器端都位于一台计算机。

1. SQL Server 2012 的组成

SQL Server 2012 由四部分组成,分别是：SQL Server 2012 数据库引擎、分析服务、集成服务和报表服务。

（1）SQL Server 2012 数据库引擎

SQL Server 2012 数据库引擎是 SQL Server 2012 系统的核心服务,负责完成数据的存储、处理和安全管理,包括数据库引擎（用于存储、处理和保护数据的核心服务）、复制、全文搜索以及用于管理关系数据和 XML 数据的工具。例如,创建数据库、创建表、创建视图、数据查询和访问数据库等操作,都是由数据库引擎完成的。

（2）分析服务（Analysis Services）

分析服务的主要作用是通过服务器与客户端技术的组合提供联机分析处理（On-Line

Analytical Processing,OLAP)和数据挖掘功能。使用分析服务,用户可以完成数据挖掘模型的构造和应用,实现知识的发现、表示和管理。

(3)集成服务(Integration Services)

集成服务的主要作用是实现其他服务之间的联系,并可以高效处理各种数据源,例如:Oracle、Excel、XML 文档、文本文件等。

(4)报表服务(Reporting Services)

报表服务主要用于创建和发布报表及报表模型的图形工具和向导。

2. SQL Server 2012 的版本

根据应用程序的需要,安装要求会有所不同,用户可选择不同版本进行安装。SQL Server 2012 共有六个不同版本。

(1)SQL Server 2012 企业版(SQL Server 2012 Enterprise Edition)

(2)SQL Server 2012 标准版(SQL Server 2012 Standard Edition)

(3)SQL Server 2012 商业智能版(SQL Server 2012 Business Intelligence Edition)

(4)SQL Server 2012 Web 版(SQL Server 2012 Web Edition)

(5)SQL Server 2012 开发版(SQL Server 2012 Developer Edition)

(6)SQL Server 2012 精简版(SQL Server 2012 Express Edition,免费版)

3. SQL Server 2012 的软硬件需求

(1)SQL Server 2012 的硬件需求

计算机 CPU 的速度和内存大小如果不符合最小硬件需求,SQL Server 2012 虽然可以安装,但是不能保证 SQL Server 2012 执行性能。SQL Server 2012 的硬件需求见表 1-3。

表 1-3　　　　　　　　　　　SQL Server 2012 的硬件需求

规格		最小需求	建议需求	
CPU	32 位	1.0 GHz	2.0 GHz	
	64 位	1.4 GHz	2.0 GHz	
内存		1.0 GB	4.0 GB	
硬盘空间		功　能		空间需求
		数据库引擎和数据文件、复制、全文搜索以及 Data Quality Services		811 MB
		Analysis Services 和数据文件		345 MB
		Reporting Services 和报表管理器		304 MB
		Integration Services(集成服务)		591 MB
		Master Data Services		243 MB
		客户端组件(除 SQL Server 联机丛书组件和 Integration Services 工具之外)		1823 MB
		用于查看和管理帮助内容的 SQL Server 联机丛书组件		375 MB

(2)SQL Server 2012 的软件需求

SQL Server 2012 安装程序默认就会安装所需的软件组件:.NET Framework 4.x、SQL Server Native Client、SQL Server 安装程序支持文件。安装 SQL Server 2012 的基本软件需求见表 1-4。

表 1-4　　　　　　　　　　　SQL Server 2012 的软件需求

软件组件	需　求
操作系统	Windows Server 2008 R2 SP1、Windows Server 2008 SP2、Windows Vista SP2 或 Windows 7 SP1
NET Framework	NET Framework 3.5 SP1 或 NET Framework 4.x
Windows PowerShell	Windows PowerShell 2.0
SQL Server 支持工具	SQL Server Native Client、支持文件和 Windows Installer 4.0
Internet Explorer	Internet Explorer 7.0 以上

4. SQL Server 2012 实例的安装

以 SQL Server 2012 企业版安装在 Windows 7 上为例，详细说明系统安装过程。由于大多数步骤往往需要单击"下一步"进入下一步骤即下一个安装窗口，所以在下面步骤中一般不重复描述单击"下一步"过程。

（1）将 SQL Server 2012 安装盘放入光驱，双击安装文件夹中的安装文件 setup.exe，进入 SQL Server 2012 的安装中心界面，单击安装中心左侧的"安装"选项，该选项提供了多种功能，如图 1-8 所示。

☞ 社会责任——尊重和保护知识产权

请使用正版软件安装。

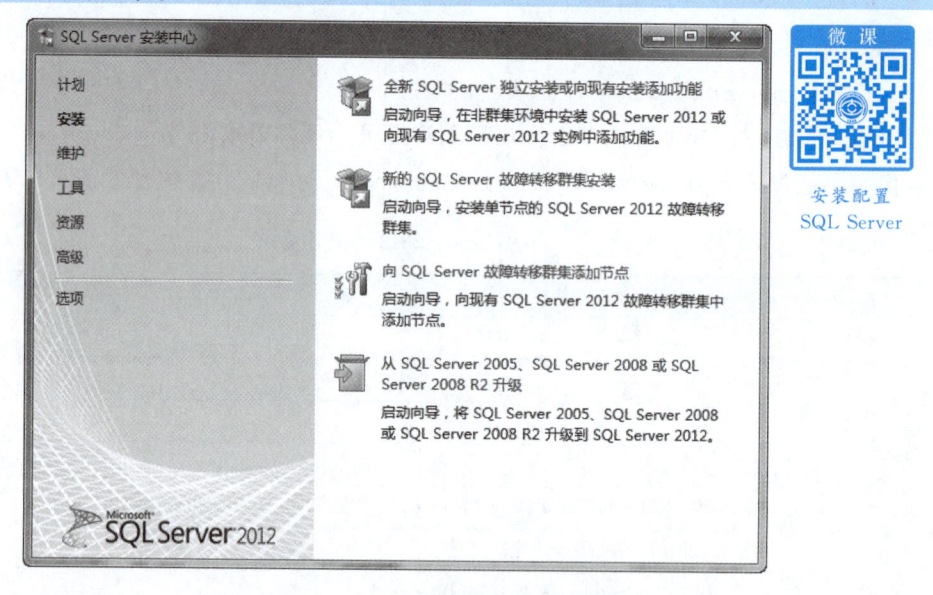

微课

安装配置
SQL Server

图 1-8　"SQL Server 2012 安装中心"窗口

（2）初次安装请选择"全新 SQL Server 独立安装或向现有安装添加功能"选项，安装程序将对系统进行一些常规检测。

（3）进入"产品密钥"窗口，如图 1-9 所示，输入产品密钥。如果是使用可用版本（体验版），可以在下拉列表框中选择 Evaluation 选项。

（4）进入"许可条款"窗口，选择该界面中的"我接受许可条款"复选框，如图 1-10 所示。

（5）进入"安装程序文件"窗口，单击"安装"按钮，该步骤将安装 SQL Server 程序所需的组件。安装完成后，进行第二次支持规则的检测。

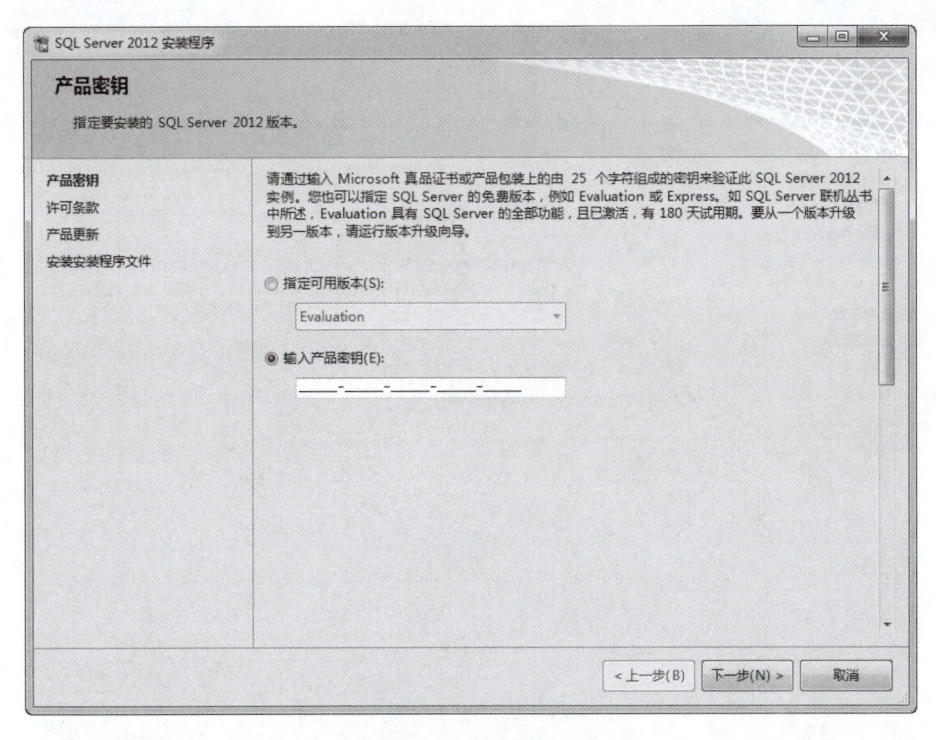

图1-9 "产品密钥"窗口

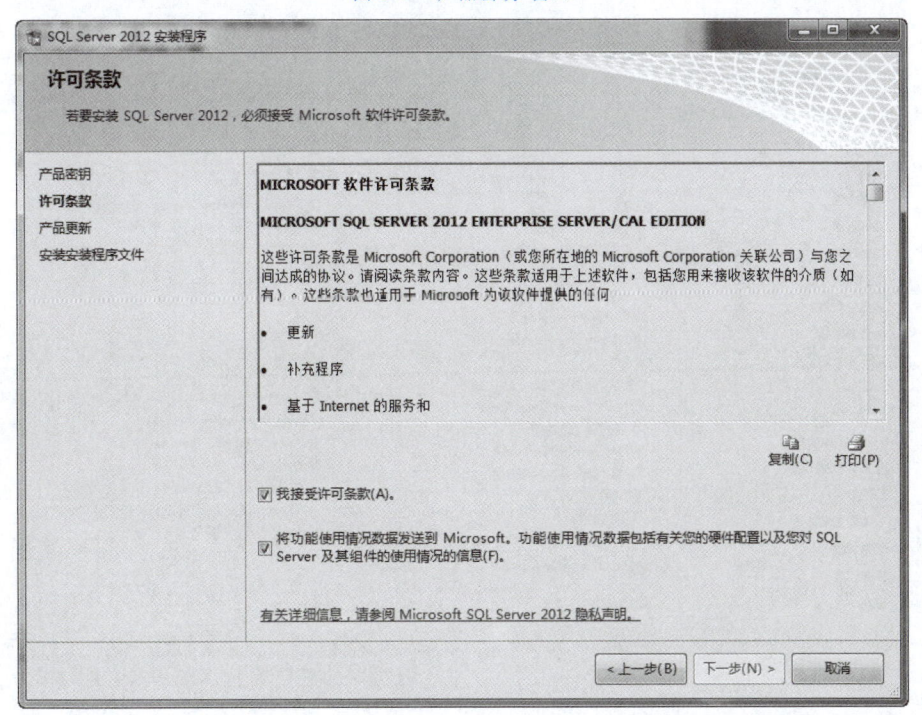

图1-10 "许可条款"窗口

（6）进入"设置角色"窗口，默认为"SQL Server 功能安装"单选按钮，如图1-11所示。

（7）进入"功能选择"窗口，选择 SQL Server 功能或"全选"，初次安装建议"全选"，如图1-12所示。

（8）进入"安装规则"窗口，系统进行安装规则检查。

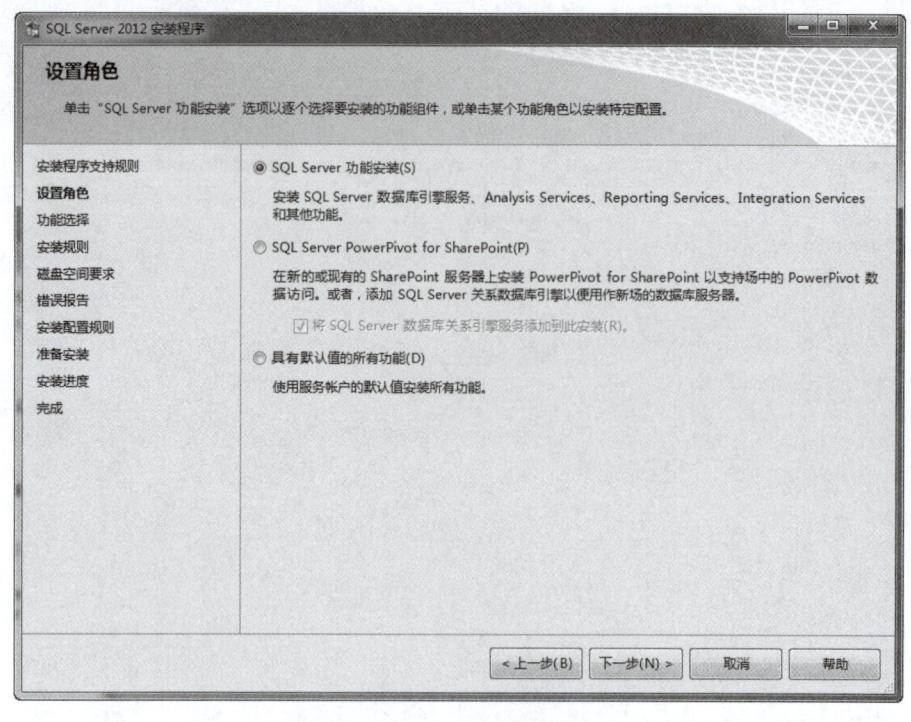

图 1-11 "设置角色"窗口

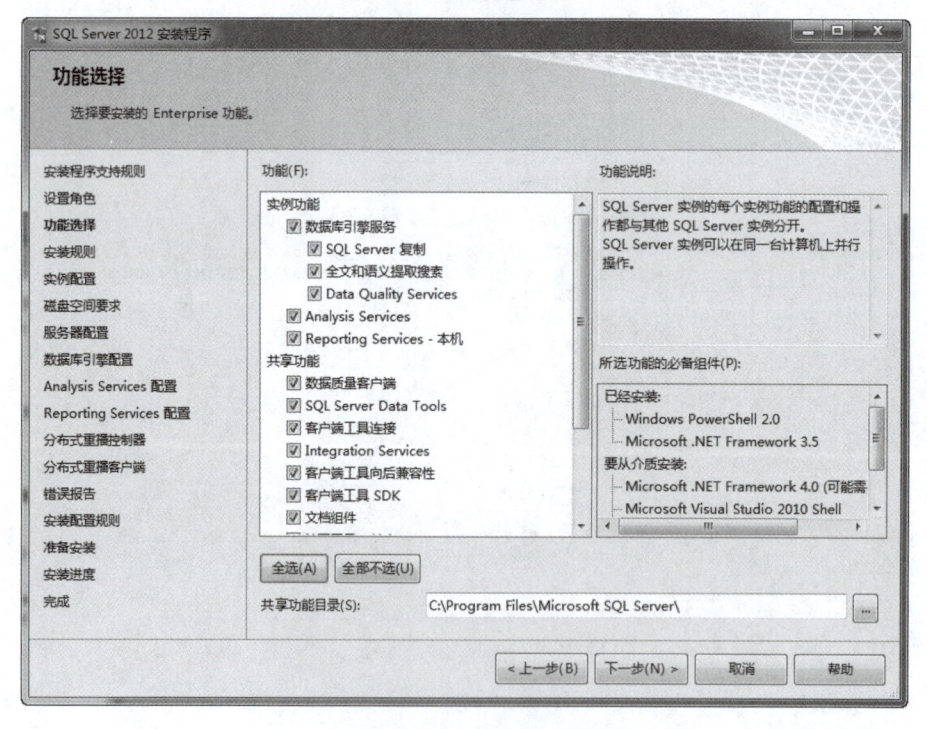

图 1-12 "功能选择"窗口

（9）进入"实例配置"窗口，在安装 SQL Server 系统中可以配置多个实例，每个实例必须有唯一的名称，初次安装选择"默认实例"，如图 1-13 所示。

（10）进入"磁盘空间要求"窗口，显示所选组件所需的磁盘空间。

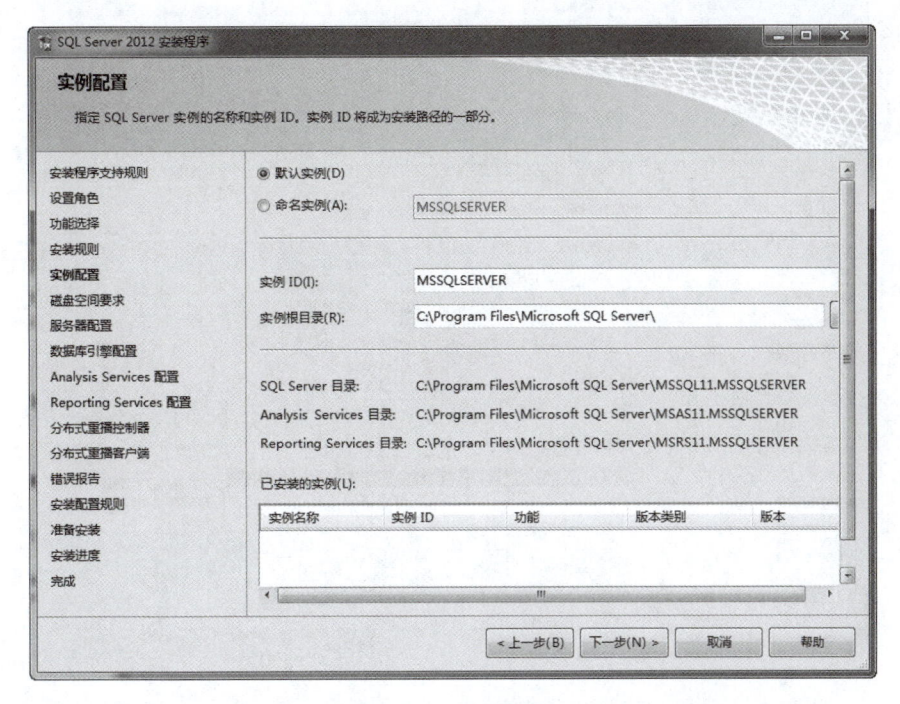

图 1-13 "实例配置"窗口

(11)进入"服务器配置"窗口,设置使用 SQL Server 的各种服务用户,帐户名后面统一选择 NT AUTHORITY\SYSTEM,表示本地主机的系统用户。如图 1-14 所示。

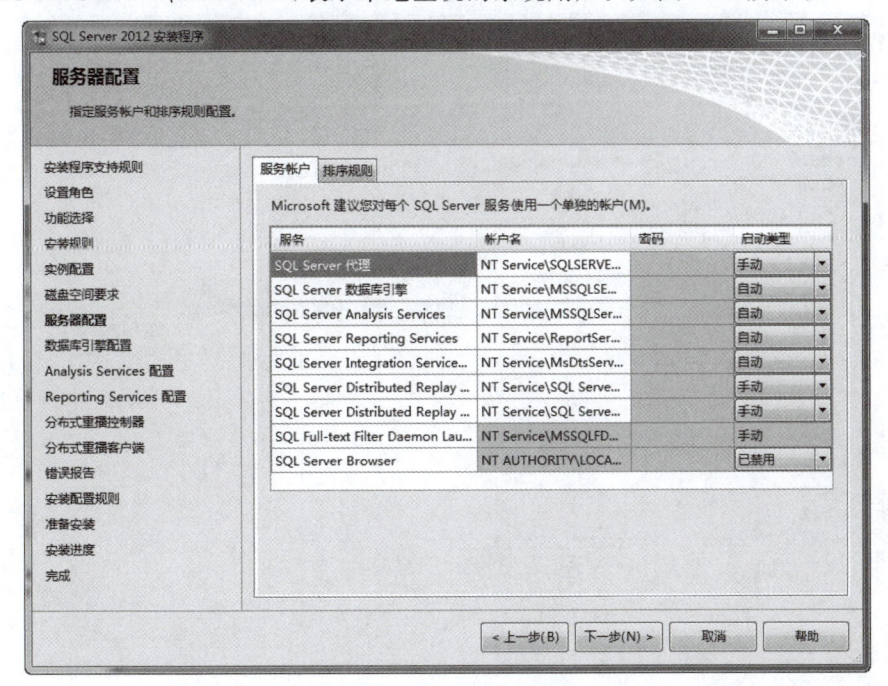

图 1-14 "服务器配置"窗口

(12)进入"数据库引擎配置"窗口,配置数据库引擎的身份验证模式、管理员、数据目录等,初次安装选择"Windows 身份验证模式",单击"添加当前用户"按钮,将当前用户添加为 SQL Server 管理员,如图 1-15 所示。

图 1-15 "数据库引擎配置"窗口

(13)进入"Analysis Services 配置"窗口(因为在图 1-14 中有勾选),服务器模式使用默认配置,将目前用户添加为 Analysis Services 管理员,如图 1-16 所示。

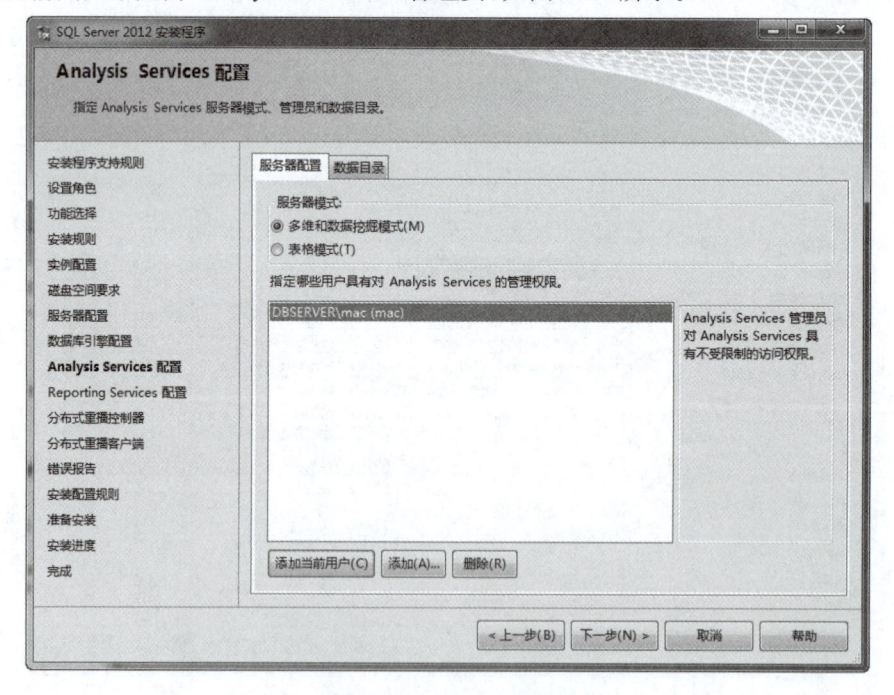

图 1-16 "Analysis Services 配置"窗口

(14)进入"Reporting Services 配置"窗口(因为在图 1-14 中有勾选),选择"安装与配置"继续。

(15)进入"分布式重播控制器"窗口,将当前用户添加为具有此权限的用户。

(16)进入"分布式重播客户端"窗口,输入控制器名称,设置工作目录和结果目录。

(17)进入"错误报告"窗口,此项对 SQL Server 服务器的使用没有影响。

(18)进入"安装配置规则"窗口,安装程序再次对系统进行检测。

(19)进入"准备安装"窗口,如图 1-17 所示,单击"安装"开始安装。

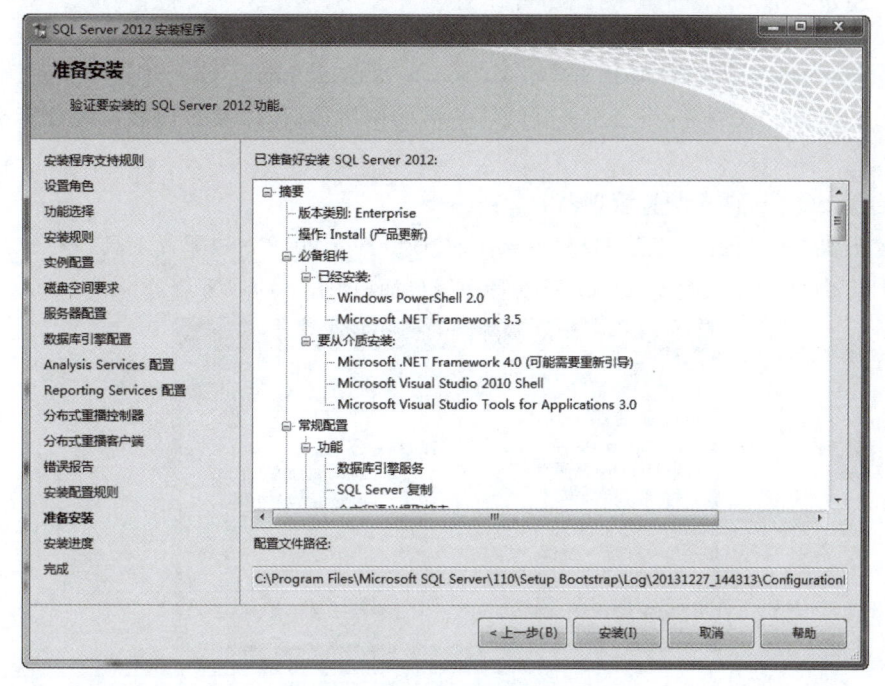

图 1-17 "准备安装"窗口

(20)安装完成后,单击"关闭"按钮完成 SQL Server 2012 的安装过程,如图 1-18 所示。

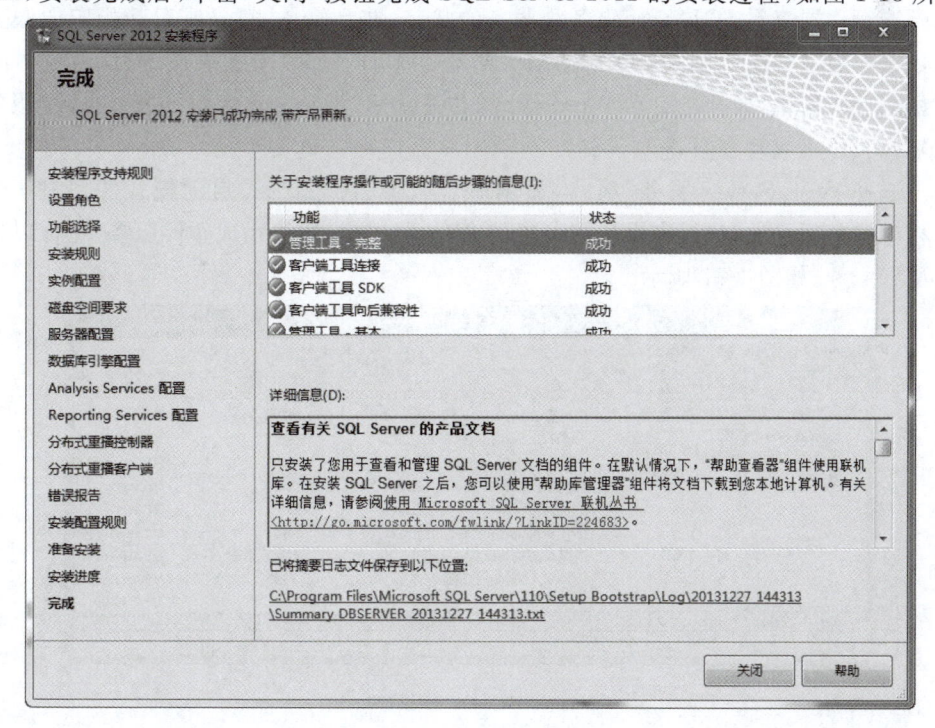

图 1-18 安装完成

1.3.3　SQL Server 管理工具的使用

SQL Server 2012 提供了多种图形化管理工具，帮助用户方便地管理 SQL Server 2012 数据库和执行 SQL 命令语句。以下简单介绍 SQL Server 2012 的配置管理器和集成管理工具。

1. SQL Server 配置管理器

SQL Server 配置管理器属于 MMC(Microsoft Management Console)嵌入管理工具，用来管理 SQL Server 相关服务，设置服务器或客户端的网络协议，以及管理客户端计算机的网络连接配置。

(1)启动 SQL Server 配置管理器

执行"开始"→"所有程序"→"Microsoft SQL Server 2012"→"配置工具"→"SQL Server 配置管理器"命令，进入 SQL Server 配置管理器界面，如图 1-19 所示。

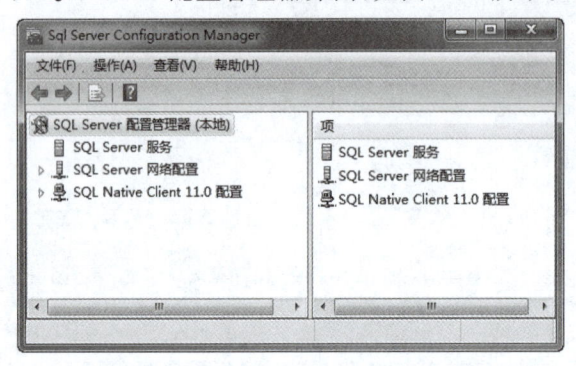

图 1-19　SQL Server 配置管理器界面

SQL Server 2012 的实例是以服务方式在 Windows 操作系统的后台执行，可以使用 SQL Server 配置管理器查看 SQL Server 各种服务的状态，并且停止、暂停或启动指定的服务。只有启动数据库引擎的主要服务 SQL Server(MSSQLSERVER)才能执行 SQL 命令访问数据库。默认"自动"启动，即开机启动 Windows 操作系统后，就会自动启动 SQL Server 服务。

(2)启动、停止或暂停服务

单击选择"SQL Server 服务"项目，显示所有服务名称、状态、启动模式等，如图 1-20 所示。在相应服务项目上，执行右键快捷菜单的命令，可以启动、停止或暂停服务，也可以通过服务属性配置服务，如图 1-21 所示。

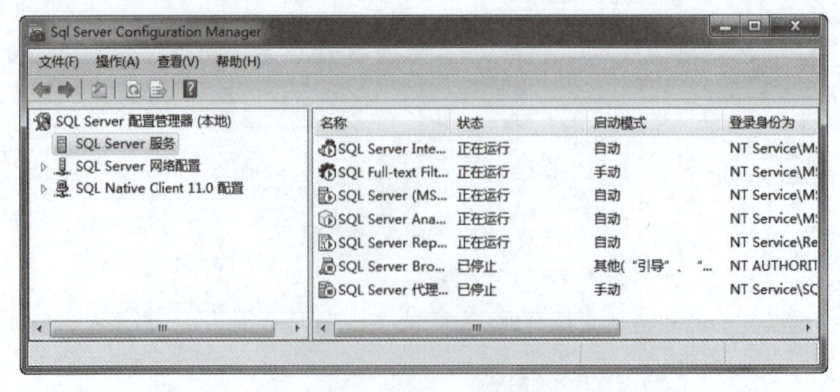

图 1-20　SQL Server 服务状态

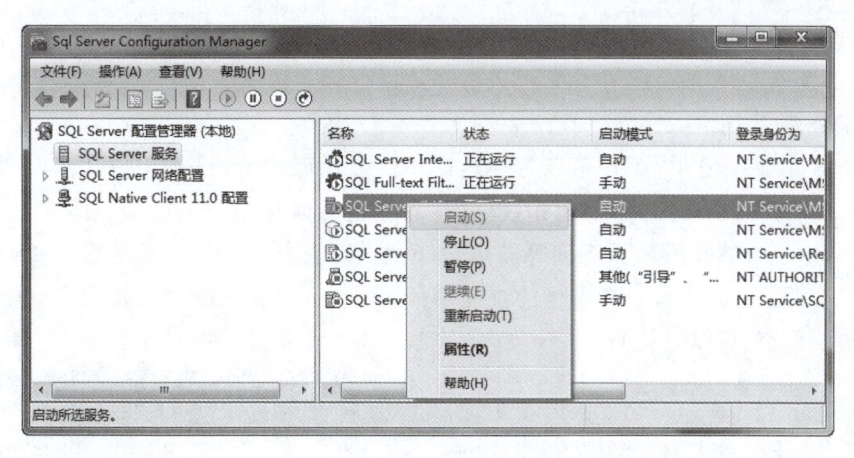

图 1-21　配置 SQL Server 服务

(3) 更改启动模式

利用 SQL Server 配置管理器可以更改指定服务的启动模式,在如图 1-21 所示的服务项目上,执行右键快捷菜单的"属性"命令,对"服务"标签的"启动模式"内容进行更改。

2. SQL Server 集成管理工具

SQL Server Management Studio(SSMS)集成管理工具是 SQL Server 2012 图形使用界面的集成管理环境,让用户方便访问、设置、控制、管理及开发 SQL Server 的所有组件,同时还提供脚本编辑功能,可以编写 Transact-SQL、XML 等脚本。

(1) SSMS 的启动与连接

执行"开始"→"所有程序"→"Microsoft SQL Server 2012"→"SQL Server Management Studio"命令,进入 SQL Server 的"连接到服务器"对话框,如图 1-22 所示。

图 1-22　连接到服务器

"连接到服务器"对话框中的内容说明:

服务器类型:根据安装的 SQL Server 2012 的版本,可能有多种不同的服务器类型,对于本教材,将主要讲解数据库服务,所以选择"数据库引擎"。

服务器名称:下拉列表框可以选择连接不同的服务器,DBSERVER 为作者主机的名称,表示连接到一个本地主机。

身份验证:如果设置了混合验证模式,则可以在下拉列表框中选择 SQL Server 身份登录,将需要输入用户名和密码。在前面安装过程中指定使用 Windows 身份验证,所以选择"Windows 身份验证"。

单击"连接"按钮,连接成功则进入 SSMS 的主界面,界面中显示了"对象资源管理器"窗口,如图 1-23 所示。在 SSMS 中用户可以方便地进行建立数据库、新建查询等操作。

(2) SSMS 的使用

在 SSMS 集成环境中,用户可以方便地使用图形界面建立、维护用户数据库、数据表,如右击图 1-23 中的"数据库",执行"新建数据库"命令就可以建立数据库了。同样,可以方便地使用 SQL 命令进行数据库数据查询等操作,如单击"新建查询"按钮,系统显示查询编辑器窗口,如图 1-24 所示。用户可以在右侧的查询编辑器中输入 SQL 命令集,输入完命令集就可以进行命令语法检查、调试及执行。

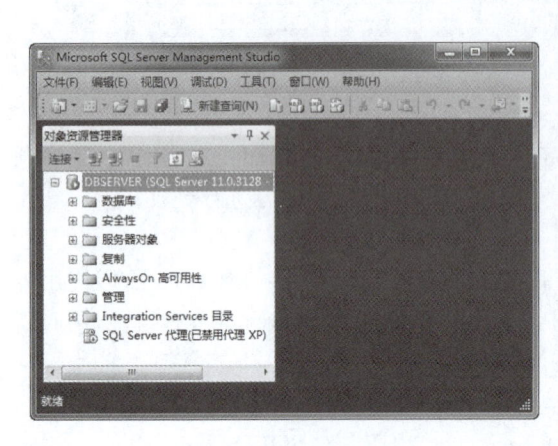

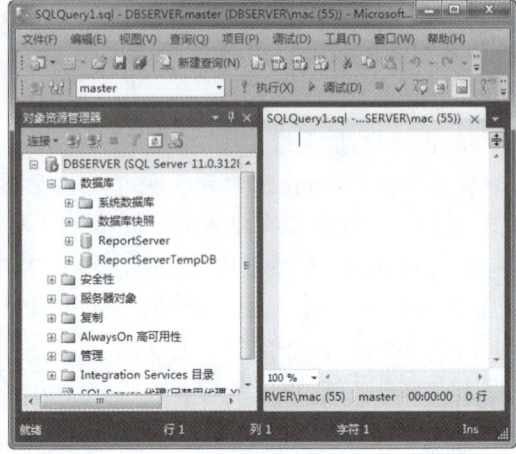

图 1-23　SSMS 图形界面　　　　　　　　图 1-24　查询编辑器

综合训练1　安装与启动 SQL Server 2012

1. 实训目的与要求

(1) 了解 SQL Server 2012 系统安装方法。
(2) 掌握 SQL Server 2012 系统配置方法。
(3) 掌握 SSMS 的启动与连接方法。

2. 实训内容与过程

(1) 模拟 SQL Server 2012 系统安装过程。
(2) 配置 SQL Server 2012 系统。
(3) 启动连接 SSMS。
(4) 熟悉 SSMS 界面。

办公自动化系统
开发说明书

知识提升

专业英语

数据库:DataBase,DB

数据库管理系统:DataBase Management System,DBMS

数据库系统：DataBase System/DataBase Apply System，DBS/DBAS

模式：Model　　　　　　　　　　　体系结构：Architecture

数据模型：Data Model，DM　　　　关系：Relation

关系运算：Relational Calculus，RC

关系数据库语言：Relational Database Language/Structure Query Language，SQL

非关系型数据库：NoSQL

考证天地

（1）考点归纳

根据新版《数据库系统工程师考试大纲》（2020年12月清华大学出版社出版发行），涉及考点包括数据库模型、数据库操作、数据库控制三个方面。

数据库模型：数据库系统的三级模式（外模式、模式、内模式），两级映象（外模式/模式、模式/内模式），数据模型的组成要素，概念数据模型E-R图（实体、属性、关系），逻辑数据模型（关系模型、层次模型、网络模型）。

数据库管理系统的功能和特征：主要功能（数据库定义、数据库操作、数据库控制、事务管理、用户视图），特征（数据独立性、数据库存取、并行控制、故障恢复、安全性、完整性）。

数据库系统体系结构：集中式数据库系统、Client/Server数据库系统、并行数据库系统、分布式数据库系统、对象关系数据库系统。

关系运算：关系代数运算（并、交、差、选择、投影、连接）、元组演算、完整性约束。

关系数据库标准语言（SQL）：SQL功能与特点、用SQL进行数据定义（表、视图、索引、约束）、用SQL进行数据操作（数据检索、数据插入/删除/更新、触发控制）、安全性和授权、程序中的API与嵌入SQL。

数据库的控制功能：数据库事务管理（ACID属性）、数据库备份与恢复技术、并发控制。

（2）真题分析

真题1：

在数据库系统中，数据完整性约束的建立需要通过数据库管理系统提供的数据（　　）语言来实现。

　　A．定义　　　　　　B．操纵　　　　　　C．查询　　　　　　D．控制

答案：A

分析：本题考查应试者数据库系统中的基本概念。DBMS主要是实现对共享数据有效的组织、管理和存取，因此DBMS应具有数据定义、数据库操作、数据库运行管理、数据组织与存储管理、数据库的建立与维护等功能。其中，DBMS提供数据定义语言（DDL），用户可以对数据库的结构描述，包括外模式、模式和内模式的定义；数据库的完整性定义；安全保密定义等。这些定义存储在数据字典中，是DBMS运行的基本依据。DBMS向用户提供数据操纵语言（DML），实现对数据库中数据的基本操作，如检索、插入、修改和删除。DML分为两类：宿主型和自含型，所谓宿主型，是指将DML语句嵌入某种主语言中使用；自含型是指可以单独使用DML语句，供用户交互使用。

总之，任何一个DBMS都应当提供使用者建立数据库的功能，称为数据库的定义，在SQL标准中，是通过数据库定义语言来实现数据库的完整性定义的。因此，应选择答案A。

真题 2：

数据模型的三要素包括（　　）。

A. 外模式、模式、内模式　　　　　　B. 网状模型、层次模型、关系模型

C. 实体、联系、属性　　　　　　　　D. 数据结构、数据操纵、完整性约束

答案：D

分析：A 是数据库系统中的三种模式，B 是三种不同的数据模型，C 是概念模型中的三个元素。数据模型由三部分组成，即数据结构、数据操纵和完整性约束。其中，数据结构是数据模型最基本的部分，它将确定数据库的逻辑结构，是对系统静态特性的描述。数据操纵提供了对数据库的操纵手段，主要有检索和更新两大类操作，它是对系统动态特性的描述。完整性约束是对数据库有效状态的约束。因此，应选择答案 D。

问题探究

（1）从程序与数据之间的关系分析文件系统与数据库系统之间的区别和联系。

文件系统与数据库系统之间的区别，见表 1-5。

表 1-5　　　　　　　　文件系统与数据库系统之间的区别

文件系统	数据库系统
用文件将数据长期保存在外存上	用数据库统一存储数据
程序与数据有一定的联系	程序与数据分离
用操作系统中的存取方法对数据进行管理	用 DBMS 统一管理和控制数据
实现以文件为单位的数据共享	实现以记录和字段为单位的数据共享

文件系统与数据库系统之间的联系：均为数据组织的管理技术；均有数据管理软件管理数据；程序与数据之间用存取方法进行转换；数据库系统是在文件系统的基础上发展而来的。

（2）数据库系统与文件系统相比是怎样减少数据冗余的？

数据冗余是指各个数据文件中存在重复的数据。

在文件系统中，数据被组织在一个个独立的数据文件中，每个文件都有完整的存储结构，对数据的操作是按文件名访问的。数据文件之间没有联系，数据文件是面向应用程序的。每个应用都拥有并使用自己的数据文件，各数据文件中难免有许多数据相互重复，数据冗余度就比较大。

数据库系统以数据库方式管理大量共享的数据。数据库系统由许多单独数据文件组成，数据文件内部具有完整的结构，但它更注重数据文件之间的联系。数据库系统中的数据具有共享性，数据文件是面向整个系统的数据共享而建的，各个应用程序的数据集中存储，共享使用，数据文件之间联系密切，因而尽可能地避免了数据的重复存储，减少和控制了数据的冗余。

（3）简述数据字典的主要任务和作用。

数据字典是数据库系统中各种描述信息和控制信息的集合，它存放数据库系统中有关数据的数据，所以称之为元数据，又称为"数据库的数据库"，它是数据库设计与管理的有力工具。它内含基本内容有：数据项、数据组合项、记录、文件、外模式、模式、内模式、外模式/模式映象、模式/内模式映象、用户管理信息、数据控制信息等。

数据字典的任务是管理有关数据的信息，它提供对数据库数据描述的集中管理手段，对数据库的使用和操作都通过查阅数据字典来进行。它的任务主要有：

①描述数据库系统的所有对象,并确定其属性,并赋给每个对象一个唯一的标识。如一个模式中包含的记录型与记录型所包含的数据项;用户的标识、口令;物理文件名称、物理位置及其文件组织方式等。

②描述数据库系统对象之间的各种交叉联系。如哪个用户使用哪个外模式,哪些模式或记录型分配在哪些区域及对应于哪些物理文件、存储在何种物理设备上。

③登记所有对象的完整性及安全性限制等。

④对数据字典本身的维护、保护、查询与输出。

数据字典的主要作用:

①供数据库管理系统快速查找有关对象的信息。数据库管理系统在处理用户请求时,经常要查阅数据字典中的用户表、外模式表和模式表等信息。

②供数据库管理员查询,以掌握整个数据库系统的运行情况。

③支持数据库设计与系统分析。

(4)举例说明关系参照完整性的含义。

假如有表 1-6、表 1-7 所示的两个关系表,在成绩表中学号是关键字,课程号是外关键字;在课程表中课程号是关键字。根据关系参照完整性的定义,成绩表中课程号的值或者为空或者在课程表中的课程号中能够找到,满足这个条件是必需的。假设成绩表中有课程号的值为 KCH51,在课程表的课程号中找不到,则该课程号显然是不正确的,这样会造成数据的不一致性。

表 1-6　　　　　　　　　　　　　成绩表

学号	姓名	课程号	成绩
XH001	张少奇	KCH02	80
XH002	王小武	KCH01	75
XH003	刘一红	KCH03	91
…	…	…	…
XH050	黄一红	KCH05	85

表 1-7　　　　　　　　　　　　　课程表

课程号	课程名
KCH01	数据库技术与应用
KCH02	网页设计与制作
KCH03	计算机网络技术
…	…
KCH20	多媒体技术及应用

技术前沿

随着电子商务、社交媒体、移动互联网、云计算服务、物联网等应用的发展,单靠传统关系型数据库软件已经很难满足对上述应用产生的海量数据处理的需求,尤其是对非结构化数据(指没有固定属性结构的数据,如邮件)的处理问题越来越突出,同时,对于数据背后的价值也越来越重视。近几年来,随着 NoSQL(非关系型数据库)和大数据技术的日趋成熟,不断提高了非结构化数据处理的效率,并产生价值。

1. NoSQL 数据库

NoSQL 是"Not only SQL"的简称,是对不同于传统关系型数据库的数据库系统的统称,泛指非关系型数据库,它具有非关系型、分布式等特性。NoSQL 数据库和关系型数据库之间最重要的不同点在于:不使用 SQL 查询语言,数据存储也不再使用固定的表结构,通常也不存在连接操作。NoSQL 数据库在大量数据的存取上具备关系型数据库无法比拟的性能优势。常见的 NoSQL 数据库有 key-value 存储数据库(如 Big Table、MemcacheDB)、文档型数据库(如 MongoDB、CouchDB)、列存储数据库(如 Cassandra、Hbase)等种类。

2. SQL Server 2012 的非关系数据处理

SQL Server 2012 其实也具备一定的非关系数据处理能力,利用 FILETREAM、FileTable、XML 等技术与方法,处理非关系数据。

FILETREAM 文件数据流是 SQL Server 2008 版新增的功能,可以整合数据库引擎与 NTFS 文件系统,将数据库中存储的大尺寸数据分开存储成文件系统的文件。

FileTable 文件数据表是 SQL Server 2012 版新增的功能,增强了 FILETREAM 文件数据流,可以将 Windows 文件系统的目录视为数据表来处理。换句话说,可以将文档和文件存储在 SQL Server 2012 的 FileTable 数据表中,当从 Windows 应用程序访问这些文档和文件时,如同是存储在 Windows 的文件系统一样,并不需要针对客户端应用程序进行任何改变,就可以直接访问。

本章小结

1. 了解数据库系统

数据管理:数据收集、存储、分类、排序、检索、统计等。

数据管理三阶段:人工管理阶段、文件系统阶段、数据库系统阶段。

数据库:长期存储在计算机系统内,有结构的、大量的、可共享的数据集合。

数据库管理系统:管理数据库的软件,是数据库系统的核心,负责对数据库进行统一管理和控制。

数据库系统:具有管理和控制数据库功能的计算机应用系统。

数据库系统的模式结构:外模式、模式和内模式构成的三级模式结构。

数据库系统的体系结构:单用户结构、主从式结构、分布式结构和客户机/服务器结构。

数据模型:由数据结构、数据操作和完整性规则三部分组成。

2. 了解关系数据库

关系定义:二维表在关系数据库中称为关系。

关系模型:关系(即数据结构)、关系操作、关系完整性。

关系数据库:依据关系模型建立起来的数据库。

关系运算:关系集合运算、关系基本运算、关系除法运算。

关系数据库语言:SQL 数据定义、SQL 数据更新、SQL 数据查询、SQL 数据控制。

3. 安装配置 SQL Server 2012

SQL Server 基础:SQL Server 的版本演进、组成元素、系统数据库。

安装 SQL Server 2012:SQL Server 2012 的组成、版本、软硬件需求、系统安装。

配置 SQL Server 2012:配置服务、SSMS。

思考习题

一、单选题

1. 应用数据库技术的主要目的是（　　）。
   A. 解决保密问题　　　　　　　　B. 解决数据完整性问题
   C. 共享数据问题　　　　　　　　D. 解决数据量大的问题

2. 数据库管理系统（DBMS）是（　　）。
   A. 教学软件　　　B. 应用软件　　　C. 辅助设计软件　　　D. 系统软件

3. 在数据库中存储的是（　　）。
   A. 数据　　　　　　　　　　　　B. 数据模型
   C. 数据以及数据之间的关系　　　D. 信息

4. 数据库系统的核心是（　　）。
   A. 数据库　　　B. 数据库管理系统　　　C. 操作系统　　　D. 应用程序

5. 数据库具有(1)、最小的(2)和较高的(3)。
   (1) A. 程序结构化　　B. 数据结构化　　C. 程序标准化　　D. 数据模块化
   (2) A. 冗余度　　　　B. 存储量　　　　C. 完整性　　　　D. 有效性
   (3) A. 程序与数据可靠性　　　　B. 程序与数据完整性
   　　 C. 程序与数据独立性　　　　D. 程序与数据一致性

6. 在数据管理技术的发展过程中，经历了人工、文件系统及数据库系统管理阶段。在这几个阶段中，数据独立性最高的是（　　）阶段。
   A. 数据库系统　　　B. 文件系统　　　C. 人工管理　　　D. 数据项管理

7. 在数据库中，产生数据不一致的根本原因是（　　）。
   A. 数据存储量太大　　　　　　　B. 没有严格保护数据
   C. 未对数据进行完整性控制　　　D. 数据冗余

8. 以下关于大数据的叙述中，错误的是（　　）。
   A. 大数据的数据量巨大　　　　　B. 结构化数据不属于大数据
   C. 大数据具有快变性　　　　　　D. 大数据具有价值

9. 数据库技术的奠基人之一 E. F. Codd 从 1970 年起发表多篇论文，主要论述的是（　　）。
   A. 层次数据模型　　　　　　　　B. 网状数据模型
   C. 关系数据模型　　　　　　　　D. 面向对象数据模型

10. 数据库三级模式体系结构的划分，有利于保持数据库的（　　）。
    A. 数据独立性　　　B. 数据安全性　　　C. 结构规范化　　　D. 操作可靠性

二、填空题

1. 数据库是长期存储在计算机内、有＿＿＿＿的、可＿＿＿＿的数据集合。

2. DBMS 是指＿＿＿＿，具有＿＿＿＿、＿＿＿＿、＿＿＿＿、数据字典等功能，SQL Server 2012 是属于＿＿＿＿数据库管理系统。

3. 数据库系统一般是由＿＿＿＿、＿＿＿＿、＿＿＿＿、＿＿＿＿及＿＿＿＿等五大部分组成。

4.数据处理是指将_____的过程,而数据管理包含数据处理过程中的数据_____、_____、_____、_____、传播等基本环节。

5.关系模型由_____、_____、_____三个部分组成。

三、简答题

1.什么是数据库、数据库管理系统、数据库系统?

2.计算机数据管理经历了哪几个阶段?

3.试述数据库系统的特点。

4.数据模型有哪三大要素?有哪些类型?

第 2 章

数据库设计

一个成功的管理系统,由"50%的业务+50%的软件"所组成,50%的软件又由"25%的数据库+25%的程序"所组成,而数据库设计是数据库好坏的关键。对于任何管理信息系统开发而言,其核心技术都涉及数据库设计方面的知识。但是由于数据库应用系统的复杂性,使得数据库设计是一个"反复探寻,逐步求精"的过程,也就是规划和结构化数据库中的数据对象以及这些数据对象之间关系的过程。

本章主要介绍数据库设计的基本步骤,数据库设计的基本方法,按照用户的需求设计 CRM 客户关系管理数据库。

教学目标

- 了解数据库设计的基本步骤。
- 掌握利用 E-R 图描述数据库的概念模型。
- 掌握将 E-R 图转化为关系模型的方法。
- 掌握数据库规范化理论和方法。
- 掌握数据库建模工具的使用。

教学任务

【任务 2.1】需求分析与概念结构设计
【任务 2.2】数据库逻辑结构设计
【任务 2.3】数据库建模

任务 2.1 需求分析与概念结构设计

2.1.1 任务描述与必需知识

1. 任务描述

某公司需要开发设计一个 CRM 客户关系管理系统,实现客户发展、客户维护、客户意见处理等功能,需要设计和建立该系统的后台数据库,具体要求如下:

(1)数据库需求分析。了解和掌握 CRM 客户关系管理系统的工作业务流程和每个岗位、每个环节的职责,了解和掌握信息传递和转换过程,了解和掌握各种人员在整个系统活动过程中的作用;通过同用户充分地交流和沟通,决定哪些工作应由计算机来做,系统要实现哪些功能,决定各种人员对信息和处理各有什么要求。

(2)设计数据库概念模型,即 E-R 图。

标识实体和属性:确定 CRM 客户关系管理系统数据库有哪些实体,及它们的属性各是什么。

标识实体的联系:确定数据库实体间的联系是一对一、一对多还是多对多。

设计局部 E-R 图:根据各个功能的数据流图和数据字典中相关数据,设计出各项应用的局部 E-R 图。

设计全局 E-R 图:合并各局部 E-R 图,消除冲突,消除不必要冗余,得到全局 E-R 图。

2. 任务必需知识

(1)数据库设计步骤

数据库设计一般分为需求分析、概念设计、逻辑设计和物理设计这四个步骤。

(2)需求分析任务和方法

需求分析任务:详细调查用户要处理的对象,充分了解原系统的工作概况,明确用户的各种要求。然后在此基础上确定新系统的功能,其中包括信息要求、处理要求和完整性要求。

需求分析方法:为了明确用户的实际要求,需要跟班作业、开调查会、请专人介绍、询问、设计调查表、查阅记录等。

(3)数据库概念模型的元素

概念模型是将需求分析的结果抽象化后成为整体数据库概念结构,它是概念结构设计阶段的重要任务及成果,概念模型通常利用"实体-联系法"(Entity-Relationship Approach,E-R 方法)表达。它是 PetE-R Chen 于 1976 年提出的,这种方法将现实世界的信息结构用属性实体以及实体之间的联系,即 E-R 图来描述。主要内容如下:

实体:现实世界中客观存在的并可区分识别的事物称为实体。实体可以指人和物,如客户、业务员、商品等;可以指能触及的客观对象;可以指抽象的事件;还可以指事物与事物之间的联系,如客户购买商品信息等。实体名称一般是名词。

属性:每个实体都具有一定的特征,通过这些特征可以区分开一个个实体。例如,客户的特征:姓名、性别、出生日期等。实体的特征称为属性。一个实体可以用若干个属性来描述。每个属性都有特定的取值范围,即值域,值域的类型可以是整数型、实数型和字符型等。例如性别属性的值域为(男、女),产品类型的值域为(家用电器、手机、数码、电脑产品)等。由此可见,属性是变量。属性值是变量所取的值,而值域是变量的变化范围。属性名称一般是名词。

实体间的联系:现实世界中的各事物之间是有联系的,这些联系在信息世界中反映为实体内部的联系和实体之间的联系。实体内部的联系主要表现在组成实体的属性之间的联系。比如,一个业务员有多个计划,一个业务员负责联系多个客户,一个客户有多条反馈信息。实体之间的联系主要表现在不同实体集之间的联系,实体间的联系是指一个实体集中可能出现的每一个实体和另一个实体集中多少个实体存在联系。联系名称一般是动词。

两个实体之间的联系有三种,分别是一对一联系、一对多联系和多对多联系。

①一对一联系(1:1)

如果对于实体集 A 中的每一个实体,在实体集 B 中至多有一个实体与之联系;反之亦然,则称实体集 A 与实体集 B 具有一对一联系,记为 1:1。例如,一个学院只有一个院长,一个院长也只能任职于一个学院,则院长与学院之间的联系即为一对一的管理联系。

② 一对多联系(1∶N)

如果对于实体集 A 中的每一个实体,实体集 B 中有 N 个实体(N>0)与之联系;反过来,对于实体集 B 中的每一个实体,实体集 A 中却至多有一个实体与之联系,则称实体集 A 与实体集 B 具有一对多联系,记为 1∶N。例如,一个部门可以有多个员工,但一个员工只能属于一个部门,则部门与员工之间是一对多的管理联系。

③ 多对多联系(M∶N)

如果实体集 A 中的每一个实体,实体集 B 中有 N 个实体(N>0)与之联系;反过来,对于实体集 B 中的每一个实体,实体集 A 中也有 M 个实体(M>0)与之联系,则称实体集 A 与实体集 B 具有多对多联系,记为 M∶N。例如,客户在购买商品时,一个客户可以购买多个商品,同一类商品也可以被多个客户多次购买,则客户和商品之间具有多对多的购买联系。

(4) 概念模型表示方法

概念模型通常利用实体-联系法来描述,描述出的概念模型称为实体联系模型(Entity-Relationship Model),简称为 E-R 模型。E-R 模型中提供了表示实体、实体属性和实体间联系的方法,具体方法如下:

矩形:表示实体,矩形内标注实体的名字,如图 2-1 所示的"业务员"实体。

椭圆:表示实体或联系所具有的属性,椭圆内标注属性名称,并用无向边把实体与其属性联系起来。实体的主属性用下划线标识。例如业务员的实体属性,如图 2-1 所示。

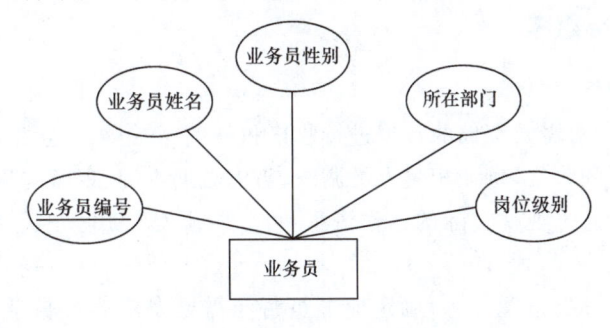

图 2-1 "业务员"实体 E-R 图

菱形:表示实体间的联系,菱形内标注联系名,并用无向边把菱形分别与有关实体联系起来,在无向边旁标上联系的类型。需要注意的是,如果联系具有属性,则该属性仍用椭圆框表示,并且仍需要用无向边将属性与其联系连接起来,"客户购买商品"E-R 图如图 2-2 所示。

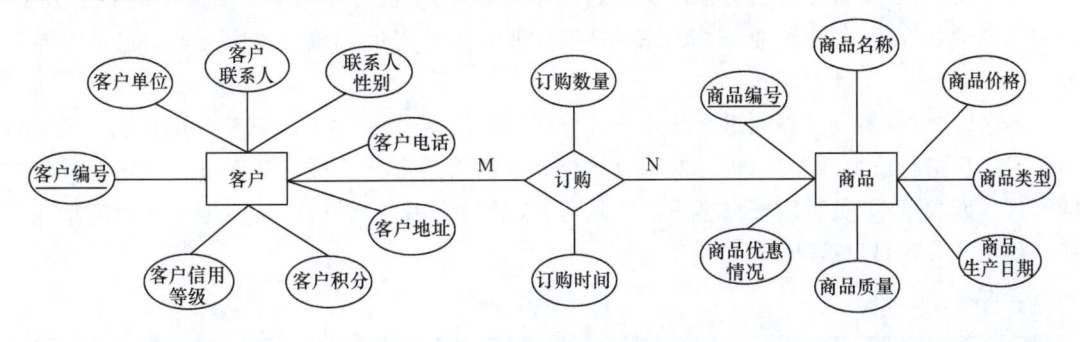

图 2-2 "客户购买商品"E-R 图

一个客户可以购买多个商品,一个商品可以被多个客户购买,客户和商品之间的联系为 M∶N,联系名为"订购"。客户有客户编号、客户单位、客户联系人、联系人性别、客户电话、客户地址、客户积分、客户信用等级等属性,商品有商品编号、商品名称、商品价格、商品类型、商品生产日期、商品质量、商品优惠情况等属性。多对多的"订购"联系还有订购时间和订购数量的属性。

(5)概念结构设计的步骤

概念结构设计的步骤有两个,首先设计局部概念模型,然后将局部概念模型合成为全局概念模型。

①设计局部概念模型:设计局部概念模型就是选择需求分析阶段产生的局部数据流图或数据字典,设计局部 E-R 图。具体步骤如下:

首先,确定数据库所需的实体。

然后,确定各实体的属性以及实体的联系,画出局部的 E-R 图。

属性必须是不可分割的数据项,不能包含其他属性。属性不能与其他实体具有联系,即 E-R 图中所表示的联系是实体之间的联系,而不能有属性与实体之间的联系。

②合并 E-R 图:首先将两个重要的局部 E-R 图合并,然后依次将一个新局部 E-R 图合并进去,最终合并成一个全局 E-R 图。每次合并局部 E-R 图的步骤如下:

首先解决局部 E-R 图之间的冲突,将局部 E-R 图合并生成初步的 E-R 图。

然后优化,对初步 E-R 图进行修改,消除不必要的冗余,生成基本的 E-R 图。

2.1.2 任务实施与思考

1. 数据库需求分析

在需求分析阶段,对需要存储的数据进行收集和整理,并组织建立完整的数据集。可以使用多种方法进行数据的收集,例如相关人员调查、历史数据查阅、观摩实际的运作流程,以及转换各种实用表单等。通过观摩实际的运作流程,可分析出 CRM 客户关系管理系统的主要功能和实际运作过程。

公司每年会为业务员布置任务,确定业务员每年需要发展客户数量,完成利润等考核指标;业务员需要管理和维护所负责联系的客户,查看管理客户所购买商品情况,处理客户对所购买商品的反馈意见和信息等。

系统的主要功能需求如下:

客户发展:公司每年都会为业务员制定工作任务,确定业务员每年需要发展的客户数量,计划完成的利润等,并记录业务员的完成情况。业务员可以通过该数据库查看自己的基本情况、业绩情况和工作计划。

客户维护:业务员可以通过系统查询客户的基本信息,以及客户所购产品的信息。并可以对新老客户进行添加和删除,也可对现有用户的基本信息进行更改。从而实现公司对其客户的管理。而且,业务员可以根据客户的实际情况,对其信用进行打分,从而评定客户的信用等级。信用评分项目见表 2-1。

表 2-1　　　　　　　　　　　　　信用评分项目

评定项目	客户品德及素质	业务关系持续期	业务关系强度	诉讼记录	不良记录	信用回款率	按期回款率	呆坏账记录	信用得分
分值	10分	10分	10分	10分	10分	20分	20分	10分	100分

客户信用：得分在90～100分，信用等级评定为"AA级"。
客户信用：得分在80～90分，信用等级评定为"A级"。
客户信用：得分在60～80分，信用等级评定为"B级"。
客户信用：得分在50～60分，信用等级评定为"C级"。
客户信用：得分为50分以下，信用等级评定为"D级"。
客户的信息：客户也可以通过该系统查看自己的基本信息、信用评分记录和消费情况等。

◆ 社会责任——讲究信用

"言不信者，行不果"——墨子。

客户意见处理：客户可以对某一类型产品的质量、业务员的服务质量提出意见或建议，系统会及时把客户的意见反映给相应部门处理，客户可以查询反馈信息的受理情况，处理完毕系统将及时把处理结果反馈给客户。

2. 设计数据库概念模型

（1）标识实体和属性

在收集需求信息后，必须标识数据库要管理的关键对象或实体。

分析系统需求，确定CRM客户关系管理系统具有业务员、业务员任务、客户、客户信用评分档案、商品等五个实体，它们的属性分别是：

业务员（Salesman）：当一个新员工成为业务员后，必须办理登记手续，才能使用客户关系管理功能。登记时需要填写业务员基本属性，包括业务员编号、业务员姓名、业务员性别、所在部门、部门电话、部门电子邮箱、岗位级别、岗位工资、岗位津贴，其中业务员编号是业务员实体的主属性。

业务员任务（Task）：公司每年都会为业务员制定工作任务，工作任务包含的属性有任务编号、计划客户数量、计划利润、实施情况，任务编号是主属性。

客户（Customer）：业务员根据任务积极发展客户，可以对新老客户进行添加和删除，也可对现有用户的基本信息进行更改。客户的基本属性包括客户编号、客户单位、客户联系人、联系人性别、客户电话、客户地址、客户积分、客户信用等级，其中客户编号是客户实体的主属性。

客户信用评分档案（CustCredit）：为评定客户的信用等级，系统为每个客户建立信用档案，里面记录着每个客户的信用评分，客户信用评分档案的基本属性包括信用档案编号、客户品德及素质评分、业务关系持续期评分、业务关系强度评分、诉讼记录评分、不良记录评分、信用回款率评分、按期回款率评分、呆坏账记录评分、信用得分等，其中信用档案编号是客户信用评分档案的主属性。

商品（Product）：客户可以订购商品，业务员可以追踪客户订购情况，客户也可以查询自己消费情况。商品的基本属性包括商品编号、商品名称、商品价格、商品类型、商品生产日期、商品质量、商品优惠情况，其中商品编号是商品实体的主属性。

☞ 提示：对象或实体一般是名称，一个对象只描述一件事情，不能重复出现含义相同的对象。

（2）标识实体的联系

在业务员、业务员任务、客户、客户信用评分档案、商品五个实体中，根据系统的需求分析，可以得出实体间的联系。

一个业务员每年都会制订工作任务计划，工作多年会有多个任务计划，每个任务计划都是为某一个业务员制订的，因此业务员和业务员任务之间存在着一对多的制订联系，制订时要确定任务的计划年度。

一个业务员可以发展、管理和维护多个客户,每个客户都由一个专门的业务员负责管理和联系,因此业务员和客户之间存在着一对多的发展联系。发展成功一个客户,系统会记录发展时间。

一个客户可以订购多个商品,同一件商品也可以被多个客户订购,因此客户和商品实体之间存在着多对多的订购联系。订购时,系统会记录订购时间和订购数量。

一个客户可以对多件商品提出反馈意见或建议,同一件商品可能被多个客户多次提出反馈意见,因此客户和商品实体之间存在着多对多的反馈联系。反馈时,系统会记录反馈时间、反馈内容和解决情况等。

思考: ①对业务员实体中的属性"所在部门"可以单独做一个实体吗?它和业务员是什么样的联系,联系名是什么?几对几?

②客户和客户信用评分档案是几对几的关系?

(3)设计局部 E-R 图

对于业务员和业务员任务两个实体,它们之间存在一对多(1∶N)的制订联系,并记录任务的计划年度,因此,业务员和业务员任务之间的 E-R 图如图 2-3 所示,业务员编号和任务编号两个主属性用下划线标识。

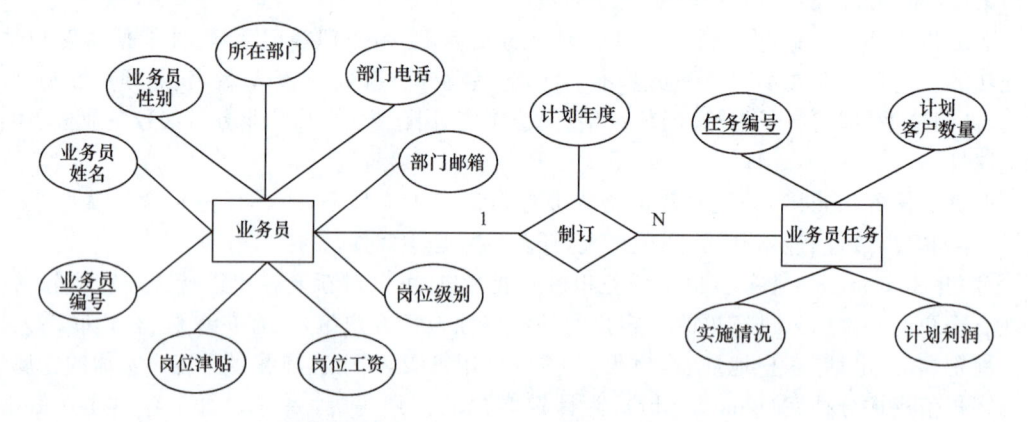

图 2-3 业务员和业务员任务之间的 E-R 图

对于业务员和客户两个实体,它们之间存在一对多(1∶N)的发展联系,并记录发展时间,因此,业务员和客户之间的 E-R 图如图 2-4 所示,业务员编号和客户编号两个主属性用下划线标识。

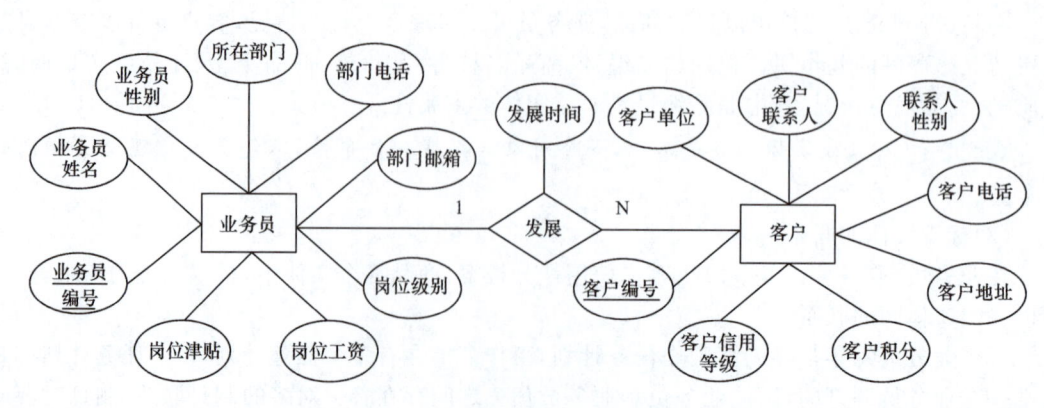

图 2-4 业务员和客户之间的 E-R 图

对于客户和商品两个实体，它们之间存在多对多(M∶N)的订购联系，并记录订购时间和订购数量，因此客户和商品之间的 E-R 图如图 2-5 所示，客户编号和商品编号两个主属性用下划线标识。

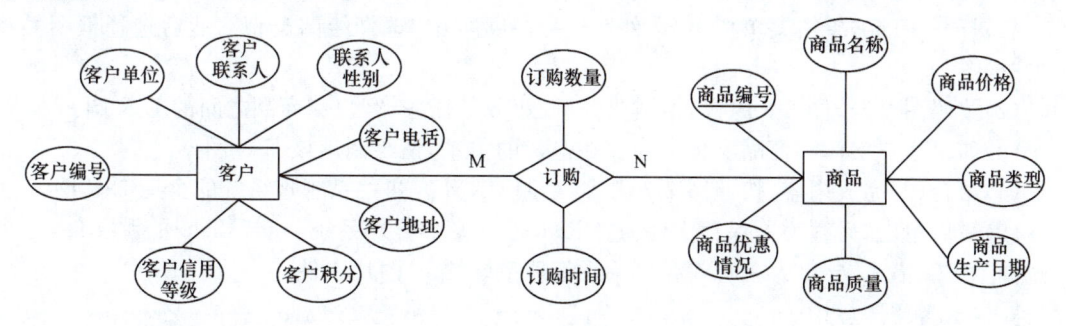

图 2-5　客户和商品之间的 E-R 图

对于客户和商品两个实体，它们之间存在多对多(M∶N)的反馈联系，并记录反馈时间、反馈内容和解决情况。因此它们之间的 E-R 图如图 2-6 所示，客户编号和商品编号两个主属性用下划线标识。

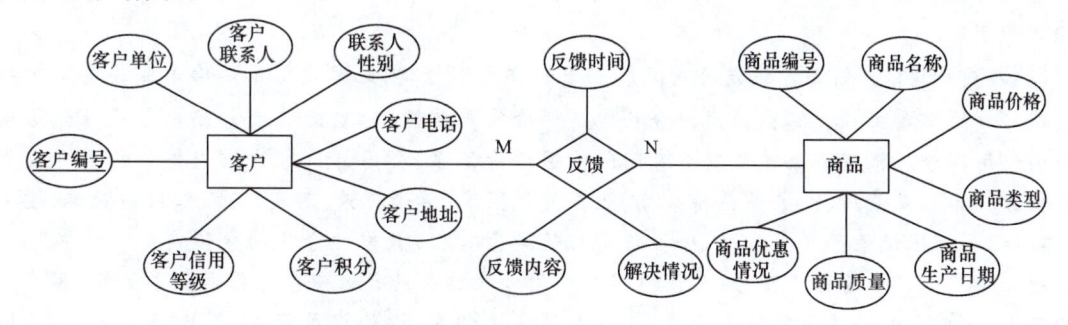

图 2-6　客户和商品之间的反馈联系

(4) 设计全局 E-R 图

综合局部 E-R 图，生成全局 E-R 图。在综合过程中，同名实体只能出现一次，还要去掉不必要的联系，以便消除冗余。一般来说，从全局 E-R 图必须能导出原来的所有局部视图，包括实体、属性和联系。因此 CRM 客户关系管理系统合成的全局 E-R 图，如图 2-7 所示。

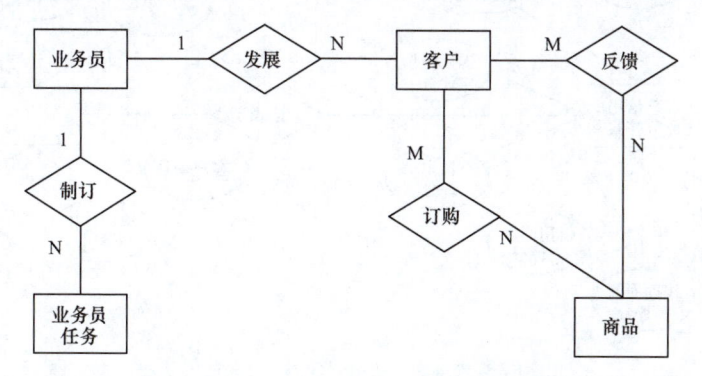

图 2-7　CRM 客户关系管理系统全局 E-R 图

💡 提示：在绘制数据库 E-R 图时，联系的菱形符号两端要标识实体的联系是 1∶1、1∶N 还是 M∶N。

2.1.3 课堂实践与检查

1. 课堂实践

(1)打开 Visio,单击菜单栏中"文件",选择"新建"中"选择绘图类型",然后选择框图类型中的"框图"。

(2)按照图 2-3～图 2-6 内容,绘制业务员、业务员任务、客户和商品之间的 E-R 图。

(3)如果客户实体和商品实体之间存在退货的关系,请绘制出该 E-R 图。

(4)结合(2)完成内容,按照图 2-7 内容,绘制 CRM 客户关系管理系统的全局 E-R 图。

(5)最后单击"另存为",保存文件为"CRM 客户关系管理系统.vsd"Visio 的源文件,也可以选择 JPEG 格式,导出为"CRM 客户关系管理系统.jpg"图片文件。

2. 检查与问题讨论

(1)任务实施情况检查评价。根据任务描述与要求,小组成员相互检查,提出存在的问题,根据问题进行小组讨论。

(2)基本知识(关键字)讨论:实体、联系、E-R 图。

(3)讨论客户与客户信用评分档案关系:客户信用评分档案的属性,客户与客户信用评分档案的联系。

> **提示:** 客户信用等级是公司开展业务的重要依据,因此客户信用评价是业务员维护和管理客户的重要工作。客户信用评分档案是评价的重要依据,里面记录着客户各项社会活动中的信用得分。根据专家建议及参考国际信用评价体系,公司评价客户信用得分的项目主要包括客户品德及素质、业务关系持续期、业务关系强度、诉讼记录、不良记录、信用回款率、按期回款率、呆坏账记录等几个方面,除了信用回款率、按期回款率评分项的分值是 20 分,其他评分项分值是 10 分,总分 100 分。因此,客户信用评分档案的属性应包括信用档案编号、客户品德及素质评分、业务关系持续期评分、业务关系强度评分、诉讼记录评分、不良记录评分、信用回款率评分、按期回款率评分、呆坏账记录评分和信用得分。

一个客户有一个客户信用评分档案,一个客户信用评分档案对应一个客户的信用记录,所以,客户信用评分档案和客户存在 1:1 的记录联系,它的 E-R 图如图 2-8 所示。

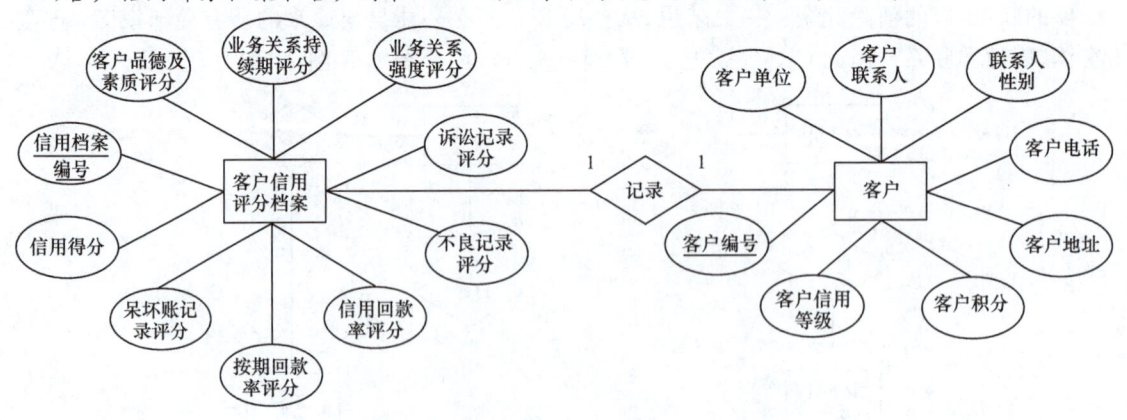

图 2-8　客户与客户信用评分档案之间的 E-R 图

(4)业务员部门、薪水和业务员联系讨论:业务员部门、薪水是否可以单独建立一个实体?和业务员联系是什么?

(5)任务实施情况讨论:业务员、业务员任务、客户、商品和反馈信息之间的 E-R 图,CRM 客户关系信息管理系统的全局 E-R 图。

2.1.4 知识完善与拓展

1. 数据库设计概念

数据库设计是建立数据库及其应用系统的核心和基础,它要求对于指定的应用环境,构造出较优的数据库模式,建立数据库及其应用,使系统能有效地存储数据,并满足用户的各种应用需求。它是一项庞大的工程项目,"三分技术,七分管理,十二分基础数据"是数据库建设的基本规律。

数据库设计一般都是从局部到全局,从逻辑设计到物理设计,即对客观世界的事物进行抽象,转换成依赖于某一个 DBMS 的数据。通常采取"实体-联系法"(Entity-Relationship Approach,E-R 方法)对用户视图进行模型化,然后汇总生成企业数据库概念模型,进而转换为数据库的逻辑模型。

(1) 数据库设计的特点

数据库设计是一种"反复探寻,逐步求精"的过程,它要求硬件、软件和管理的结合,结构(数据)设计和行为(处理)设计结合。

数据库设计是一种自顶向下,逐步逼近设计目标的过程。从大的方面说,可以把数据库设计过程划分为两个方面:逻辑结构设计和物理结构设计。逻辑结构设计主要任务是创建数据库模式并使其能支持所有用户的数据处理,能从模式中导出子模式供应用程序使用;物理结构设计主要任务是选择存储结构,实现数据存取。

(2) 数据库设计的内容

从系统开发的角度来看,数据库设计包含结构特性设计和行为特性设计两方面内容。

① 结构特性设计

结构特性设计就是设计各级数据库模式,决定数据库系统的信息内容。结构特性设计是静态的,一旦成型后通常情况下不再轻易变动。

② 行为特性设计

行为特性与数据库状态的转换有关,即改变实体及其特性的操作,它决定数据库系统的功能,包括事务处理等应用程序的设计。行为特性是动态的,用户的行为总是使数据库的数据内容发生改变。行为特性现在多由面向对象程序给出操作界面。

从使用方便和改善性能角度考虑,结构特性必须适应行为特性。但是建立数据模型的方法并没有给行为特性的设计提供有效的工具和技巧,也就是说结构特性设计和行为特性设计不得不分开进行,但它们必须相互参照。

在数据库设计中,结构特性设计是关键,因为数据库结构框架正是从考察分析用户的操作行为涉及的数据处理进行汇总和提炼出来的。这一点上,数据库设计与其他软件有很大的不同。

(3) 数据库设计的步骤

整个数据库系统开发过程划分为数据库系统分析和设计、数据库系统实现和运行两大阶段。

第一阶段:数据库系统分析和设计,包括以下六个步骤:①需求分析;②概念结构设计;③逻辑结构设计;④物理结构设计;⑤应用程序设计及调试;⑥性能测试及确认。

第二阶段:数据库系统实现和运行,包括以下内容:①数据库实施;②数据库运行;③数据库维护;④数据库重组。

整个开发过程实际上是一个不断修改、不断调整的迭代过程,如图 2-9 所示。

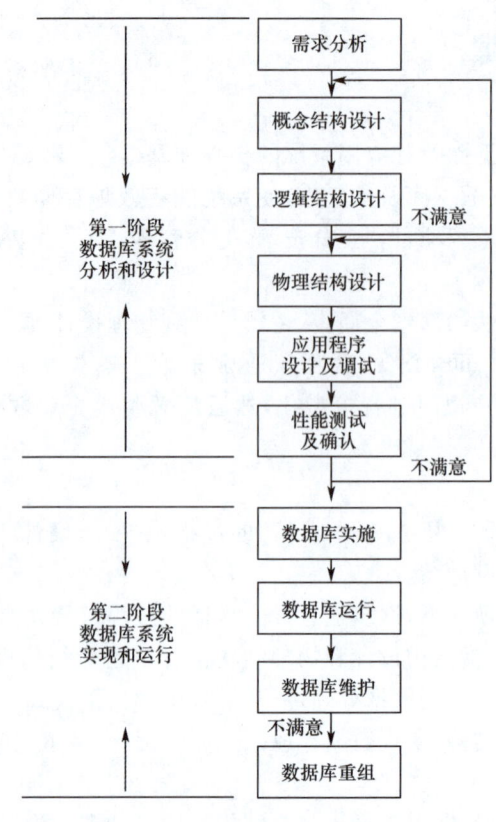

图 2-9　数据库设计过程

2. 数据库需求分析

需求分析是整个数据库设计过程中的第一步，是其他后续步骤的基础。它对客观世界的对象进行调查、分析、命名、标识并构造出一个简明的全局数据视图，是整个企业信息的轮廓框架，并且独立于任何具体的 DBMS。

第二热电厂
MIS 系统数据库
设计说明文档

(1) 需求分析的任务

需求分析是在用户调查的基础上，通过分析，逐步明确用户对系统的需求，包括数据需求和围绕这些数据和业务的处理需求。需求分析一般自顶向下进行。调查的重点是"数据"和"处理"，通过调查要从用户处获得对数据库的下列需求：

①信息需求。信息需求定义未来信息系统使用的所有信息，弄清用户将向数据库输入什么样的信息数据，在数据库中需存储哪些数据、对这些数据将做哪些处理，描述数据间本质上和概念上的联系，描述信息的内容和结构以及信息之间的联系等。

②处理需求。处理需求定义未来系统数据处理的操作功能，描述操作的优先次序，包括操作执行的频率和场合，操作与数据之间的联系等。处理需求还包括弄清用户要完成什么样的处理功能、每种处理的执行频率、用户要求的响应时间以及处理的方式是联机处理还是批处理等，同时也要弄清安全性和完整性的约束。

(2) 数据流图与数据字典

在需求分析中，通过自顶向下、逐步分解的方法分析系统。任何一个系统都可以抽象为如图 2-10 所示的数据流图(Data Flow Diagram，DFD)形式。DFD 可以形象地描述事务处理与所需数据的关联。

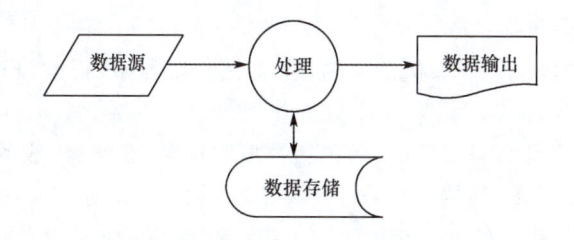

图 2-10 数据流图

数据流图是从"数据"和"处理"两方面来表达数据处理过程的一种图形化的表示方法。在数据流图中,用圆圈表示数据处理(加工);用箭头表示数据的流动及流动方向,即数据的来源和去向;用"书形框"表示要求在系统中存储的数据。

数据流图中的"处理"抽象表达了系统的功能要求,系统的整体功能要求可以分解为系统的若干子功能要求,通过逐步分解的方法,一直可以分解到将系统的工作过程表达清楚为止。在功能分解的同时,每个子功能在处理时所用的数据存储也被逐步分解,从而形成若干层次的数据流图。

除了用一套 DFD 描述数据的动态走向外,还要通过细致的调查研究,对组织的各种数据需求进行详细描述,并由此产生这个组织的数据字典。

数据字典存储有关数据的来源、说明、与其他数据的关系、用途和格式等信息,它本身就是一个数据库,存储"关于数据项的数据"。数据字典是一个指南,它为数据库提供了"路线图",而不是"原始数据"。换句话说,数据字典通常是指数据库中数据定义的一种记录,类似一个数据库的数据结构,但其内容要比数据库的数据结构描述丰富得多。

(3)需求分析的基本步骤

需求分析的基本步骤如图 2-11 所示。

① 信息收集

信息收集是指收集数据、发生时间、频率、发生规则、约束条件、相互联系、计划控制及决策过程等。收集方法可以采用面谈、书面填表、开调查会、查看和分析业务记录、实地考察或资料分析法等。

信息收集主要包括以下三方面:

第一,调查信息需求。用户要从数据库获得信息内容。信息需求定义了新系统应该提供的所有信息,应描述清楚系统中数据的性质及其联系。

第二,调查业务处理需求。即完成什么处理功能及处理方式。处理需求定义了新系统数据处理的操作,应描述操作执行的场合、频率、操作对数据的影响等。

第三,安全性和完整性要求。在定义信息需求和处理需求的同时必须相应确定安全性、完整性约束。

② 信息需求整理与分析,主要整理以下内容:

第一,数据流程分析:以数据流图表示。

第二,数据分析结果描述:除 DFD 外,还有一些规范表格做补充描述。一般有:数据清单(数据元素表)、业务活动清单(事务处理表)、完整性及一致性要求、响应时间要求、预期变化的影响等。它们

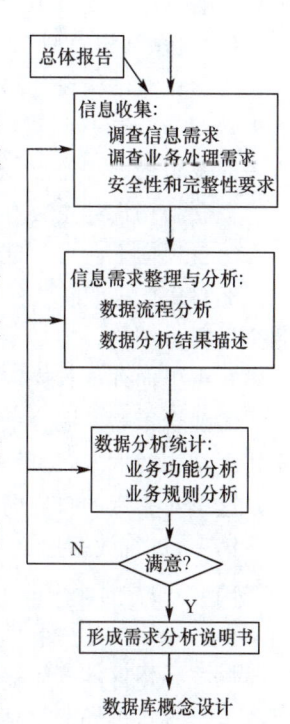

图 2-11 数据需求分析步骤

是数据字典的雏形,主要包括:

数据项:它是数据的最小单位,包括项名、含义、别名、类型、长度、取值范围及与其他项的逻辑联系等。

数据结构:是若干数据项的有序集合,包括数据结构名、含义、组成的成分等。

数据流说明:数据流可以是数据项,也可以是数据结构,表示某一加工的输入/输出数据流,包括数据流名、说明、流入的加工名、流出的加工名、组成的成分等。

数据存储说明:说明加工中需要存储的数据,包括数据存储名、说明、输入/输出数据流、组成的成分、数据量、存储方式、操作方式等。

加工过程:包括加工名、加工的简要说明、输入/输出数据流等。

③数据分析统计

数据分析统计包括业务功能分析和业务规则分析,是指将收集的数据按基本输入数据(包括人工录入、系统自动采集、转入等)、存储数据(包括一次性存储量、周期递增量)、输出数据(包括报表输出、转出等)分别进行统计。最后分析围绕数据的各种业务处理功能,并以带说明的系统功能结构图形式给出。

④阶段成果

需求分析的阶段成果是形成需求分析说明书,此说明书主要包括各项业务的数据流图DFD及有关说明、对各类数据描述的集合,即数据字典DD的雏形表格、各类数据的统计表格、系统功能结构图和必要的说明。需求分析说明书将作为数据库设计全过程的重要依据文件。

3. 数据库概念结构设计

概念结构设计的目标是产生反映整个组织信息需求的整体数据库概念结构,即概念结构模型。概念结构模型不依赖于计算机系统和具体的DBMS。

(1)概念结构模型

表达概念结构设计结果的工具称为概念结构模型。概念结构模型应具备丰富的语义表达能力;易于交流和理解;易于变动,易于向各种数据模型转换,易于从概念模型导出与DBMS有关的逻辑模型等特点。

概念结构设计主要有以下几种:

①自顶向下。首先定义全局概念结构的框架,再做逐步细化。

②自底向上。首先定义每一局部应用的概念结构,然后按一定的规则把它们集成,从而得到全局概念结构。

③由里向外。首先定义最重要的那些核心结构,再逐步向外扩充。

④混合策略。混合策略是把自顶向下和自底向上结合起来的方法,它先自顶向下设计一个概念结构的框架,然后以它为骨架再自底向上设计局部概念结构,并把它们集合一起。

这里对常用的自底向上设计策略给出数据库概念结构设计的主要步骤:

第一,进行数据抽象,设计局部概念模式。

第二,将局部概念模式综合成全局概念模式。

第三,进行评审,改进。

概念结构设计方法较有代表的思想是PetE-R Chen于1976年提出的"实体-联系法",这种方法将现实世界的信息结构用属性、实体以及实体之间的联系,即E-R图来描述。在概念结构设计过程中使用E-R方法的基本步骤包括:设计局部E-R图;设计全局E-R模型;优化成基本E-R图。

(2)设计局部 E-R 图

设计局部 E-R 图的任务是根据需求分析阶段产生的各个部门的数据流图和数据字典中相关数据,设计出各项应用的局部 E-R 图。局部 E-R 模型的设计步骤如图 2-12 所示。

(3)设计全局 E-R 图

设计全局 E-R 图是将所有局部 E-R 图集成为全局 E-R 图,即全局的概念模型。设计全局概念模型的过程如图 2-13 所示。

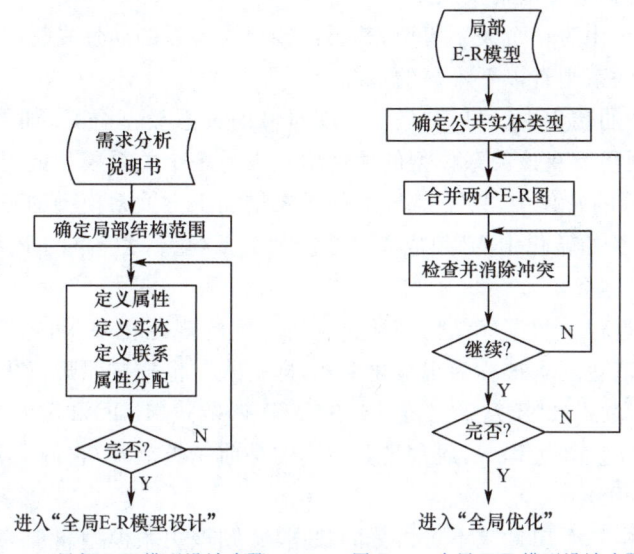

图 2-12 局部 E-R 模型设计步骤　　图 2-13 全局 E-R 模型设计步骤

第一步,局部 E-R 图的合并。一般采用两两集成的方法,合并从公共实体类型开始,最后再加入独立的局部结构。

第二步,消除冲突。当将局部的 E-R 图集成为全局的 E-R 图时,可能存在三类冲突:①属性冲突:包括类型、取值范围、取值单位的冲突;②结构冲突:如既作为实体又作为联系或属性、同一实体其属性成分不一样;③命名冲突:包括实体类型名、联系类型名之间异名同义或异义同名等命名冲突。

(4)初步 E-R 图的优化

一个好的全局 E-R 模型除能反映用户功能需求外,还应满足下列条件:①实体类型个数尽可能少;②实体类型所含属性尽可能少;③实体类型间联系无冗余。

优化就是要达到这三个目的。为此,要合并相关实体类型,一般把 1∶1 联系的两个实体类型合并,合并具有相同键的实体类型,消除冗余属性,消除冗余联系。但有时为提高效率,根据具体情况可存在适当冗余。

任务 2.2 数据库逻辑结构设计

2.2.1 任务描述与必需知识

1. 任务描述

(1)实体转化为关系模型。根据 E-R 模型向关系模型转化的规则,将 CRM 客户关系管理系统的 E-R 模型中的各实体独立转化为关系模型。

(2)联系转化为关系模型。根据 E-R 模型向关系模型转化的规则,将 CRM 客户关系管理系统的 E-R 模型中的一对一、一对多、多对多的联系分别转化为相应的关系模型。

(3)关系模型的规范化。根据关系规范化要求,把 CRM 客户关系管理系统的关系模型分步规范为第一范式、第二范式,直至规范到第三范式。

2. 任务必需知识

(1)E-R 模型向关系模型转换规则

一个独立实体转化为一个关系模型,其属性转化为关系的属性,实体的码就是关系的码。

对于实体间的联系则有以下不同的情况:

①在 1∶1 联系的转化中,可以与任意一端对应的关系模型合并,如果与某一端实体对应的关系模型合并,则需要在该关系模型的属性中加入另一个关系模型的码和联系本身的属性。

②在 1∶N 联系的转化中,只需为 N 方的关系增加 1 方关系模型的码和联系本身的属性。

③在 M∶N 联系的转化中,必须成立一个新的关系模型,关系的主码为各实体码的组合。

(2)关系范式

在数据库设计过程中数据库结构必须要满足一定的规范化要求,才能确保数据的准确性和可靠性。这些规范化要求被称为规范化形式,即范式。范式按照规范化的级别分为五种:第一范式(1NF)、第二范式(2NF)、第三范式(3NF)、第四范式(4NF)和第五范式(5NF)。

在实际的数据库设计过程中,通常需要用到的是前三类范式,它们定义如下:

①第一范式(1NF)

如果关系模型中每个属性是不可再分的数据项,则该关系模型属于 1NF。

②第二范式(2NF)

如果关系模型满足 1NF,且每个非主键属性都完全函数依赖于主键属性,则该关系模型属于 2NF。

③第三范式(3NF)

如果关系模型满足 2NF,且没有一个非主键属性是传递函数依赖于候选键,则该关系模型属于 3NF。

1NF→2NF:消除非主键属性对主键的部分函数依赖。

2NF→3NF:消除非主键属性对主键的传递函数依赖。

(3)函数依赖的分类

关系数据库中函数依赖主要有如下几种:

①完全函数依赖和部分函数依赖:设 X→Y 是一个函数依赖,且对于任何 $X'\in X, X'\to Y$ 都不成立,则称 X→Y 是一个完全函数依赖,记为 X⇒Y。反之,如果 $X'\to Y$ 成立,则称 X→Y 是部分函数依赖。

假设有关系模型 BUY(CNO,PNO,PTIME,PNUMBER),其中,CNO 表示客户编号,PNO 表示商品编号,PTIME 表示订购时间,PNUMBER 表示订购数量,则有:(CNO,PNO)→PTIME 和(CNO,PNO)→PNUMBER。

②传递函数依赖:设有关系模型 R(A,B,C),若有两个函数依赖:A→B 和 B→C,若函数依赖 A→C 也成立,但它不是直接的函数依赖,而是通过传递使 A→C 成立的,则称 C 传递函数依赖于 A。

假设有关系模型 Saleman(SNO,SNAME,DEPT,DM),其中:SNO 为业务员编号,

SNAME 为姓名，DEPT 为部门，DM 为部门负责人，则有：SNO 函数决定 DEPT，而反之不行，DEPT 函数决定 DM，因此，DM 传递函数依赖于 SNO。

2.2.2 任务实施与思考

1. 实体转化为关系模型

根据 E-R 图转化为关系模型的原则，一个独立实体转化为关系模型，其属性转化为关系模型的属性，实体的主属性作为关系模型的主键，用下划线标识。

因此，业务员实体的 E-R 图转化得到的关系模型如下：

业务员(<u>业务员编号</u>、业务员姓名、业务员性别、所在部门、部门电话、部门电子邮箱、岗位级别、岗位工资、岗位津贴)

业务员任务实体的 E-R 图转换得到的关系模型如下：

业务员任务(<u>任务编号</u>、计划客户数量、计划利润、实施情况)

客户实体的 E-R 图转换得到的关系模型如下：

客户(<u>客户编号</u>、客户单位、客户联系人、联系人性别、客户电话、客户地址、客户积分、客户信用等级)

客户信用评分档案实体的 E-R 图转换得到的关系模型如下：

客户信用评分档案(<u>信用档案编号</u>、客户品德及素质评分、业务关系持续期评分、业务关系强度评分、诉讼记录评分、不良记录评分、信用回款率评分、按期回款率评分、呆坏账记录评分、信用得分)

商品实体的 E-R 图转换得到的关系模型如下：

商品(<u>商品编号</u>、商品名称、商品价格、商品类型、商品生产日期、商品质量、商品优惠情况)

2. 联系转化为关系模型

对于实体间的联系可以分为以下几种情况：

(1) 1∶1 联系

客户信用评分档案实体与客户实体是 1∶1 的记录联系，联系的转换有四种方法：

①把客户实体集的主关键字加入客户信用评分档案实体集对应的关系中，表示这是哪个客户的档案，客户编号是客户信用评分档案的外关键字，用波浪线标识，因此客户信用评分档案的关系模型如下：

客户信用评分档案(<u>信用档案编号</u>、客户品德及素质评分、业务关系持续期评分、业务关系强度评分、诉讼记录评分、不良记录评分、信用回款率评分、按期回款率评分、呆坏账记录评分、信用得分、客户编号)

②把客户信用评分档案的主关键字加入客户实体集对应的关系中，表示这个客户对应着哪一个客户信用评分档案，信用档案编号是客户的外关键字，用波浪线标识，因此客户的关系模型如下：

客户(<u>客户编号</u>、客户单位、客户联系人、联系人性别、客户电话、客户地址、客户积分、客户信用等级、信用档案编号)

③把客户信用评分档案的主关键字加入客户实体集对应的关系中，同时也把客户实体集的主关键字加入客户信用评分档案实体集对应的关系中。

客户(<u>客户编号</u>、客户单位、客户联系人、联系人性别、客户电话、客户地址、客户积分、客户信用等级、信用档案编号)

客户信用评分档案(信用档案编号、客户品德及素质评分、业务关系持续期评分、业务关系强度评分、诉讼记录评分、不良记录评分、信用回款率评分、按期回款率评分、呆坏账记录评分、信用得分、客户编号)

④归档联系建立第三个关系,关系中包含客户信用评分档案与客户两个实体集的主关键字。

信用记录(客户编号、信用档案编号)

通常使用第一种、第二种方式和第三种比较多,这里选择合并到客户信用评分档案实体这一端的方法。

(2) 1∶N 联系

业务员和业务员任务两实体集间存在 1∶N 制订联系,可将"一方"实体(业务员)的主关键字纳入"N 方"(业务员任务)实体集对应的关系中作为"外部关键字",同时把联系的属性(计划年度)也一并纳入"N 方"(业务员任务)对应的关系中,表示这名业务员在哪一个年度的任务计划,业务员编号是业务员任务实体的外关键字,用波浪线标识,因此业务员任务的关系模型如下:

业务员任务(任务编号、计划客户数量、计划利润、实施情况、计划年度、业务员编号)

业务员和客户两实体集间存在 1∶N 发展联系,可将"一方"实体(业务员)的主关键字纳入"N 方"(客户)实体集对应的关系中作为"外部关键字",同时把联系的属性(发展时间)也一并纳入"N 方"(客户)对应的关系中,表示这客户由哪个业务员发展和负责管理的。因此客户的关系模型如下:

客户(客户编号、客户单位、客户联系人、联系人性别、客户电话、客户地址、客户积分、客户信用等级、发展时间、业务员编号)

客户、商品和客户反馈信息实体集间存在 1∶N 反馈联系,可将"一方"实体(客户,商品)的主关键字纳入"N 方"(客户反馈信息)实体集对应的关系中作为"外部关键字",同时把联系的属性(反馈时间)也一并纳入"N 方"(客户反馈信息)对应的关系中,表示哪个客户反映的是哪个产品的意见。因此客户反馈信息的关系模型如下:

客户反馈信息(反馈信息编号、客户编号、商品编号、反馈时间、反馈内容、解决情况)

(3) M∶N 联系

对于客户与商品两实体集间存在 M∶N 订购联系,必须对订购的多对多联系单独建立一个关系,用来联系双方实体集。订购的关系属性中至少要包括被它所联系的双方实体集的"主关键字"(分别是客户编号和商品编号),并且订购联系的属性(订购数量和订购时间),都要归入这个单独关系中,新关系的主键为它所联系的双方实体集的"主关键字"的组合,因此订购联系的关系模型如下:

订购(客户编号、商品编号、订购数量、订购时间)

💡 提示:实际开发中,为了避免双主键,可以在订购关系模型中加入订购编号作为主键,客户编号、商品编号作为外键。因此订购联系的关系模型如下:

订购(订购编号、客户编号、商品编号、订购数量、订购时间)

对于客户与商品两实体集间还存在 M∶N 反馈联系,记录着客户对商品的反馈意见等信息。必须对反馈的多对多联系单独建立一个关系,用来联系双方实体集。反馈的关系属性中至少要包括被它所联系的双方实体集的"主关键字"(分别是客户编号和商品编号),并且反馈联系的属性反馈时间、反馈内容和解决情况,都要归入这个单独关系中,为了避免双主键,可以

在"反馈"关系模型中加入反馈信息编号作为主键,客户编号、商品编号作为外键,因此客户反馈信息联系的关系模型如下:

客户反馈信息(反馈信息编号、客户编号、商品编号、反馈时间、反馈内容、解决情况)

因此最后 CRM 客户关系管理系统的 E-R 图转换的关系模型如下:

业务员(业务员编号、业务员姓名、业务员性别、所在部门、部门电话、部门电子邮箱、岗位级别、岗位工资、岗位津贴)

业务员任务(任务编号、计划客户数量、计划利润、实施情况、计划年度、业务员编号)

客户(客户编号、客户单位、客户联系人、联系人性别、客户电话、客户地址、客户积分、客户信用等级、发展时间、业务员编号)

客户信用评分档案(信用档案编号、客户品德及素质评分、业务关系持续期评分、业务关系强度评分、诉讼记录评分、不良记录评分、信用回款率评分、按期回款率评分、呆坏账记录评分、信用得分、客户编号)

商品(商品编号、商品名称、商品价格、商品类型、商品生产日期、商品质量、商品优惠情况)

订购(订购编号、客户编号、商品编号、订购数量、订购时间)

客户反馈信息(反馈信息编号、客户编号、商品编号、反馈时间、反馈内容、解决情况)

3. 关系模型的规范化

问题分析:关系模型设计后,很可能结构不合理,如表 2-2 所示的业务员表会出现哪些异常问题?

表 2-2 业务员表

业务员编号	业务员姓名	业务员性别	所在部门	部门电话	部门电子邮箱	岗位级别	岗位工资	岗位津贴
SM001	王强	男	市场部	87685648	scb@nets.com	七级	3500.00	1500.00
SM002	刘彩铃	女	销售部	85968215	xsb@nets.com	八级	3000.00	1000.00
SM003	李明	男	市场部	87685648	scb@nets.com	六级	4000.00	2000.00
SM004	刘军	男	销售部	85968215	xsb@nets.com	七级	3500.00	1500.00
SM005	林小军	男	市场部	87685648	scb@nets.com	五级	5000.00	3000.00

经过分析,业务员表会出现如下问题:

第一,会出现数据冗余。如果多个业务员在同一个部门,则该部门的信息(所在部门、部门电话、部门电子邮箱)必须存储多次,造成数据冗余。

第二,会出现修改异常。由于数据冗余,当修改某些数据项(如所在部门=市场部)的电话,则必须修改所有"所在部门=市场部"的行,但这个过程中可能有一部分有关记录被修改,而另一部分有关记录却没有被修改。

第三,会出现插入异常。为了添加一新部门的数据,要先给部门分配好各个业务员编号、业务员姓名等(因为主关键字不能为空),否则该部门的信息不能在数据库中存储。

第四,会出现删除异常(丢失有用信息)。如果要删除某个业务员信息,而目前该岗位级别只有这个业务员(例如表中的 SM005 业务员所在岗位级别:五级),那么,该岗位级别的信息也一起被删除了。

数据重复保存,简称数据的冗余,这对数据的增删改查带来很多后患,所以需要审核是否合理,就像施工图设计好后,还需要其他机构进行审核图纸是否设计合理一样。数据库设计需要数据库范式理论指导,并进行关系规范化,使得数据库设计合理。

(1)规范到第一范式(1NF)

业务员、业务员任务、客户、客户信用评分档案、商品、订购、客户反馈信息等关系模型的每个属性为不再可分,也不存在数据的冗余,因此它们满足 1NF。

(2)规范到第二范式(2NF)

这里重点分析业务员关系模型。

业务员(业务员编号、业务员姓名、业务员性别、所在部门、部门电话、部门电子邮箱、岗位级别、岗位工资、岗位津贴)

首先业务员的每个属性已经不可再分,符合 1NF。业务员编号能唯一标识出每个业务员,所以业务员编号为主关键字。对于业务员编号"SM001",就可标识"王强"的业务员,所以"业务员姓名"属性依赖于业务员编号。同样可以看出业务员性别、岗位级别、岗位工资和岗位津贴等属性依赖于业务员编号。

但是部门电话、部门电子邮箱描述的是部门信息,都依赖着所在部门,即非主键(部门电话、部门电子邮箱)依赖另一非主键(所在部门),所以业务员关系模型不符合 2NF。

修改业务员关系模型使其满足 2NF。把所在部门、部门电话、部门电子邮箱这些属性单独成立一个新的关系模型,即部门,新增部门编号为部门的主键,业务员关系模型去掉这些属性,而在业务员中增加一个部门编号属性作为外键,参照部门中的部门编号,这样保证满足 2NF。部门与业务员之间存在着一对多的组成联系,即一个部门由多个业务员组成,每个业务员都隶属于某个部门,新关系模型如下:

部门(部门编号、部门名称、部门电话、部门电子邮箱)

业务员(业务员编号、业务员姓名、业务员性别、部门编号、岗位级别、岗位工资、岗位津贴)

业务员任务、客户、客户信用评分档案、商品、订购、客户反馈信息等关系模型满足 2NF。

提示:第二范式要求每列必须和主键相关,不相关的列放入别的关系模型中,即要求一个关系模型只描述一件事情。这里可以直接查看该关系模型描述了几件事情,然后一件事情创建一个关系模型。

(3)规范到第三范式(3NF)

下面再分析一下业务员关系模型。

业务员(业务员编号、业务员姓名、业务员性别、部门编号、岗位级别、岗位工资、岗位津贴)

其中(业务员编号→岗位级别),(岗位级别→岗位工资、岗位津贴),(业务员编号→岗位工资、岗位津贴),即岗位工资、岗位津贴与岗位级别有关,岗位级别与业务员编号有关,即岗位工资、岗位津贴与业务员编号有关。该模式存在传递依赖关系,需要进一步拆分业务员关系模型,可把岗位级别、岗位工资、岗位津贴这些属性单独成立一个新的关系模型,即岗位等级,业务员关系模型中除去"岗位工资、岗位津贴"属性,保留岗位级别属性作为外键,这样保证满足 3NF。岗位等级与业务员之间存在着一对多的从属联系,即有可能多个业务员是属于同一等级,每个业务员都有一个岗位级别。新的关系模型如下:

岗位等级(岗位级别、岗位工资、岗位津贴)

业务员(业务员编号、业务员姓名、业务员性别、部门编号、岗位级别)

业务员任务、客户、客户信用评分档案、商品、订购、客户反馈信息等关系模型满足 3NF。

最后,经过规范化的 CRM 客户关系管理系统关系模型如下:

部门(部门编号、部门名称、部门电话、部门电子邮箱)

岗位等级(岗位级别、岗位工资、岗位津贴)
业务员(业务员编号、业务员姓名、业务员性别、部门编号、岗位级别)
业务员任务(任务编号、计划客户数量、计划利润、实施情况、计划年度、业务员编号)
客户(客户编号、客户单位、客户联系人、联系人性别、客户电话、客户地址、客户积分、客户信用等级、发展时间、业务员编号)
客户信用评分档案(信用档案编号、客户品德及素质评分、业务关系持续期评分、业务关系强度评分、诉讼记录评分、不良记录评分、信用回款率评分、按期回款率评分、呆坏账记录评分、信用得分、客户编号)
商品(商品编号、商品名称、商品价格、商品类型、商品生产日期、商品质量、商品优惠情况)
订购(订购编号、客户编号、商品编号、订购数量、订购时间)
客户反馈信息(反馈信息编号、客户编号、商品编号、反馈时间、反馈内容、解决情况)

需要注意的是,为了满足三大范式,在规范化表格时就会拆分出越来越明细的表格。但客户喜欢综合的信息,为了满足客户要求,又需要把这些表通过连接查询还原为客户喜欢的综合数据,这与从一张表中读出数据相比,会影响数据库的查询性能。

所以,有时为了满足性能要求,需要适当牺牲规范化的要求,来提高数据库的性能。为满足某种商业目标,数据库性能比规范化数据库更重要。

例如,通过在给定的关系中添加额外的字段,以大量减少需要从中搜索信息所需的时间。如可以在业务员关系模型中加入部门名称、部门电话、部门电子邮箱,以方便用户查询。也可以通过在给定的表中插入计算列(如岗位薪酬),以方便查询。

2.2.3 课堂实践与检查

1. 课堂实践

(1)设某商业集团数据库中有三个实体集。一是"商店"实体集,属性有商店编号、商店名、地址等;二是"商品"实体集,属性有商品编号、商品名、规格、单价等;三是"职工"实体集,属性有职工编号、姓名、性别、业绩等。

商店与商品间存在"销售"联系,每个商店可销售多种商品,每种商品也可放在多个商店销售,每个商店销售每种商品,均有月销售量;商店与职工间存在着"聘用"联系,每个商店有许多职工,每个职工只能在一个商店工作,商店聘用职工有聘期和月薪。

①试画出 E-R 图,并在图上注明属性、联系的类型。
②将 E-R 图转换成关系模型,并注明主键和外键。

(2)关系规范化练习,假设有下列关系模型:

学生(学号、姓名、性别、出生日期、院系编号、院系名称、院系主任、专业代码、专业名称、学制、班级编号、班级名称、班主任、宿舍编号、入住日期、入住床号)是否满足 2NF、3NF? 不满足,如何规范到 3NF?

港务信息系统数据字典

2. 检查与问题讨论

(1)任务实施情况检查评价。根据任务描述与要求,小组成员相互检查,提出存在问题,根据问题进行小组讨论。

(2)基本知识(关键字)讨论:E-R 模型向关系模型转换规则、1NF、2NF、3NF。

(3)讨论联系转换:1:1 联系转换,1:N 联系转换,M:N 联系转换。

(4)关系规范化讨论:完全依赖、传递依赖、关系模型优化。

(5)任务实施情况讨论:商业集团数据库 E-R 图、商业集团数据库 E-R 图转换成关系模型、关系规范化。

> 国家及民族情感——科技报国、使命担当
> 请思考新冠疫情防控中使用的"健康码"软件,后台数据库如何设计?

2.2.4 知识完善与拓展

1. 关系数据库逻辑设计的步骤

数据库逻辑设计的任务是将概念结构转换成特定的 DBMS 所支持的数据模型的过程。

关系数据库的逻辑设计过程包括:导出初始关系模型,规范化处理,模式评价,优化模式,形成逻辑设计说明书。

关系数据库的逻辑设计过程如图 2-14 所示。

(1)导出初始关系模型:将 E-R 图按规则转换成关系模型。

(2)规范化处理:消除异常,改善完整性、一致性和存储效率,一般达到 3NF 就行。规范化过程实际就是单一化的过程,即让一个关系描述一个概念,若多于一个概念的就把它分离出来。

(3)模式评价:模式评价的目的是检查数据库模式是否满足用户的要求,它包括功能评价和性能评价。

(4)优化模式:如模式有疏漏,要新增关系或属性,如模式的性能不好则要采用合并、分解或选用另外结构等。

(5)形成逻辑设计说明书,内容包括:①应用设计指南:访问方式,查询路径,处理要求,约束条件等;②物理设计指南:数据访问量,传输量,存储量,递增量等;③模式及子模式的集合。模式和子模式可用 DBMS 语言描述,也可用列表描述。

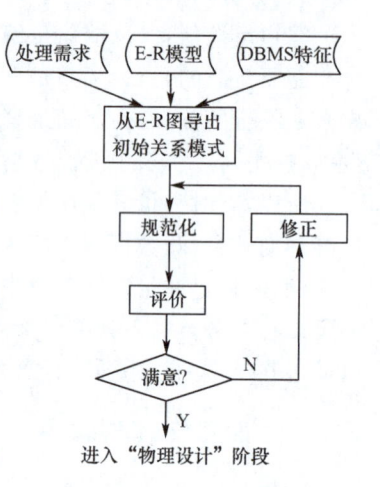

图 2-14 逻辑设计过程

2. 关系模型的函数依赖

函数依赖普遍存在于现实生活中,比如,描述一个客户的关系,可以有客户编号(CNO)、姓名(CNAME)、年龄(AGE)等属性。由于一个客户编号只对应一个客户,一个客户只有一个姓名和一个年龄。因而,当"客户编号"值确定之后,姓名和年龄的值也就被唯一确定了,就像自变量 x 确定之后,相应的函数值 f(x)也就唯一确定了一样,所以说 CNO 函数决定 CNAME 和 AGE,或者说 CNAME、AGE 函数依赖于 CNO,记为:CNO→CNAME,CNO→AGE。

函数依赖的定义:设 R(U)属性集 U 上的关系模型,X 与 Y 是 U 的子集,若对于 R(U)的任一个关系 f 中的任意两个元组 t 和 s,只要 t[X]=s[X],就必有 t[Y]=s[Y](即若它们在 X 上的属性值相等,则在 Y 上的属性值也一定相等),则称"X 函数决定 Y"或"Y 函数依赖于 X",记作 X→Y,并称 X 为决定因素。

函数依赖和其数据依赖一样,是语义范畴的概念,因此只能根据语义来确定一个函数依赖。例如,姓名→年龄,这个函数依赖只有在没有同名人的条件下成立,如果允许有相同姓名,则年龄就不再函数依赖于姓名了,设计者也可以对现实情况做强制的规定。

3. 关系规范化与优化

(1)关系规范化

关系数据库中的关系要满足一定要求,满足不同程度要求的为不同范式,满足最低要求的

叫第一范式,简称 1NF。E. F. Codd 提出了规范化的问题,并给出范式的概念。1971 年~1972 年,他系统地提出了 1NF、2NF、3NF 的概念,讨论了进一步规范化的问题。1974 年,他和 Boyce 又共同提出一个新的范式的概念,即 BCNF(Boyce Codd Normal Form)。1976 年,Fagin 又提出了 4NF,后来又有人提出了 5NF。

第一范式、第二范式、第三范式的定义请详见"任务必需知识"部分。

扩充第三范式:如果关系模型 R 是第三范式,且没有一个码属性是部分函数依赖或传递函数依赖于码属性,则称 R 为扩充第三范式的模式,记为 R∈BCNF 模式。

关系模型的规范化过程是通过对关系模型的分解,把低一级的关系模型分解为若干个高一级关系模型。即"单一化"的过程,是逐步消除数据依赖中的不合理部分,使模式中的各个关系达到某种范式过程。

关系模型规范化的过程如图 2-15 所示。

```
1NF
 ↓ 消除非主属性对码的部分函数依赖
2NF
 ↓ 消除非主属性对码的传递函数依赖
3NF
 ↓ 消除主属性对码的部分和传递函数依赖
BCNF
 ↓ 消除非频繁且非函数依赖的多位依赖
4NF
```

图 2-15　关系模型的规范化过程

是否规范化的程度越深越好?这要根据需要决定,因为"分离"越深,产生的关系越多,关系过多,连接操作越频繁,而连接操作是最费时间的。特别对以查询为主的数据库应用来说,频繁的连接会影响查询速度。所以规范化的程度应该适宜于具体的应用需要,一般达到 3NF 就行,学会结合实际问题和具体情况合理地选择较好的数据库模式。

(2)关系模型的优化

为了检查数据库模式是否满足用户的要求要进行模式评价,一旦模式有疏漏或者需要增加关系或属性,则就要对其进行模式优化。一般用三方面指标来衡量:单位时间内所访问的逻辑记录个数要少;单位时间内数据传送量要少;系统占用的存储空间尽量少。

通常采用定性判断法,大致估计不同设计方案的性能优劣;定量评估的难度很大,消耗时间,一般不采用。

关系规范化理论和关系分解方法,为优化设计提供了理论依据。最常用的优化方法就是通过对记录进行合并、分解或者选用另外结构,改善性能。

电商系统数据库详细设计说明书

任务 2.3　数据库建模

2.3.1　任务描述与必需知识

1. 任务描述

数据库建模就是在设计数据库时,对现实世界进行分析、抽象,并从中找出内在联系,进而确定数据库的结构。目前主流的数据库建模工具有 PowerDesigner、ERWin、ERDesigner NG、OpenSystemArchitect、DbWrench、MySQL Workbench 等。本任务主要学习使用 Sybase 公司的 PowerDesigner 15 建模工具开展数据库建模，包括：

(1)绘制概念模型图(CDM)。绘制 CRM 客户关系管理系统的概念模型图。

(2)生成物理模型图(PDM)。把概念模型图转换为 CRM 客户关系管理系统的物理模型图。

(3)生成数据库 SQL 脚本。根据生成的物理模型图，生成基于 SQL Server 2012 的 SQL 脚本。

2. 任务必需知识

(1)PowerDesigner 15 简介

PowerDesigner 15 是 Sybase 公司推出的数据库建模工具，它是一个"一站式"的企业级建模及数据库设计解决方案。PowerDesigner 是结合了下列几种标准建模技术的一款独具特色的建模工具集：通过 UML 进行的应用程序建模、业务流程建模以及市场一流的数据建模。PowerDesigner 15 主要涉及下列模型：企业架构模型(Enterprise Architecture Model,EAM)；需求模型(Requirements Model,RQM)；信息流模型(Information Liquidity Model,ILM)；业务处理模型(Business Process Model,BPM)；概念数据模型(Conceptual Data Model,CDM)；逻辑数据模型(Logical Data Model,LDM)；物理数据模型(Physical Data Model,PDM)；面向对象模型(Object-Oriented Model,OOM)；XML 模型(XML Model,XSM)。

(2)使用 PowerDesigner 15 环境

在选择新建一个模型后，PowerDesigner 15 会打开一个工作区间，其开发环境如图 2-16 所示，PowerDesigner 15 开发环境主要包括以下几个窗口：

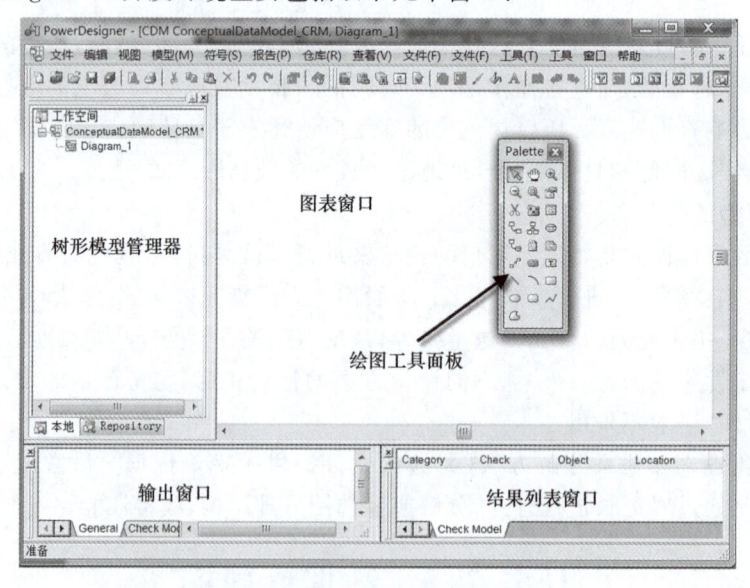

图 2-16 PowerDesigner 15 开发环境

①树形模型管理器：可以用分层结构显示工作空间。

②输出窗口：显示操作的结果。

③结果列表窗口：用于显示生成、覆盖和模型检查结果，以及设计环境的总体信息。

④图表窗口：用于组织模型中的图表，以图形方式显示模型中各对象之间的关系。

2.3.2 任务实施与思考

1. 绘制概念模型图(CDM)

根据对用户的需求分析,CRM 客户关系管理系统主要包含以下三个实体:

业务员:业务员实体基本属性包括业务员编号、业务员姓名、业务员性别等。

客户:客户实体的基本属性包括客户编号、客户单位、客户联系人、联系人性别、客户电话、客户地址、客户积分、客户信用等级属性等。

商品:商品实体的基本属性包括商品编号、商品名称、商品价格、商品类型、商品生产日期、商品质量、商品优惠情况等属性。

此外,客户实体和商品实体之间存在一个多对多的订购关系,并记录了订购数量和订购时间。

业务员和客户之间存在一个一对多的发展和管理关系。

根据以上要求,开始绘制概念模型图(CDM)。

(1)启动 PowerDesigner 15。

(2)新建概念模型图 CDM(Conceptual Data Model)。选择菜单"File"→"New",会打开如图 2-17 所示的对话框,在左边模型选择列表中选中 Conceptual Data Model,输入模型名称,单击"OK",即确认创建概念数据模型。在单击"OK"后,将会出现类似如图 2-16 所示的开发环境。左边的浏览窗口用于浏览各种模型图,右边为绘图窗口,可以从绘图工具面板(Palette)中选择各种符号来绘制 E-R 图,下方为输出窗口和结果列表窗口,此时可以开始绘制 E-R 图。

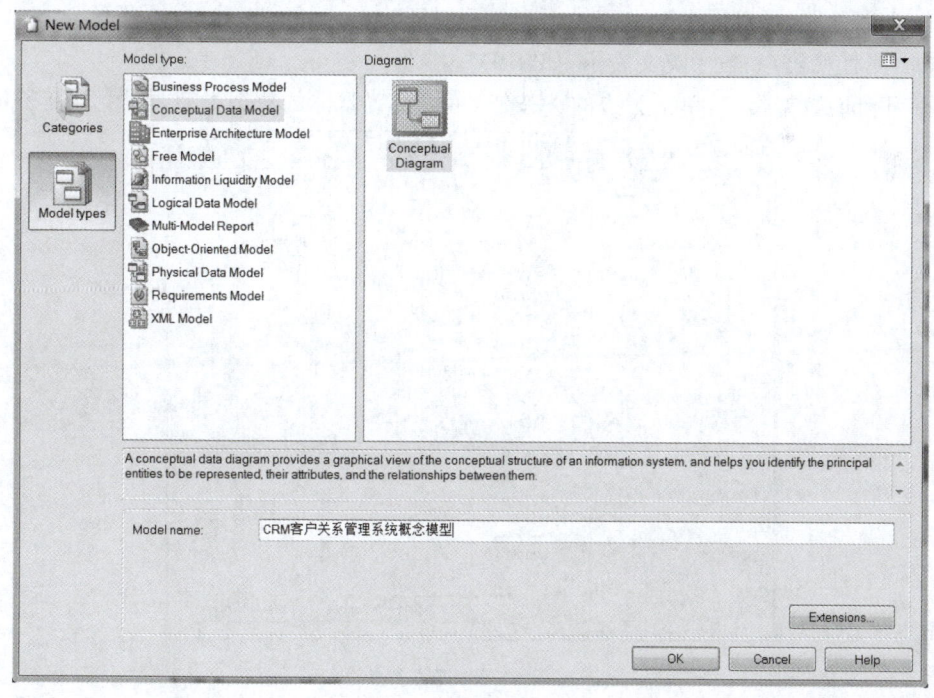

图 2-17 新建概念模型图

(3)添加实体。选择 Palette 面板中的"实体"(Entity)工具,然后在模型区域单击鼠标左键,即添加了一个实体图符,如图 2-18 所示。

右击或单击面板中 Palette 工具,使鼠标处于选择图形状态。双击新创建的实体图符,打开实体属性窗口,我们以 CRM 客户关系管理系统为例,首先输入业务员实体名称(Name:业务员)和代码(Code:Salesman)。

> **注意**：Name 可以用中文名称，Code 的名称只能用英文，而且以后实体、属性中 Code 的名称不能有重名。

(4)添加实体属性(Entity Attributes)。在 PowerDesigner 中，不像标准的 E-R 图使用椭圆表示属性。打开"业务员"实体属性窗口，进入 Attributes 属性页就可以添加新的属性，如图 2-19 所示。单击属性窗口工具栏中 Add a Row 工具，即在属性实体属性列表中添加了一个属性，同时设置该属性相关信息，Attributes 中，主要选项表示的含义如下：

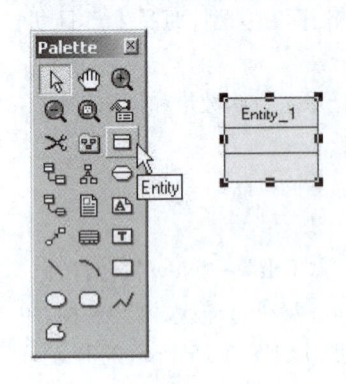

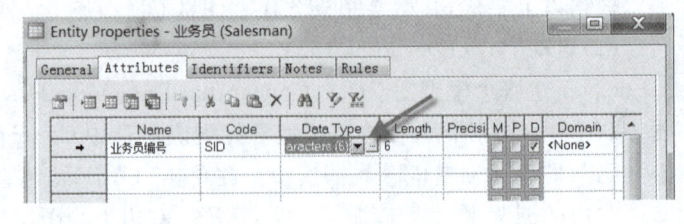

图 2-18　添加实体　　　　　　　　　图 2-19　添加属性

Name：属性名，可以用中文表示，如"业务员编号"。
Code：属性代码，一般用英文表示，如"SID"。
Date Type：数据类型，单击旁边的 □ 按钮，可以设置具体的数据类型，如图 2-20 所示。

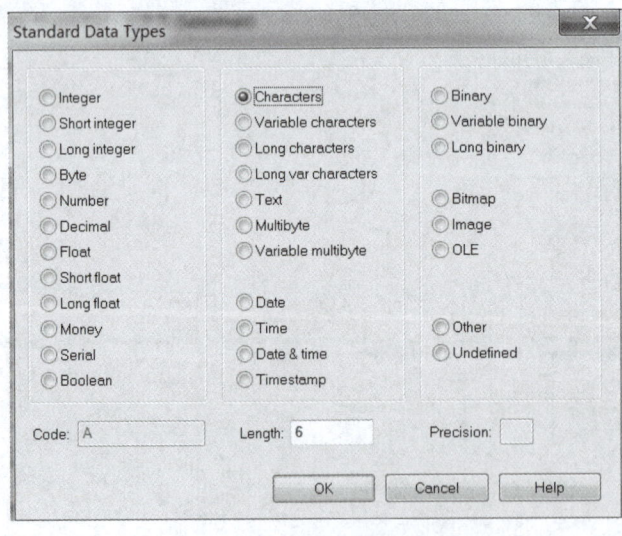

图 2-20　设置数据类型

Domain：域，是适用于多个数据项目的标准数据结构。修正一个域时，将更新全部与域关联的数据项目。

M：即 Mandatory，强制属性，表示属性值是否为空。
P：即 Primary Identifier，是否是主标识符，也即主键，表示实体的唯一标识符。
D：即 Displayed，表示在实体符号中是否显示。

输入实体的其他属性,我们这里把"业务员编号"设置为主键,"业务员姓名""业务员性别"设置为不能为空,如图 2-21 所示。

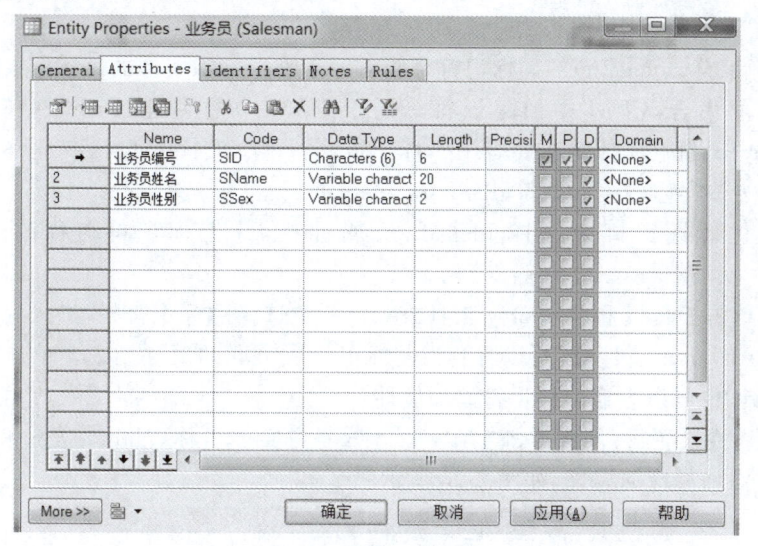

图 2-21 员工实体的属性

对属性列进行更为详细的设置,可以通过双击对应属性列左边箭头,进入 Attribute Properties 窗口,可以进行更为精确详细的设置,如数据上下限、精度等。比如双击"业务员性别"列左边箭头,打开属性设置的窗口。

在该窗口选择 Standard Checks 属性页,即打开如图 2-22 所示窗口,在该窗口可以设置约束条件,该窗口的选项含义如下:

图 2-22 "业务员性别"属性约束设置窗口

Minimum:设置输入数值的最小值。
Maximum:设置输入数值的最大值。
Default:设置输入数值的默认值。
Format:设置输入数值的格式。
Unit:设置输入数值的单位。
Uppercase:设置输入数值的转换为大写字母。
Lowercase:设置输入数值的转换为小写字母。

Cannot modify：设置输入的数值不能被修改。

List of values：设置输入数据时可以选择的数值。

这里设置"业务员性别"输入的默认值为"男"。

(5)设置标识符(Identifiers)。标识符是能够用于唯一标识实体的每条记录的一个实体属性或实体属性的集合，CDM 中的标识符等同于 PDM 中的主键(Primary Key)或候选键(Alternate Key)。每个实体至少要有一个标识符，若一个实体中只存在一个标识符，它就自动被默认指派为该实体的主标识符(Primary Identifier)。

在当前实体属性窗口中选择 Identifiers 属性栏，并把标识符名称改为"Identifier_Primary"。

可以通过单击工具栏上 Property 工具或双击所要选择的标识符栏，进入标识符属性编辑窗口。选择 Attributes 属性页，可以看到当前标识符所关联的属性列表。单击工具栏中 Add Attributes 工具，也可以为当前标识符添加属性。

完成标识属性设置后，同样添加"客户"实体，客户实体名称(Name：客户)和代码(Code：Customer)，并添加相应的属性，如图 2-23 所示。

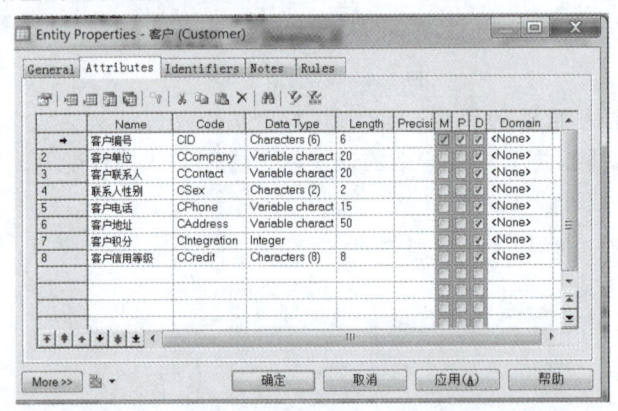

图 2-23　"客户"实体的属性

完成标识属性设置后，同样添加"商品"实体，商品实体名称(Name：商品)和代码(Code：Product)，并添加相应的属性，如图 2-24 所示。

图 2-24　"商品"实体的属性

创建业务员和客户之间一对多的关系。

🛈 提示：联系(Relationship)也表示实体间的连接。如在系统的 CDM 中，还有一个"业务员"实体，客户是业务员发展和联系的，关系"发展和管理"连接了客户(Customer)和业务员

(Salesman)，这种关系表述了每个客户是由一个业务员发展和管理的，且每个业务员可以发展和管理多个客户。可以在 Palette 面板中，单击 Relationship 工具建立实体之间的联系(Relationship)，如图 2-25 所示。

图 2-25 设置关系

然后在业务员(Salesman)实体内单击鼠标左键且按住不放，拖放鼠标至另一实体客户(Customer)上，松开鼠标左键，即在两实体间创建了关系。

双击模型图表中刚创建的 Relationship 图符，以打开 Relationship 窗口，输入关系的 Name(管理)和 Code(Manager)。

然后单击"Cardinalities"选项，设置业务员和客户"发展和管理"关系的基数为 One-Many(即一对多)，如图 2-26 所示。

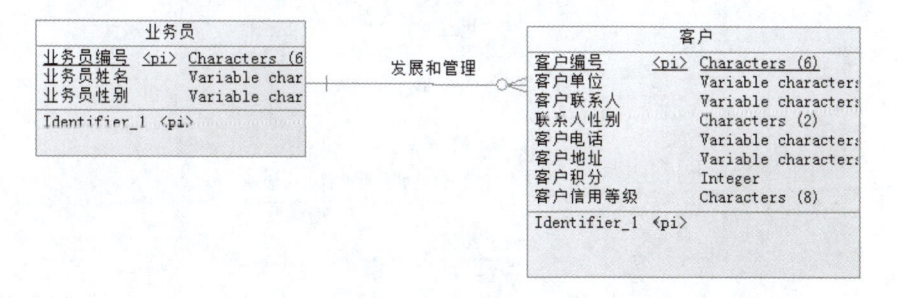

图 2-26 业务员和客户的关系

(6) 创建实体之间的 Association 关联。CRM 客户关系管理系统中通过一个 Association 来表示客户与商品的订购关系，包括了属性——订购时间(BTime)和订购数量(BNum)，用于记录客户订购商品的订购时间和订购数量。

- 在 Palette 面板中单击 Association Link 工具。
- 在客户(Customer)实体内单击鼠标左键且按住不放，拖放鼠标至另一商品(Product)实体上，松开鼠标左键，即在两实体间创建了 Association，如图 2-27 所示。
- 双击模型图表中刚创建的 Association 图符，以打开 Association Properties 窗口，输入 Association 的 Name(订购)和 Code(Buy)。
- 选择 Attributes 属性页，添加实体属性订购时间(BTime)和订购数量(BNum)并设置相关属性，如图 2-28 所示。

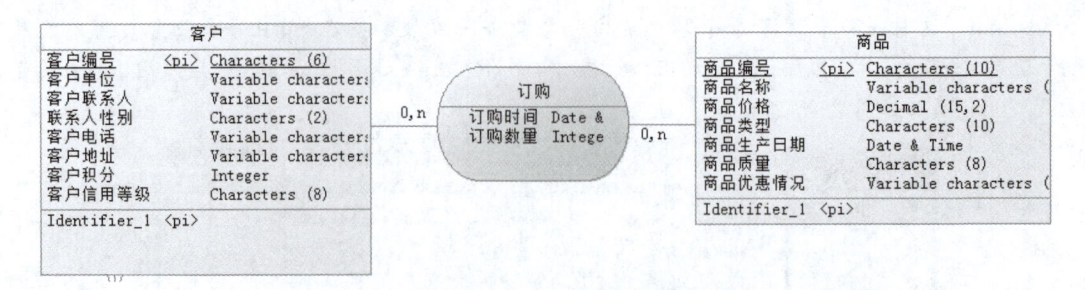

图 2-27 建立实体 Association 关系图

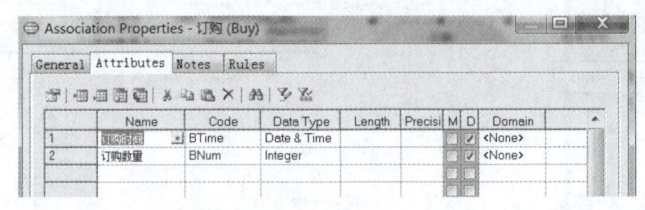

图 2-28 员工-销售的关系属性

图 2-28 添加订购关系的"订购时间"和"订购数量"属性，同时可以通过在模型图表中双击"客户和订购"和"商品和订购"的 Association Link，打开 Association Link Properties 来编辑连接属性，如图 2-29 和图 2-30 所示。

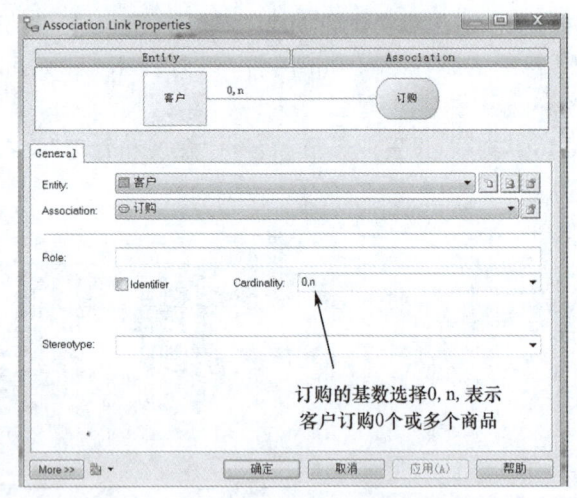

图 2-29 客户和订购的关系属性

把图 2-29 中的客户与订购的映射基数 Cardinality 设置为"0，n"，表示一个客户可能订购 0 个或多个商品。把图 2-30 中的商品与订购的映射基数 Cardinality 设置为"0，n"，表示一个商品可由 0 个或多个客户订购。最后完成客户与商品 Association 关联的建立。

(7) 单击"确定"按钮，保存为"CRM 客户关系管理概念模型图"，文件后缀名默认为"*.CDM"。现在已经基本上完成了目标系统的概念建模过程，为此下一步我们需要检验已经设计好的模型，便于能够正确地转换为物理数据模型(PDM)。

(8) 检查概念模型(CDM)

- 选择"Tools"→"Check Models"，打开 Check Model Parameters 窗口，选择检查内容。
- 确认选择后，单击 OK，则 PowerDesigner 开始对模型进行检验。
- 完成检验后，PowerDesigner 会将检验结果在输出列表中显示出来。

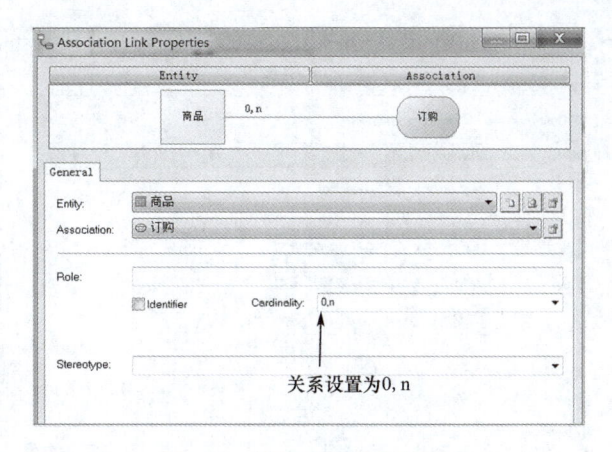

图 2-30　商品和订购的关系属性

- 可以根据所列出的错误信息对模型进行修改,错误信息有 Error、Warning、Automatic correction 三种,同时只要经过检验后直到没有 Error 一类的错误信息,我们就可以将该 CDM 转化为对应 PDM。

2. 生成物理模型图(PDM)

从一个 CDM 生成 PDM 时,PowerDesigner 将 CDM 中的对象和数据类型转换为 PDM 对象和当前 DBMS 支持的数据类型。PDM 转换概念对象到物理对象的对象关系见表 2-3。

表 2-3　　　　　　　　　　CDM 与 PDM 对象映射表

CDM 对象	在 PDM 中生成的对象
实体(Entity)	表(Table)
实体属性(Entity Attribute)	列(Column)
主标识符(Primary Identifier)	根据是否为依赖关系,确定是主键或外键
标识符(Identifier)	候选键(Alternate key)
关系(Relationship)	引用(Reference)

同一个表中的两列不能有相同的名称,如果因为外键迁移而导致列名冲突,PowerDesigner 会自动对迁移列重命名,新列名由原始实体名的前三个字母加属性的代码名组成。主标识符生成 PDM 中的主键和外键,非主标识符则对应生成候选键。

在 PDM 中生成的键类型取决于 CDM 中用于定义一个 Relationship 的基数和依赖类型。经过以上认识,以及设计小组成员和客户讨论决定后,可以选择具体数据库,生成物理模型图。

(1)选择菜单栏上"Tools"→"Generate Physical Data Model",弹出"PDM Generation Options"窗口,如图 2-31 所示。

(2)选择 Generate row Physical Data Model,在 DBMS 下拉列表中选择相应的 DBMS,输入新物理模型的 Name 和 Code。

(3)若单击 Configure Model Options 按钮,则进入 Model Options 窗口,可以设置新物理模型的详细属性。

(4)选择 PDM Generation Options 中的 Detail 页,设置目标 PDM 的属性细节。

(5)单击 Selection 页,选择需要进行转化的对象。

(6)确认各项设置后,单击"确定"按钮。即生成相应的 PDM 模型,如图 2-32 所示。

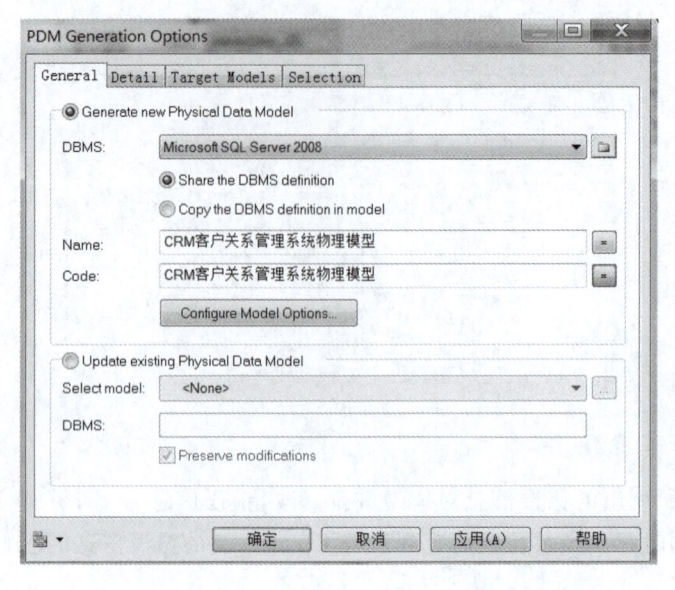

图 2-31 "PDM Generation Options"窗口

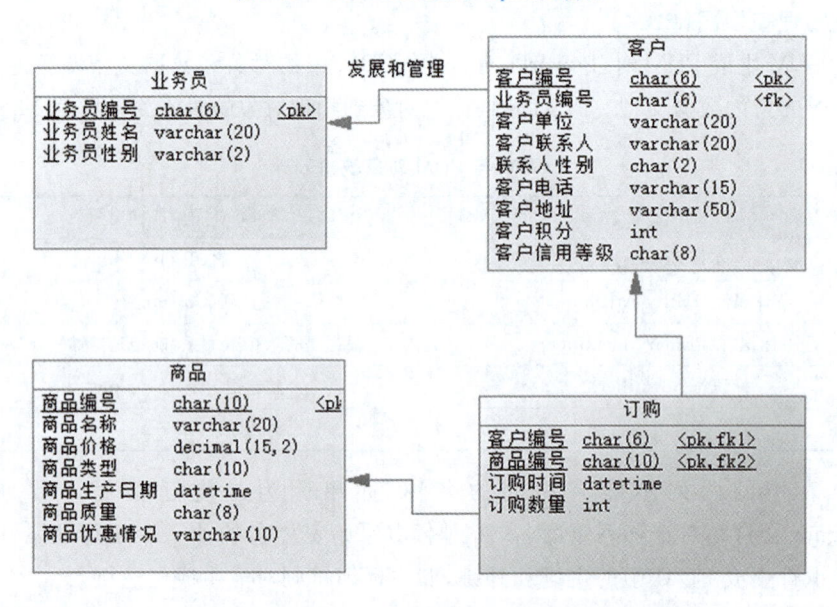

图 2-32 生成物理模型图

生成 PDM 后，我们可能还会对前面的 CDM 进行更改，若要将所做的更改与所生成的 PDM 保持一致，这时可以对已有 PDM 进行更新。这时操作也很简单，选择"Tools"→"Generate Physical Data Model"，在打开的"PDM Generation Options"窗口中选择 Update existing Physical Data Model，并通过 Select model 下拉列表框选择将要更新的 PDM。

3. 生成数据库 SQL 脚本

单击菜单"Database"→"Generate Database"，出现如图 2-33 所示窗口，输入 SQL 脚本的文件名，单击"确定"按钮，将自动生成对应数据库的 SQL 脚本。用户可以打开 SQL 文件保存的路径，查看生成的脚本，也可以单击 Edit 按钮，打开脚本文件，做进一步的修改。

注意：PowerDesigner 生成的 SQL 脚本没有创建数据库的语句，只有创建表的语句。

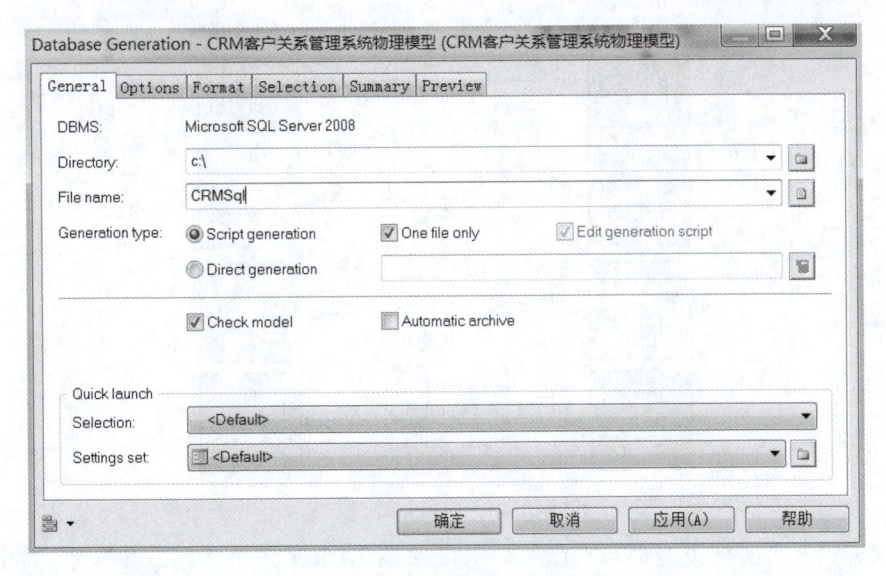

图 2-33 生成数据库 SQL 脚本

> **职业素养——精益求精的工匠精神**
>
> 建模过程就是不断优化、不断求精过程,我们要有追求卓越的精神。

2.3.3 课堂实践与检查

1. 课堂实践

（1）按照任务实施过程的要求完成任务并检查结果。

（2）在 CRM 客户关系管理系统概念模型中添加部门、岗位级别、业务员任务、客户信用评分档案、客户反馈信息实体。

（3）根据任务 2.1 中分析,建立各实体之间的关系。

（4）生成 CRM 客户关系管理系统完整的物理模型。

（5）生成 CRM 客户关系管理系统完整的数据库脚本语言。

（6）最后保存 CRM 客户关系管理系统的概念模型和物理模型,完成建模。

2. 检查与问题讨论

（1）Relationship 与 Association 关系有什么区别？

（2）自反关系（Reflexive Relationship）、依赖关系（Dependent Relationship）、支配关系（Dominant Relationship）、强制关系（Mandatory Relationship）的定义与区别？

（3）从概念模型转换为物理模型时,实体之间的关系转换规则是什么？

2.3.4 知识完善与拓展

1. PowerDesigner 四种基本的联系

PowerDesigner 中有四种联系表示,即一对一（One To One）联系、一对多（One To Many）联系、多对一（Many To One）联系和多对多（Many To Many）联系,如图 2-34 所示。

2. PowerDesigner 其他几类特殊联系

除了四种基本的联系之外,实体集与实体集之间还存在标定联系（Identify Relationship）、非标定联系（Non-Identify Relationship）和递归联系（Recursive Relationship）。

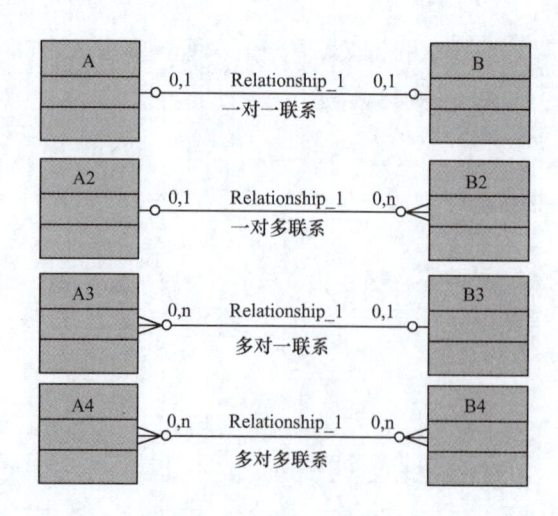

图 2-34 四种基本的联系

标定联系：每个实体类型都有自己的标识符，如果两个实体集之间发生联系，其中一个实体类型的标识符进入另一个实体类型并与该实体类型中的标识符共同组成其标识符时，这种联系则称为标定联系，也叫依赖联系。反之称为非标定联系，也叫非依赖联系。

提示：在非标定联系中，一个实体集中的部分实例依赖于另一个实例集中的实例，在这种依赖联系中，每个实体必须至少有一个标识符。而在标定联系中，一个实体集中的全部实例完全依赖于另一个实体集中的实例，在这种依赖联系中一个实体必须至少有一个标识符，而另一个实体却可以没有自己的标识符。没有标识符的实体用它所依赖的实体的标识符作为自己的标识符。

换句话来理解，在标定联系中，一个实体（选课）依赖一个实体（学生），那么（学生）实体必须至少有一个标识符，而（选课）实体可以没有自己的标识符，没有标识符的实体可以用实体（学生）的标识符作为自己的标识符。如图 2-35 所示。

递归联系：递归联系是实体集内部实例之间的一种联系，通常形象地称为自反联系。同一实体类型中不同实体集之间的联系也称为递归联系。

例如：在"职工"实体集中存在很多的职工，这些职工之间必须存在一种领导与被领导的关系。创建递归联系时，只需要单击"实体间建立联系"工具，从实体的一部分拖至该实体的另一个部分即可。如图 2-36 所示。又如"学生"实体集中的实体包含"班长"子实体集与"普通学生"子实体集，这两个子实体集之间的联系就是一种递归联系。

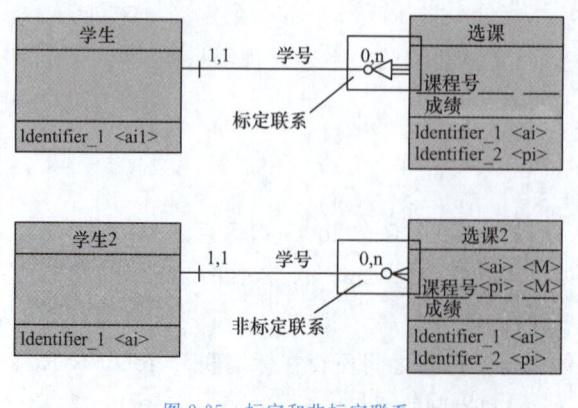

图 2-35 标定和非标定联系

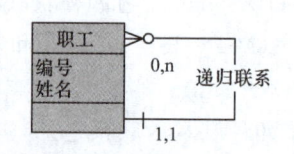

图 2-36 递归联系

3. PowerDesigner 定义联系的特性

在两个实体间建立了联系后,双击联系线,打开联系特性窗口,如图 2-37 所示。

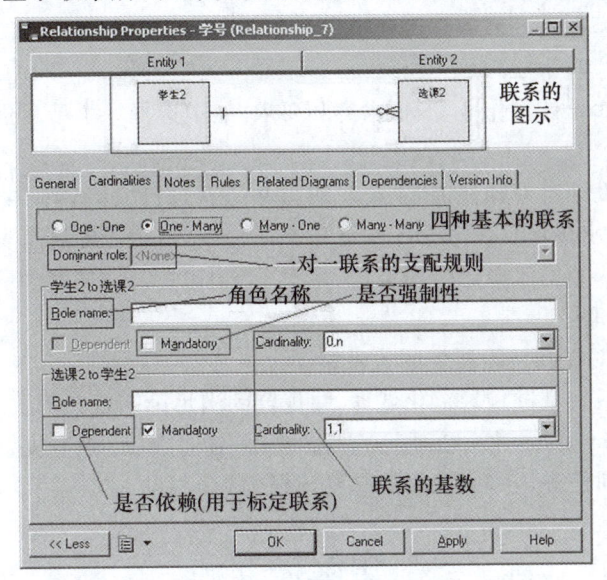

图 2-37 定义联系特性

4. PowerDesigner 定义联系的角色名

在联系的两个方向上各自包含有一个分组框,其中的参数只对这个方向起作用,Role Name 为角色名,描述该方向联系的作用,一般用一个动词或动宾组表示。

如:"学生 to 课目"组框中应该填写"拥有",而在"课目 To 学生"组框中填写"属于"(在此只是举例说明,可能有些用词不太恰当)。

5. PowerDesigner 定义联系的强制性

Mandatory 用来定义联系的强制关系。选中这个复选框,则在联系线上产生一个联系线垂直的竖线。不选择这个复选框则表示联系这个方向上是可选的,在联系线上产生一个小圆圈。

6. PowerDesigner 有关联系的基数

联系具有方向性,每个方向上都有一个基数。例如,"系"与"学生"两个实体之间的联系是一对多联系,换句话说"学生"和"系"之间的联系是多对一联系。而且一个学生必须属于一个系,并且只能属于一个系,不能属于零个系,所以从"学生"实体至"系"实体的基数为"1,1",从联系的另一方向考虑,一个系可以拥有多个学生,也可以没有任何学生,即零个学生,所以该方向联系的基数就为"0,n"。如图 2-38 所示。

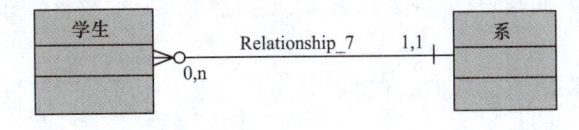

图 2-38 联系的基数

综合训练 2 自选项目数据库设计

1. 实训目的与要求

(1)学会清楚表述数据库系统的需求。

(2)掌握正确使用E-R图表现数据库的概念模型。

(3)掌握正确进行E-R模型转换并进行规范化处理。

(4)掌握使用建模工具开展数据库建模。

2. 实训内容与过程

结合"附录数据库设计大作业资料"内容和要求,从中选择一个项目进行数据库设计,并完成以下内容:

(1)参照数据库设计参考课题的"主要功能",并结合自己实际调研或网上查找相关资料,然后清楚完整地描述出该项目的数据库功能需求,并能使用功能模块图表现。

(2)完成该项目的数据库概念结构设计:标识系统中的实体、属性和关系,并使用Visio正确绘制数据库的E-R图。

(3)把E-R图根据规则转换相应的关系模型。

(4)对转换的关系模型进行规范化处理,并规范到满足第三范式的要求。

(5)利用PowerDesigner建立该项目的概念模型、物理模型,并生成数据库脚本。

(6)完成上述实训任务,并形成《数据库设计报告》。

知识提升

专业英语

数据库设计:Database Design
需求收集与分析:Requirements Collection and Analysis
概念结构设计:Conceptual Structure Design
逻辑结构设计:Logical Structure Design
实体:Entity
关系:Relation
实体关系模型:Entity-Relationship Model
规范化:Normalization
函数依赖:Functional Dependency

考证天地

(1)考点归纳

根据新版《数据库系统工程师考试大纲》(2020年12月清华大学出版社出版发行),涉及考点为数据库设计。

①系统需求分析:数据需求、业务处理需求、安全性需求、完整性需求、建立数据字典和数据流图。

②概念结构设计:在需求分析的基础上,对用户信息加以分类、聚集和概括,用E-R方法建立信息模型。

③逻辑结构设计:确定数据模型,将E-R图转换为指定的数据模型,确定完整性约束,确定用户视图。

④数据库的物理设计:确定数据分布、存储结构、存取方式。

(2)真题分析

真题:

某学校拟开发一套实验管理系统,对各课程的实验安排进行管理。

[需求分析]

每个实验室可进行的实验类型不同。由于实验室和实验员资源有限,需根据学生人数分批次安排实验室和实验员。一门含实验的课程可以开设给多个班级,每个班级每学期可以开设多门含实验的课程。每个实验室都有其可开设的实验类型。一门课程的一种实验可以根据人数、实验室的可容纳人数和实验室类型,分批次开设在多个实验室的不同时间段。一个实验室的一次实验可以分配多个实验员负责辅导实验,实验员给出学生的每次实验成绩。

① 课程信息包括:课程编号、课程名称、实验学时、授课学期和开课的班级等信息;实验信息记录该课程的实验进度信息,包括:实验名、实验类型、学时、安排周次等信息,见表 2-4。

表 2-4 课程信息表

课程编号	15054037	课程名称	数字电视原理	实验学时	12
班级	电 0501,信 0501,计 0501	授课院系	机械与电气工程	授课学期	第三学期
序号	实验名	实验类型	难度	学时	安排周次
1505403701	音视频 AD-DA 实验	验证性	1	2	3
1505403702	音频编码实验	验证性	2	2	5
1505403703	视频编码实验	演示性	0.5	1	9

② 以课程为单位制订实验安排计划信息,包括:地点、实验时间、实验员等信息。实验安排计划信息表见表 2-5。

表 2-5 实验安排计划信息表

课程编号	15054037	课程名称	数字电视原理	安排学期	2009 年秋	总人数	20
实验编号	实验名	实验员	实验时间	地点	批次号	数
1505403701	音视频 AD-DA 实验	盛 X,陈 X	第 3 周周四晚上	实验三楼 310	1	0
1505403701	音视频 AD-DA 实验	盛 X,陈 X	第 3 周周四晚上	实验三楼 310	2	0
1505403701	音视频 AD-DA 实验	吴 X,刘 X	第 3 周周五晚上	实验三楼 311	3	0
1505403701	音视频 AD-DA 实验	吴 X	第 3 周周五晚上	实验三楼 311	4	0
1505403702	音频编码实验	盛 X,刘 X	第 5 周周一下午	实验四楼 410	1	0

③ 由实验员给出每个学生每次实验的成绩,包括:实验名、课程名称、学号、姓名、班级、实验成绩等信息。实验成绩表见表 2-6。

表 2-6 实验成绩表

实验名	音视频 AD-DA 实验	课程名	数字电视原理
学号	姓名	班级	实验成绩
030501001	陈民	信 0501	87
030501002	刘志	信 0501	78
040501001	张勤	计 0501	86

④学生的实验课程总成绩根据每次实验的成绩以及每次实验的难度来计算。

[概念模型设计]

根据需求阶段收集的信息,设计的实体-联系图(不完整)如图2-39所示。

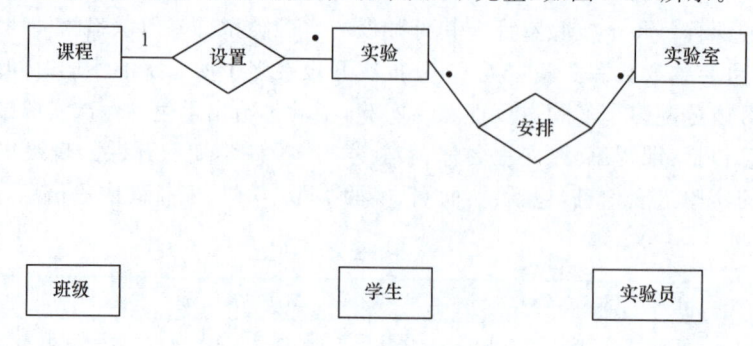

图2-39　实体-联系图(不完整)

[逻辑结构设计]

根据概念模型设计阶段完成的实体-联系图,得出如下关系模型(不完整):

课程(课程编号,课程名称,授课院系,实验学时)

班级(班级号,专业,所属系)

开课情况((1),授课学期)

实验((2),实验类型,难度,学时,安排周次)

实验计划((3),实验时间,人数)

实验员((4),级别)

实验室(实验室编号,地点,开放时间,可容纳人数,实验类型)

学生((5),姓名,年龄,性别)

实验成绩((6),实验成绩,评分实验员)

[问题1]

补充图2-39中的联系和联系的类型。

[问题2]

根据图2-39,将逻辑结构设计阶段生成的关系模型中的空补充完整。对所有关系模型,用下划线标出各关系模型的主键。

试题解析:

本题考查数据库概念结构设计及向逻辑结构转换的掌握。

此类题目要求考生认真阅读题目,根据题目的需求描述,给出实体间的联系。

[问题1]解析

根据题意由"一门含实验的课程可以开设给多个班级,每个班级每学期可以开设多门含实验的课程"可知,课程和班级之间的开设关系为M∶N联系。由"一个实验室的一次实验可以分配多个实验员负责辅导实验"可知,实验、实验室与实验员之间的安排关系为K∶N∶M联系。由"实验员给出学生的每次实验成绩"可知,实验、学生与实验员之间的成绩关系为K∶N∶M联系。班级和学生之间的包含关系为1∶N联系。

答案参见图2-40。

[问题2]解析

根据题意,可知课程编号是课程的主键,班级号是班级的主键。从表2-4可见,开课情况

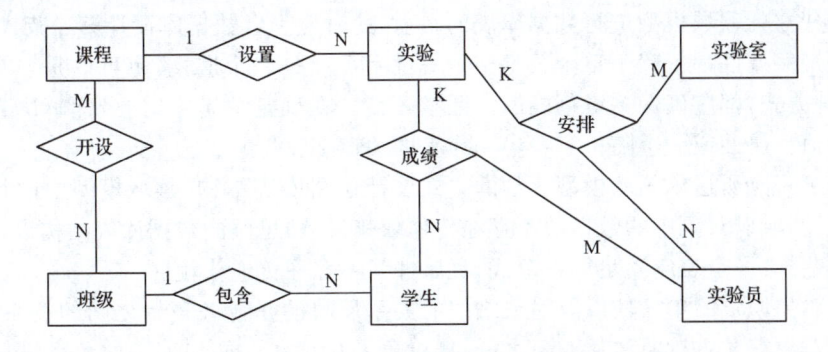

图 2-40　完整实体联系图

是体现课程与班级间的 M∶N 联系,因此开课情况关系模型应该包含课程编号和班级号,并共同作为主键。一门课程包含多次实验,实验与课程之间是 M∶1 关系,因此,由表 2-5 可知,实验关系模型应包含实验编号和课程编号,并且以实验编号为主键,以课程编号为外键。在制订实验计划时,每个班的每次实验可能按实验室被分成多个批次,每个批次的实验会有若干名实验员来辅导学生实验并打分。实验员关系模型应该记录实验员编号和实验员姓名,并以实验员编号为主键。实验室编号是实验室的主键。从表 2-5 可知,实验安排计划关系模型应记录实验编号、批次号和安排学期,并且共同作为主键。从表 2-6 可知,实验成绩关系模型记录每个学生的每次实验成绩,应包含学号和实验编号,并共同作为主键。

参考答案如下:
(1) 课程编号,班级号
(2) 实验编号,课程编号
(3) 实验编号,批次号,安排学期,实验室编号,实验员编号
(4) 实验员编号,实验员姓名
(5) 学号,班级号
(6) 实验编号,学号

其他关系模型主键:
课程(课程编号,课程名称,授课院系,实验学时)
班级(班级号,专业,所属系)
实验室(实验室编号,地点,开放时间,可容纳人数,实验课类型)

问题探究

(1) 如何根据已有的范式设计出良好的数据库?
要想根据已有的范式设计出良好的数据库,应该遵循以下的原则:
① 不应该针对整个系统进行数据库设计,而针对每个组件所处理的业务进行组件单元的数据库设计;不同组件间所对应的数据库表之间的关联应尽可能减少,如果不同组件间的表需要外键关联也尽量不要创建外键关联,而只是记录关联表的一个主键,确保组件对应的表之间的独立性,为系统或表结构的重构提供可能性。
② 采用领域模型驱动的方式和自顶向下的思路进行数据库设计,首先分析系统业务,根据职责定义对象。对象要符合封装的特性,确保与职责相关的数据项被定义在一个对象之内,这些数据项能够完整描述该职责,不会出现职责描述缺失。并且一个对象有且只有一项职责,如果一个对象要负责两个或两个以上的职责,应进行分拆。

③根据建立的领域模型进行数据库表的映射,此时应参考数据库设计第二范式:一个表中的所有非关键字属性都依赖于整个关键字。关键字可以是一个属性,也可以是多个属性的集合,不论哪种方式,都应确保关键字能够保证唯一性。在确定关键字时,最优解决方案为采用一个自增数值型属性或一个随机字符串作为表的关键字。

④由于第一点所述的领域模型驱动的方式设计数据库表结构,领域模型中的每一个对象只有一项职责,所以对象中的数据项不存在传递依赖,这种思路的数据库表结构设计从一开始即满足第三范式:一个表应满足第二范式,且属性间不存在传递依赖。

⑤由于对象职责的单一性以及对象之间的关系反映的是业务逻辑之间的关系,所以在领域模型中的对象存在主对象和从对象之分,从对象是从 1∶N 或 M∶N 的角度进一步反映主对象的业务逻辑,从对象及对象关系映射为表及表关联关系不存在删除和插入异常。

⑥在映射后得出的数据库表结构中,应再根据第四范式进行进一步修改,确保不存在多值依赖。这时,应根据反向工程的思路反馈给领域模型。如果表结构中存在多值依赖,则证明领域模型中的对象具有至少两个以上的职责,应根据第一条进行设计修正。第四范式:一个表如果满足 BCNF,不应存在多值依赖。

⑦在经过分析后确认所有的表都满足二、三、四范式的情况下,表和表之间的关联尽量采用弱关联以便于对表字段和表结构的调整和重构。所以,表和表之间也不应用强关联来表述业务(数据间的一致性),这种方式也确保了系统对于不正确数据(脏数据)的兼容性。当然,单从另一个角度来说,脏数据的产生在一定程度上也是不可避免的,我们也要保证系统对这种情况的容错性。

⑧应针对所有表的主键和外键建立索引,有针对性地(针对一些大数据量和常用检索方式)建立组合属性的索引,提高检索效率。虽然建立索引会消耗部分系统资源,但这种方式仍然是值得提倡的。

⑨尽量少采用存储过程,目前已经有很多技术可以替代存储过程的功能,如"对象/关系映射"等,将数据一致性的保证放在数据库中。但不可否认,存储过程具有性能上的优势,所以,当系统可使用的硬件不会得到提升而性能又是非常重要的属性时,可经过平衡考虑选用存储过程。

⑩当处理表间的关联约束所付出的代价(常常是使用性上的代价)超过了保证不会出现修改、删除、更改异常所付出的代价,并且数据冗余也不是主要的问题时,表设计可以不符合四个范式。四个范式确保了不会出现异常,但也可能由此导致过于纯洁的设计,使得表结构难于使用,所以在设计时需要进行综合判断,但首先确保符合四个范式,然后再进行精化修正是刚刚进入数据库设计领域时可以采用的最好办法。

设计出的表要尽可能减少数据冗余,确保数据的准确性,有效的控制冗余有助于提高数据库的性能。

(2)如何规范命名数据库中的各种名称?

①数据库命名规范

数据库名由小写英文字母以及下划线组成,例如:my_db、snepr。

备份数据库名由正式库名加上备份时间组成,例如:dbname_20070403。

②数据表命名规范

数据表名由小写英文以及下划线组成,尽量说明是哪个应用或者系统在使用的。相关应用的数据表使用同一前缀,如论坛的表使用"cdb_"前缀,博客的数据表使用"supe_"前缀,前缀名称一般不超过五个字母,例如:

信息类采用:info_xxx

文件类采用:file_xxx

关联类采用:inter_xxx

备份数据表名使用正式表名加上备份时间组成,例如:info_20070403。

③字段命名规范

字段名称使用单词组合完成,首字母小写,后面单词的首字母大写,最好是带表名前缀。如 web_User 表的字段:user_Id、user_Name。

如果表名过长,可以取表名的前五个字母。如果表名为多个单词组合,可以取前一个单词,外加后续其他单词的首字母作为字段名。

表与表之间的相关联字段要用统一名称,例如 info_User 表里面的 userId 和 group 表里面的 userId 相对应;业务流水号统一采用:表名_seq。

④外键命名规范

外键名称为 FK_表名:

A_表名

B_关联字段名

其中表名和关联字段名如果过长,可以取表名、关联字段名的前 5 个字母。如果表名、关联字段为多个单词组合,可以取前一个单词,外加后续其他单词的首字母作为字段名。如:FK_user_token_user_phnum。

技术前沿

当前关系数据库无法满足对数据库高并发读写的需求;对海量数据的高效率存储和访问的需求;对数据库的高可扩展性和高可用性的需求。而且关系数据库的很多主要特性却往往无用武之地,例如:

数据库事务一致性需求。很多 Web 实时系统并不要求严格的数据库事务,对读一致性的要求很低。因此数据库事务管理成了数据库高负载下一个沉重的负担。

数据库的写实时性和读实时性需求。对关系数据库来说,插入一条数据之后立刻查询,是肯定可以读出来这条数据的,但是对于很多 Web 应用来说,并不要求这么高的实时性,比方说我(广告的 robbin)发一条消息之后,过几秒乃至十几秒之后,我的订阅者才看到这条动态是完全可以接受的。

对复杂的 SQL 查询,特别是多表关联查询的需求。任何大数据量的 Web 系统,都非常忌讳多个大表的关联查询,以及复杂的数据分析类型的复杂 SQL 报表查询,特别是 SNS 类型的网站,从需求以及产品设计角度,就避免了这种情况的产生。往往更多的只是单表的主键查询,以及单表的简单条件分页查询,SQL 的功能被极大地弱化了。

因此,关系数据库在这些越来越多的应用场景下显得不那么合适了,为了解决这类问题,非关系数据库应运而生,这两年,各种各样非关系数据库,特别是键值数据库(Key-Value Store DB)风起云涌,多得让人眼花缭乱。目前起码有超过十个开源的 NoSQL 数据库,例如:Redis、Tokyo Cabinet、Cassandra、Voldemort、MongoDB 等。这些 NoSQL 数据库,有的是用 C/C++编写的,有的是用 Java 编写的,还有的是用 Erlang 编写的,每个都有自己的独到之处。这些 NoSQL 数据库大致可以分为以下三类:

(1)满足极高读写性能需求的 Key-Value 数据库:Redis、Tokyo Cabinet、Flare

高性能 Key-Value 数据库的主要特点就是具有极高的并发读写性能,Redis、Tokyo Cabinet、Flare 这三个 Key-Value Store DB 都是用 C 编写的,它们的性能都相当出色。

(2)满足海量存储需求和访问的面向文档的数据库:MongoDB,CouchDB

面向文档的非关系数据库主要解决的问题不是高性能的并发读写,而是保证海量数据存储的同时,具有良好的查询性能。MongoDB 是用 C++开发的,而 CouchDB 则是 Erlang 开发的。

MongoDB 是一个介于关系数据库和非关系数据库之间的产品,它的数据结构非常松散,是类似 json 的 bjson 格式,因此可以存储比较复杂的数据类型。Mongo 最大的特点是它支持的查询语言非常强大,其语法有点类似于面向对象的查询语言,几乎可以实现类似关系数据库单表查询的绝大部分功能,而且还支持对数据建立索引。

MongoDB 主要解决的是海量数据的访问效率问题,当数据量达到 50 GB 的时候,MongoDB 的数据库访问速度是 MySQL 的十倍以上。

(3)满足高可扩展性和可用性的面向分布式计算的数据库:Cassandra、Voldemort

Cassandra 和 Voldemort 都是用 Java 开发的。

Cassandra 项目是 Facebook 在 2008 年开源出来的,目前除了 Facebook 之外,twitter、digg 和 com 都在使用 Cassandra。

Cassandra 的主要特点就是它不是一个数据库,而是由一堆数据库结点共同构成的一个分布式网络服务,对 Cassandra 的一个写操作,会被复制到其他结点上去,对 Cassandra 的读操作,也会被路由到某个结点上面去读取。Cassandra 也支持比较丰富的数据结构和功能强大的查询语言,和 MongoDB 比较类似,查询功能比 MongoDB 稍弱一些。

Voldemort 是个和 Cassandra 类似的面向解决 scale 问题的分布式数据库系统,它来自于 Linkedin 这个 SNS 网站。从 Facebook 开发 Cassandra、Linkedin 开发 Voldemort,可以大致看出国外大型 SNS 网站对于分布式数据库,特别是对数据库的 scale 能力方面的需求是多么殷切。前面提到,Web 应用的架构当中,唯有数据库是单点的,极难 scale,现在 Facebook 和 Linkedin 在非关系型数据库的分布式方面探索了一条很好的方向,这也是现在 Cassandra 热门的主要原因。

本章小结

1.数据库需求分析:需求分析阶段要完成的主要工作是建立数据字典和数据流图。

2.数据库概念结构设计:是在需求分析的基础上,对用户信息加以分类、聚集和概括,建立信息模型,最常用的方法是 E-R 方法,将现实世界的信息结构统一由实体、属性及实体之间的联系来描述。

3.数据库逻辑结构设计:是在概念结构设计基础上进行的数据模型设计,主要任务是将 E-R 图转换为指定的数据模型,并进行规范化处理。

4.数据库建模:利用 PowerDesigner 等数据库建模软件,建立系统的概念模型图与物理模型图。

思考习题

一、选择题

1.在数据库设计中,用 E-R 图来描述信息结构但不涉及信息在计算机中的表示,它是数据库设计的(　　)阶段。

  A.需求分析   B.概念设计   C.逻辑设计   D.物理设计

2. E-R 图是数据库设计的重要工具之一,它包括用于建立数据库的(　　)。
    A. 概念模型　　　　B. 逻辑模型　　　　C. 结构模型　　　　D. 物理模型
3. 在关系数据库设计中,设计关系模型是(　　)的任务。
    A. 需求分析阶段　　B. 概念设计阶段　　C. 逻辑设计阶段　　D. 物理设计阶段
4. 在数据库的概念设计中,最常用的数据模型是(　　)。
    A. 形象模型　　　　B. 物理模型　　　　C. 逻辑模型　　　　D. 实体联系模型
5. 从 E-R 模型向关系模型转换时,一个 M：N 联系转换为关系模型时,该关系模型的关键字是(　　)。
    A. M 端实体的关键字　　　　　　　B. N 端实体的关键字
    C. 两端实体关键字的组合　　　　　D. 重新选取其他属性
6. 数据库逻辑设计的主要任务是(　　)。
    A. 建立 E-R 图　　B. 创建数据库说明　C. 建立数据流图　　D. 建立数据索引
7. 数据流图(DFD)是用于数据库设计过程中(　　)阶段的工具。
    A. 可行性分析　　　B. 需求分析　　　　C. 概念结构设计　　D. 逻辑结构设计
8. 关系数据规范化是为解决关系数据中(　　)问题而引入的。
    A. 插入、删除和数据冗余　　　　　B. 提高查询速度
    C. 减少数据操作的复杂性　　　　　D. 保证数据的安全性和完整性
9. 若两个实体之间的联系是 1：N,则实现 1：N 联系的方法是(　　)。
    A. 在"N"端实体转换的关系中加入"1"端的实体转换关系的码
    B. 将"N"端实体转换关系的码加入"1"端的关系
    C. 在两个实体转换的关系中,分别加入另一个关系码
    D. 将两个实体转换成一个关系
10. 数据库概念设计的 E-R 图中,用属性描述实体的特征,属性在 E-R 图中用(　　)表示。
    A. 矩形　　　　　　B. 四边形　　　　　C. 菱形　　　　　　D. 椭圆形

二、填空题

1. 数据库设计分为以下六个阶段 _____、_____、_____、_____、_____ 和 _____。
2. "为哪些表,在哪些字段上,建立什么样的索引"这一设计内容应该属于数据库设计中的 _____ 设计阶段。
3. 关系规范化的目的是 _____。
4. 1NF,2NF,3NF 之间,相互是一种 _____ 关系。
5. "三分 _____,七分 _____,十二分 _____"是数据库建设的基本规律。
6. 客观存在并可相互区别的事物称为 _____,它可以是具体的人、事、物,也可以是抽象的概念或联系。
7. 实体之间的联系有 _____、_____、_____ 三种。
8. 如果两个实体之间具有 M：N 联系,则将它们转换为关系模型的结果是 _____ 个关系。
9. E-R 模型是对现实世界的一种抽象,它的主要成分是 _____、联系和 _____。
10. 关系数据库的规范化理论是数据库 _____ 的一个有力工具;E-R 模型是数据库的 _____ 设计的一个有力工具。

三、简答题

1. 某大学实行学分制,学生可根据自己的情况选修课程。每名学生可同时选修多门课程,每门课程可由多位教师讲授,每位教师可以讲授多门课程。若每名学生有一位教师导师,每个教师指导多名学生。请根据题意画出 E-R 图,并表明实体之间的联系类型。然后再将 E-R 图转换为关系模型,实体与联系的属性自己确定。

2. 某医院病房计算机管理中需要如下信息:

科室:科室名、科室地址、科室电话、医生姓名

病房:病房号、床位号、所属科室名

医生:姓名、职称、所属科室名、年龄、工作证号

病人:病历号、姓名、性别、诊断、主管医生、病房号

其中,一个科室有多个病房、多个医生,一个病房只能属于一个科室,一个医生只能属于一个科室,但可以负责多个病人的诊治,一个病人的主管医生只能有一个。要求完成如下数据库设计:

(1)设计该计算机管理系统的 E-R 图。

(2)将该 E-R 图转换为关系模型结构。

(3)指出转换结果中每个关系模型的候选码。

3. 在学校管理中,设有如下实体:

学生:学号、姓名、性别、年龄、所属教学部门、选修课程名

教师:教师号、姓名、性别、职称、讲授课程号

课程:课程号、课程名、开课部门、任课教师号

部门:部门名称、电话、教师号、教师名

上述实体中存在如下联系:一个学生可选修多门课程,一门课程可被多名学生选修。一个教师可讲授多门课程,一门课程可被多名教师讲授。一个部门可有多名教师,一个教师只能属于一个部门。请完成如下数据库设计工作:

(1)分别设计学生选课和教师任课两个局部 E-R 图。

(2)将两个局部 E-R 图合并成一个全局 E-R 图。

(3)将全局 E-R 图转换为等价的关系模型表示的数据库逻辑结构。

4. 设有关系模型 R(U,F),其中:

U={A,B,C,D,E,P},F={A→B,C→P,E→A,CE→D}

请求出 R 的所有候选关键字。

5. 设有关系模型 R(U,F),其中:

U={A,B,C,D},F={A→B,B→C,D→B},现要把 R 分解成 BCNF 模式集:

(1)如果首先把 R 分解成{ACD,BD},请写出两个关系模型在 F 上的投影。

(2)ACD 和 BD 是 BCNF 吗? 如果不是,请进一步分解。

6. 简述数据库设计的内容和步骤。

7. 简述关系模型的规范化过程。

第 3 章

数据库建立

在安装完成 DBMS 软件,配置好环境,完成需求分析、概念结构设计和数据库逻辑结构的设计后,对数据库应用开发人员来说,就是如何利用这个环境表达用户的要求,建立数据库及其应用系统。

本章主要介绍 SQL Server 2012 数据库的建立,在数据库中建立数据表,设置数据库的完整性,学会使用 T-SQL 语句对数据表进行添加、修改和删除等数据操作,以及索引的建立和使用。

教学目标

- 学会使用 SQL Server 2012 创建数据库的基本方法。
- 学会使用 SQL Server 2012 创建数据表的基本方法。
- 学会建立数据库约束的基本方法。
- 学会使用 T-SQL 语句进行数据的增、删、改。
- 学会创建与使用索引的基本方法。

教学任务

【任务 3.1】创建与管理数据库
【任务 3.2】创建与管理数据表
【任务 3.3】设置数据库完整性
【任务 3.4】更新数据库的数据
【任务 3.5】创建与使用索引

在本教材中要使用的 CRM 客户关系管理数据库中的表结构和内容,见表 3-1～表 3-18。

表 3-1　　　　　　　　　　部门表(TB_Department)的结构

列名	数据类型	允许 NULL 值	说明
DID	char(6)	否	部门编号、主键
DName	varchar(10)	否	部门名称
DPhone	varchar(15)	否	部门电话
DEmail	varchar(20)	否	部门电子邮箱,CHECK 约束,包含@

表 3-2　　　　　　　　岗位等级表(TB_PostGrade)的结构

列名	数据类型	允许 NULL 值	说明
PostID	char(6)	否	岗位级别,主键
PostSalary	decimal(11,2)	否	岗位工资
PostBounty	decimal(11,2)	否	岗位津贴

表 3-3　　　　　　　　业务员表(TB_Salesman)的结构

列名	数据类型	允许 NULL 值	说明
SID	char(10)	否	业务员编号,主键
SName	varchar(20)	否	业务员姓名
SSex	char(2)	否	业务员性别,默认值为"女"
SDID	char(6)	否	所在部门编号,参照部门表
SPostID	char(6)	否	岗位级别,参照岗位等级表

表 3-4　　　　　　　　业务员任务表(TB_Task)的结构

列名	数据类型	允许 NULL 值	说明
TID	char(6)	否	任务编号,主键
SID	char(10)	否	业务员编号,参照业务员表
TCusNum	int	是	计划发展客户数量
TProfit	numeric(15,2)	否	计划利润
TYear	char(4)	是	计划年度
TPerform	varchar(2)	是	实施情况,默认值为"否"

表 3-5　　　　　　　　商品表(TB_Product)的结构

列名	数据类型	允许 NULL 值	说明
PID	char(10)	否	商品编号,主键
PName	varchar(20)	否	商品名称
PPrice	money	否	商品价格
PType	char(8)	否	商品类型,Check 约束,类型只能是"家用电器""手机""数码""电脑产品"之一
ProductDate	date	否	商品生产日期
PQuality	char(1)	否	商品质量,CHECK 约束,类型取 A、B、C、D、E 之一
PSale	varchar(10)	是	商品优惠情况

表 3-6　　　　　　　　客户表(TB_Customer)的结构

列名	数据类型	允许 NULL 值	说明
CID	char(10)	否	客户编号,主键
CCompany	varchar(20)	否	客户单位,唯一约束
CContact	varchar(20)	否	客户联系人
CSex	char(2)	否	联系人性别,默认值为"男"

(续表)

列名	数据类型	允许 NULL 值	说明
CPhone	varchar(15)	否	客户电话
CAddress	varchar(50)	是	客户地址
CIntegration	int	否	客户积分,CHECK 约束,大于或等于 0,默认值为 0
CCredit	char(8)	是	客户信用等级,CHECK 约束,只能是"AA 级""A 级""B 级""C 级""D 级"
CRegTime	datetime	否	建立联系时间
SID	char(10)	否	负责的业务员编号,参照业务员表

表 3-7　　客户信用评分档案表(TB_CustCredit)的结构

列名	数据类型	允许 NULL 值	说明
CCreditID	int	否	信用档案编号、主键,标识符属性,从 1000 号开始
CustAblity	numeric(4,1)	否	客户品德及素质评分,CHECK 约束,分值在 0~10
CustBussTime	numeric(4,1)	否	业务关系持续期评分,CHECK 约束,分值在 0~10
CustBussRes	numeric(4,1)	否	业务关系强度评分,CHECK 约束,分值在 0~10
CustProceed	numeric(4,1)	否	诉讼记录评分,CHECK 约束,分值在 0~10
CustPoorRD	numeric(4,1)	否	不良记录评分,CHECK 约束,分值在 0~10
CustReim	numeric(4,1)	否	信用回款率评分,CHECK 约束,分值在 0~20
CustReturnMoney	numeric(4,1)	否	按期回款率评分,CHECK 约束,分值在 0~20
CustBaddebt	numeric(4,1)	否	呆坏账记录评分,CHECK 约束,分值在 0~10
CustCredit	numeric(4,1)	否	信用得分
CID	char(10)	否	客户编号,参照客户表

表 3-8　　客户订购表(TB_Buy)的结构

列名	数据类型	允许 NULL 值	说　明
BID	int	否	流水号,主键,标识符属性,从 1 号开始
CID	char(10)	否	客户编号,参照客户表
PID	char(10)	否	商品编号,参照商品表
BTime	datetime	否	订购时间,默认值为系统当前时间
BNum	int	否	订购数量

77

表 3-9　　　　　　　　　客户反馈信息表(TB_Feedback)的结构

列名	数据类型	允许 NULL 值	说明
FID	int	否	流水号,主键,标识符属性,从 1 号开始
CID	char(10)	否	客户编号,参照客户表
PID	char(10)	否	商品编号,参照商品表
FTime	datetime	否	反馈时间,默认值为系统当前时间
FContent	varchar(50)	是	反馈内容
FResolve	varchar(50)	是	解决情况,默认值为"否"

表 3-10　　　　　　　　　部门表(TB_Department)的内容

DID	DName	DPhone	DEmail
D001	市场部	87685648	scb@nets.com
D002	销售部	85968215	xsb@nets.com

表 3-11　　　　　　　　　岗位等级表(TB_PostGrade)的内容

PostID	PostSalary	PostBounty
八级	3000	1000
六级	4000	2000
七级	3500	1500
五级	5000	3000

表 3-12　　　　　　　　　业务员表(TB_Salesman)的内容

SID	SName	SSex	SDID	SPostID
SM001	王强	男	D001	七级
SM002	刘彩铃	女	D002	八级
SM003	李明	男	D001	六级
SM004	刘军	男	D002	七级
SM005	林小军	男	D001	五级

表 3-13　　　　　　　　　任务表(TB_Task)的内容

TID	SID	TCusNum	TProfit	TYear	TPerform
TS001	SM001	20	150000	2011	否
TS002	SM001	15	120000	2012	是
TS003	SM001	18	150000	2013	否
TS004	SM001	10	150000	2012	否
TS005	SM002	30	250000	2012	是
TS006	SM002	10	180000	2013	否
TS007	SM003	25	300000	2013	是
TS008	SM004	16	140000	2012	是
TS009	SM004	22	250000	2013	否
TS0010	SM005	32	500000	2013	否

表 3-14　　　　　　　　　　　商品表（TB_Product）的内容

PID	PName	PPrice	PType	ProductDate	PQuality	PSale
PD001	Iphone5S	5280	手机	2013-10-5	A	优惠 200 元
PD002	美的吸尘器	550	家用电器	2013-1-30	B	优惠 100 元
PD003	三星 Note3	4680	手机	2013-9-30	A	优惠 400 元
PD004	SONY 微单	5880	数码	2013-8-20	A	优惠 300 元
PD005	联想 E43 笔记本电脑	3680	电脑产品	2012-12-15	A	优惠 600 元
PD006	MacAir 笔记本电脑	7280	电脑产品	2013-6-8	A	优惠 500 元
PD007	苏泊尔电磁炉	268	家用电器	2013-12-5	B	优惠 150 元
PD008	小米 3 手机	2280	手机	2013-11-16	A	优惠 400 元

表 3-15　　　　　　　　　　　客户表（TB_Customer）的内容

CID	CCompany	CContact	CSex	CPhone	CAddress	CIntegration	CCredit	CRegTime	SID
CR001	德胜电器贸易有限公司	王林	男	13589698576	浙江宁波市百丈东路 888 号	95	AA 级	2013-8-10	SM001
CR002	麦强数码有限公司	张峰	男	13889658585	浙江杭州市文三路 728 号	75	A 级	2013-11-10	SM001
CR003	凌科数码有限公司	张凌君	男	13958195532	浙江宁波市中山路 253 号	52	B 级	2013-11-25	SM002
CR004	胜利工贸有限公司	李琳	女	18578578569	江苏南京市北京西路 125 号	58	B 级	2013-12-10	SM002
CR005	中辉电器有限公司	杨桃	女	13982563589	上海路柳州路 528 号	70	A 级	2013-11-18	SM003
CR006	裕丰商贸有限公司	林丽	女	18698585867	浙江宁波市联丰路 35 号	42	B 级	2013-12-15	SM003
CR007	天达工业技术有限公司	陆军强	男	13256548231	北京市长安街 566 号	78	C 级	2013-5-20	SM003
CR008	中易工贸技术有限公司	徐向阳	男	18569842536	辽宁大连市科技路 358 号	90	AA 级	2013-10-10	SM005

表 3-16　　　　　　　　　　　客户信用评分档案表（TB_CustCredit）的内容

CCreditID	CustAblity	CustBussTime	CustBussRes	CustProceed	CustPoorRD	CustReim	CustReturnMoney	CustBaddebt	CustCredit	CID
1000	7	6	5	6	6	10	11	6	57	CR007
1001	7	7	7	6	6	15	14	7	69	CR006
1002	8	7	7	7	6	15	15	8	73	CR004
1003	8	8	8	7	7	15	16	8	77	CR003
1004	8	9	8	7	7	17	18	8	84	CR002
1005	8	9	8	8	8	18	18	9	86	CR005
1006	9	9	9	9	8	19	19	9	91	CR001
1007	9	10	8	10	10	19	19	9	94	CR008

表 3-17　　　　　　　　　客户订购表(TB_Buy)的内容

BID	CID	PID	BTime	BNum
1	CR001	PD002	2013-10-28	400
2	CR002	PD001	2013-12-5	200
3	CR002	PD004	2013-11-26	100
4	CR002	PD008	2013-12-15	300
5	CR003	PD004	2013-12-1	100
6	CR004	PD003	2013-9-20	150
7	CR004	PD005	2013-9-20	80
8	CR004	PD006	2013-10-8	50
9	CR005	PD002	2013-11-1	300
10	CR007	PD002	2013-7-2	50
11	CR008	PD001	2013-11-18	280
12	CR008	PD003	2013-10-28	200
13	CR008	PD004	2013-11-5	100
14	CR008	PD006	2013-10-8	150

表 3-18　　　　　　　　客户反馈信息表(TB_Feedback)的内容

FID	CID	PID	FTime	FContent	FResolve
1	CR001	PD002	2013-12-20	吸得不是很干净	正确按说明书使用
2	CR002	PD004	2013-12-1	有些手机自动关机	已送回生产商调试
3	CR002	PD008	2013-12-18	有些手机电池使用时间短	已经给予调换
4	CR004	PD005	2013-10-8	系统偶尔出现蓝屏	已建议先重装系统
5	CR007	PD002	2013-7-15	响声较大	产品缺陷,暂时无法解决
6	CR008	PD004	2013-11-30	部分机器无法对交	给予调换
7	CR008	PD006	2013-12-28	系统重复启动	建议拿到特约维修店检测

任务 3.1　创建与管理数据库

3.1.1　任务描述与必需知识

1. 任务描述

(1)建立 CRM 客户关系管理数据库。数据库名称为 DB_CRM,其中数据库文件和事务日志文件要求如下:

数据库文件:①逻辑名为 DB_CRM;②物理文件名为 DB_CRM.mdf;③初始大小为 6 MB;④增量为 1 MB。

事务日志文件:①逻辑名为 DB_CRM_log;②物理文件名为 DB_CRM_log.ldf;③初始大小为 2 MB;④增量为 15%。

(2)修改 CRM 客户关系管理数据库。将 DB_CRM 数据库的数据库文件初始大小改为 5 MB,事务日志文件的增量改为 10%。

（3）分离和附加 CRM 客户关系管理数据库。将 DB_CRM 数据库进行分离，然后进行复制，再进行附加。

2. 任务必需知识

（1）数据库文件：SQL Server 数据库具有三种类型的文件，分别为主数据文件、次数据文件和事务日志文件。每个数据库至少包含两个相关联的存储文件：主数据文件和事务日志文件。主数据文件主要存储数据库的启动信息，并指向其他数据文件，另外，用户数据和对象也可以存储在此文件中。一个数据库只能有一个主数据文件，默认扩展名为.mdf。次数据文件（辅助数据文件）主要存储用户数据，可根据需要建立一个或多个，它可以将数据分散到不同磁盘中，次数据文件的默认扩展名为.ndf。事务日志文件主要用于恢复数据库日志信息。每个数据库至少应该有一个事务日志文件，当然也可以有多个，默认扩展名为.ldf。

（2）SSMS：SSMS(SQL Server Management Studio)是为 SQL Server 特别设计的管理集成环境，用于访问、配置、管理和开发 SQL Server 的所有组件。SSMS 组合了大量图形工具和丰富的脚本编辑器，使各种技术水平的开发人员和管理员都能访问 SQL Server。在 SSMS 中主要有两个工具：图形化的管理工具（对象资源管理器）和 T-SQL 编辑器（查询分析器）。对象资源管理器显示数据库对象的树视图（数据库、安全性、服务器对象、复制和管理）。此外，还有"解决方案资源管理器""模板资源管理器""注册服务器""属性"等窗口。

（3）T-SQL 语言：T-SQL(Transact Structured Query Language)是 ANSI（美国国家标准协会）和 ISO（国际标准化组织）SQL（结构化查询语言）标准的 Microsoft SQL Server 实现并扩展。T-SQL 是 SQL 的增强版，它具有四个特点：①一体化；②有两种使用方式，即交互式使用方式和嵌入高级语言中的使用方式；③非过程化语言；④人性化。T-SQL 语言主要由数据定义语言(DDL)、数据操纵语言(DML)及数据控制语言(DCL)等语言组成，具体内容如下：

DDL：主要包含 CREATE DATABASE（建库）、CREATE TABLE（建表）、ALTER TABLE（修改表）、DROP TABLE（删除表）等语句。

DML：主要包含 SELECT（检索）、INSERT（插入）、UPDATE（修改）、DELETE（删除）等语句。

DCL：主要包含 GRANT（授权）、REMOVE（撤权）等语句。

（4）数据库的创建。可以使用图形化界面方法创建数据库，也可以使用 T-SQL 语句：CREATE DATABASE 创建数据库。使用图形化界面创建数据库的一般步骤如下：

①进入 SSMS 后，右击"数据库"，选择"新建数据库"。

②设置要创建的数据库名称、初始大小、路径等。

（5）分离附加数据库：分离数据库是指将数据库从 SQL Server 实例中删除，但是对于该数据库文件和事务日志文件保持不变。分离后就可以将该数据库附加到任何 SQL Server 实例中，包括分离该数据库的服务器。而附加数据库是指将分离的数据库重新定位到相同的服务器或不同的服务器的数据库中。在 SQL Server 中可以附加复制的或分离的 SQL Server 数据库，数据库包含的所有文件随数据库一起附加。通常，附加数据库时会将数据库重置为它分离或复制时的状态。

3.1.2 任务实施与思考

1. 图形化界面建立数据库

（1）进入 SQL Server Management Studio 图形化界面。"开始"→"所有程序"→"Microsoft

SQL Server 2012"→"SQL Server Management Studio",连接到服务器窗口,单击"连接"按钮,建立与数据库引擎(服务器)的连接,并进入 SSMS 管理集成环境。

若无法连接到服务器,则通过控制面板启动相应服务器,即"控制面板"→"管理工具"→"服务",右击"SQL Server(实例名)"→"启动"。

提示:服务器名称和用户名称是 Windows 系统安装的,与 SQL Server 2012 系统安装参数设置有关。根据机器的不同,用户可以选择"服务器名称"右边的下拉选项,选择"浏览更多…",弹出"查找服务器"对话框,在"本地服务器"选项卡中根据需求选择"数据库引擎"中的不同选项。一般选择与机器名对应的服务器,如机器名为"DBSERVER",则选择名为"DBSERVER"的数据库引擎。

(2)进入新建 DB_CRM 数据库界面。在 SSMS 的"对象资源管理器"窗口中,右击"数据库",选择"新建数据库"命令,打开"新建数据库"窗口,如图 3-1 所示。

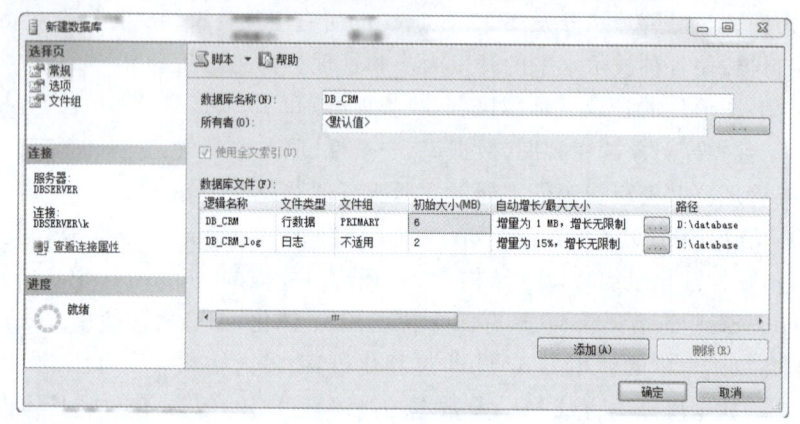

图 3-1 新建数据库

(3)在"新建数据库"窗口中设置数据库的属性。①输入新建的数据库名称 DB_CRM;②设置行数据文件初始大小为 6 MB;③设置事务日志文件增量为 15%;④将文件存储路径设为 D:\database。

说明:

①逻辑名称:为了在逻辑结构中引用物理文件,SQL Server 给这些物理文件起了逻辑名称。数据库创建后,T-SQL 语句是通过引用逻辑名称来实现对数据库操作的。其默认值与数据库名相同,也可以更改,但每个逻辑名称是唯一的,与物理文件名称相对应。

②文件类型:用于标识数据库文件的类型,表明该文件是数据文件还是日志文件。

③文件组:表示数据文件隶属于哪个文件组,创建后不能更改。文件组仅适用于数据文件,而不适用于日志文件。

④初始大小:表示对应数据库文件所占磁盘空间的大小,单位为 MB,默认为 5 MB。在创建数据库时应适当设置该值,如果初始大小过大则浪费磁盘空间,如果过小则需要自动增长,这样会导致数据文件所占的磁盘空间不连续,从而降低访问效率。

⑤自动增长/最大大小:当数据总量超过初始大小时,需要数据文件的大小能够自动增长。设置方式如图 3-2 所示,同时也可以设置数据文件的最大值。

⑥路径:是数据库文件的具体存放位置,文件夹应该事先建好。数据库文件的存放路径都可以修改。

（4）设置完成后单击"确定"按钮，完成 DB_CRM 数据库的创建。这时在"对象资源管理器"窗口中将产生一个名为"DB_CRM"的结点。

2. T-SQL 语句建立数据库

（1）进入 SQL Server Management Studio 图形化界面。"开始"→"所有程序"→"Microsoft SQL Server 2012"→"SQL Server Management Studio"，连接到服务器，进入 SSMS 管理集成环境。

图 3-2　自动增长

（2）打开查询编辑器窗口。在工具栏中选择"新建查询"按钮，打开查询编辑器窗口，如图 3-3 所示。

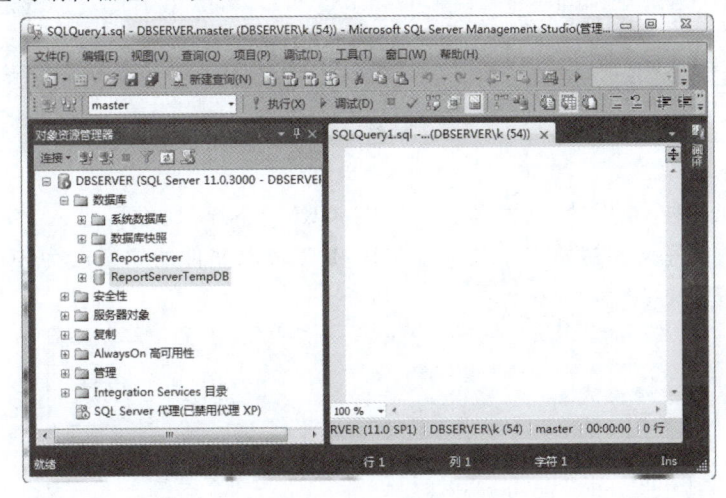

图 3-3　新建查询

（3）在查询编辑器窗口输入建立 CRM 客户关系管理数据库 DB_CRM 的命令。
CREATE DATABASE DB_CRM
ON
(NAME='DB_CRM',
FILENAME='d:\database\DB_CRM.mdf',
SIZE=6MB,
FILEGROWTH=1MB)
LOG ON
(NAME='DB_CRM_log',
FILENAME='d:\database\DB_CRM_log.ldf',
SIZE=2MB,
FILEGROWTH=15%)

代码注释：
ON 子句定义主数据文件的逻辑名称、物理名称、初始大小及自动增长量。
LOG ON 子句定义事务日志文件的逻辑名称、物理名称、初始大小及自动增长量。

（4）执行命令。输入、检查命令后，执行命令，右击"数据库"选择"刷新"，展开 DB_CRM，呈现命令建库窗口，如图 3-4 所示，说明 DB_CRM 数据库已建立。

思考：在 CREATE DATABASE 里 SIZE 和 FILEGROWTH 是否可以省略？

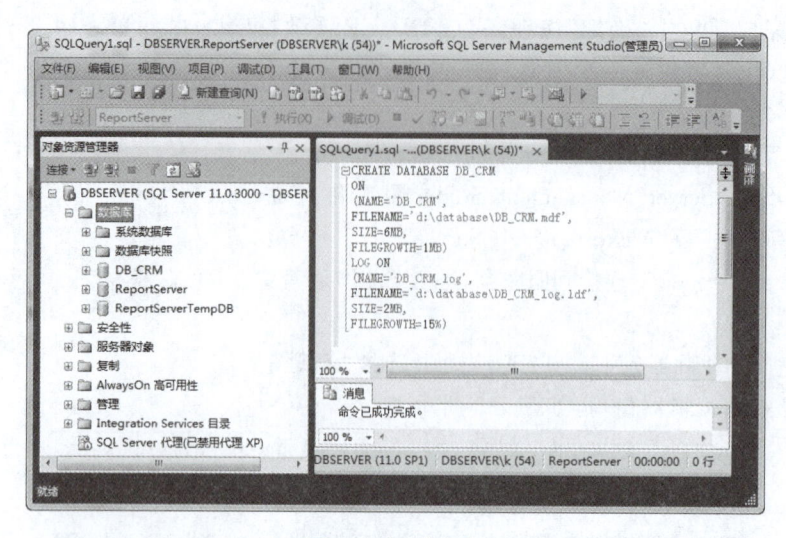

图 3-4 建立数据库

3. 修改数据库属性

在 SSMS 窗体中,展开"数据库",右击"DB_CRM"选择"属性",进入"数据库属性-DB_CRM"窗口,将数据库文件初始大小改为 5 MB,事务日志文件的增量改为 10%,如图 3-5 所示,单击"确定"按钮,修改完成。

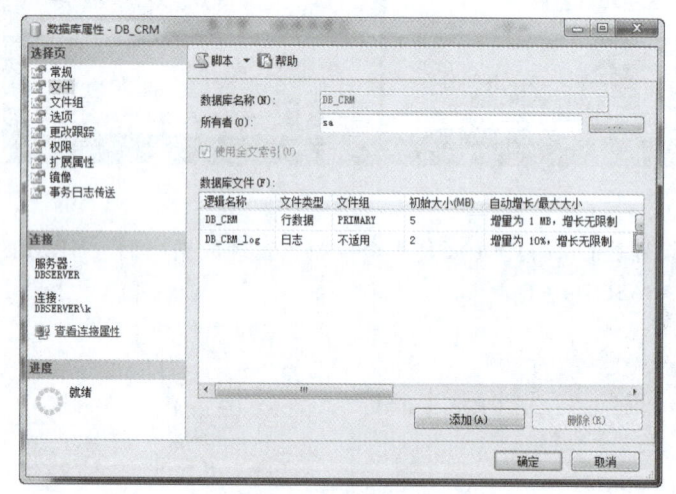

图 3-5 修改数据库属性

4. 分离附加数据库

(1)分离数据库

右击"DB_CRM"数据库弹出快捷菜单,单击"任务"→"分离"命令,如图 3-6 所示,进入"分离数据库"窗口,选中"删除连接"和"更新统计信息"选项,单击"确定"按钮即可完成数据库的分离。

(2)附加数据库

如图 3-7 所示,右击"数据库",选择"附加"命令,进入"附加数据库"窗口,单击"添加"按钮,选择 DB_CRM 所在的目录,单击"确定"按钮,进入如图 3-8 所示窗口,最后连续两次单击"确定"按钮即可完成数据库的附加。

思考:分离数据库和删除数据库有什么区别?

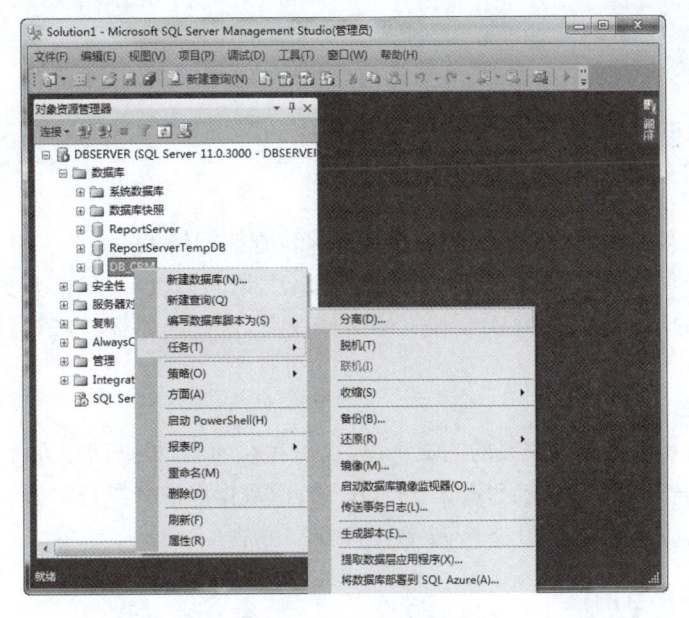

图 3-6 分离数据库

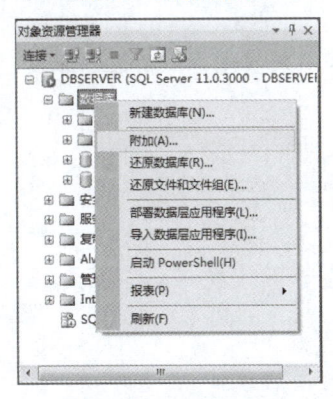

图 3-7 附加数据库

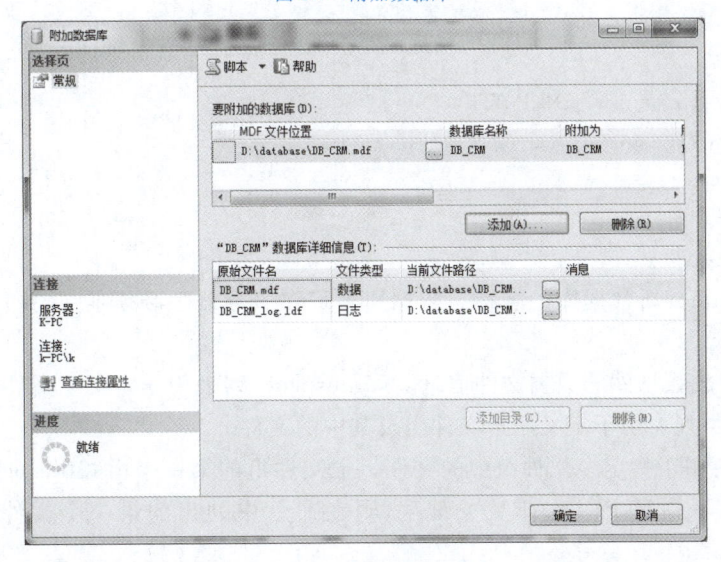

图 3-8 附加数据库

> 职业素养——钉钉子精神
>
> 学习工作中不能只拘于表面,要有刨根问底的精神。

3.1.3 课堂实践与检查

1. 课堂实践

(1)按照任务实施过程的要求完成各子任务并检查执行结果。

(2)管理 CRM 客户关系管理数据库,使用 T-SQL 语句修改 CRM 客户关系管理数据库中的事务日志文件的增长方式为每次增长 1 MB,修改后,请改回原样。并对创建的数据库进行分离和附加操作。

2. 检查与问题讨论

(1)检查并相互检查课堂实践的完成情况,提出存在问题,根据问题进行小组讨论。

(2)基本知识(关键字)讨论:SSMS、T-SQL 语言、数据库的分离与附加。

(3)任务实施情况讨论:SQL Server 数据库建立方法。

3.1.4 知识完善与拓展

1. 建立数据库命令格式

CREATE DATABASE 命令用来创建一个新数据库及存储该数据库的文件,其语句格式如下:

CREATE DATABASE database_name
[ON [PRIMARY] [<filespec> [,...n]
[,<filegroupspec> [,...n]]]
[LOG ON { <filespec> [,...n] }]
[FOR LOAD | FOR ATTACH]

其中:

<filespec>::=
([NAME=logical_file_name,]
FILENAME='os_file_name'
[,SIZE=size]
[,MAXSIZE={ max_size|UNLIMITED }]
[,FILEGROWTH=growth_increment])[,...n]
<filegroupspec>::=
FILEGROUP filegroup_name <filespec> [,...n]

语句中的参数如下:

database_name:新数据库的名称。数据库名称在服务器中必须唯一,并且要符合标识符的命名规则。

ON:指定存放数据库的数据文件信息。<filespec>列表用于定义主文件组的数据文件,<filegroupspec>列表用于定义用户文件组及其中的文件。

PRIMARY:用于指定主文件组中的文件。主文件组的第一个由<filespec>指定的文件是主文件。如果不指定 PRIMARY 关键字,则在命令中列出的第一个文件将被默认为主文件。

LOG ON:指明事务日志文件的明确定义。如果没有该选项,系统会自动创建一个文件名前缀与数据库名相同,容量为所有数据库文件大小 1/4 的事务日志文件。

FOR LOAD:表示计划将备份直接装入新建的数据库,主要是为了和过去的 SQL Server 版本兼容。

FOR ATTACH:表示在一组已经存在的操作系统文件中建立一个新的数据库。

NAME:指定数据库的逻辑名称。

FILENAME:指定数据库所在文件的操作系统文件名称和路径,即物理名称,该操作系统文件名和 NAME 的逻辑名称一一对应。

SIZE:指定数据库的初始容量大小。

MAXSIZE:指定操作系统文件可以增长到的最大尺寸。如果没有指定,则文件可以不断增长直到充满磁盘。

FILEGROWTH:指定文件每次增加容量的大小。

2. 数据库修改与删除

(1)使用图形化界面管理数据库

①在 SSMS 的"对象资源管理器"窗口中,右击"DB_CRM"数据库,选择"属性",然后在弹出的"数据库属性"窗口中选择"文件",可以查看和修改数据库文件信息。

②删除数据库。在 SSMS 的"对象资源管理器"窗口中,右击"DB_CRM"数据库,选择"删除",在弹出的对话框中单击"确定"按钮即可删除数据库。

(2)使用 T-SQL 语句管理数据库

SQL 中修改数据库的命令是 ALTER DATABASE,其语句与新建数据库命令的语句类似,此处不再详细说明。

例如修改 DB_CRM 数据库中的 DB_CRM_log 文件,使得其增量方式改为一次增加 2 MB,语句如下:

ALTER DATABASE DB_CRM
    MODIFY FILE(NAME='DB_CRM_log',FILEGROWTH=2MB)

删除数据库的命令是 DROP DATABASE。如在 SQL 语句录入框中输入如下语句:

DROP DATABASE DB_CRM

执行上述语句后,即可删除 DB_CRM 数据库。

任务 3.2　创建与管理数据表

3.2.1　任务描述与必需知识

1. 任务描述

(1)在 CRM 客户关系管理数据库中创建九个数据表:部门表、岗位等级表、业务员表、业务员任务表、商品表、客户表、客户信用评分档案表、客户订购表和客户反馈信息表,表名分别为:TB_Department、TB_PostGrade、TB_Salesman、TB_Task、TB_Product、TB_Customer、TB_CustCredit、TB_Buy 和 TB_Feedback。九个数据表的结构参考表 3-1～表 3-9。

(2)修改表结构:将客户表的 CContact 字段的长度改为 40。

2. 任务必需知识

(1)数据类型。SQL Server 2012 中的字段有许多数据类型,常用的有如下几种:

①表示字符的 char、varchar。

②表示数字的 int、decimal、float、money。

③表示日期和时间的 date、datetime、smalldatetime。

(2)创建表之前需确定的项目。

①表的名字,每个表都必须有一个名字,表名必须遵循 SQL Server 的命名规则,且最好能够使表名准确表达表的内容。

②表中各列的名字和数据类型,每列采用能反映其实际意义的字段名。

③表中的列是否允许为空值。

④表中的列是否需要约束、默认设置或规则。

⑤表所需要的索引类型和需要建立索引的列。

⑥表间的关系,即确定哪些列是主键,哪些是外键。

(3)数据表的创建。可以使用图形化界面方法创建数据表,也可以使用 T-SQL 语句:CREATE TABLE 创建数据表。使用图形化界面创建数据表的一般步骤如下:

①选择数据库的表结点,选择"新建表"。

②设置表字段。

③保存表,输入表名称。

(4)数据表的修改。修改表结构可采用如下两种方法:

①使用 SSMS 图形化修改。

②使用 T-SQL 语句:ALTER TABLE 修改。

3.2.2 任务实施与思考

1. 图形化界面创建数据表

(1)新建数据表。在 SSMS 中展开 DB_CRM 数据库结点,右击"表"对象,在打开的快捷菜单中选择执行"新建表"选项,如图 3-9 所示。

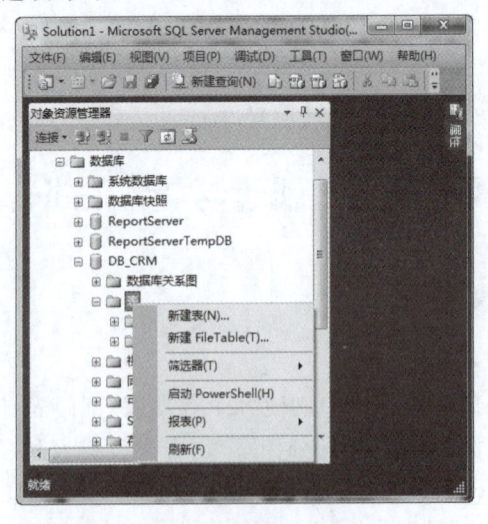

图 3-9 新建表

(2)设置表字段。以创建 TB_Customer 数据表结构为例,在打开的设计表对话框中,依次添加 TB_Customer 数据表的列名、数据类型等属性,如图 3-10 所示。

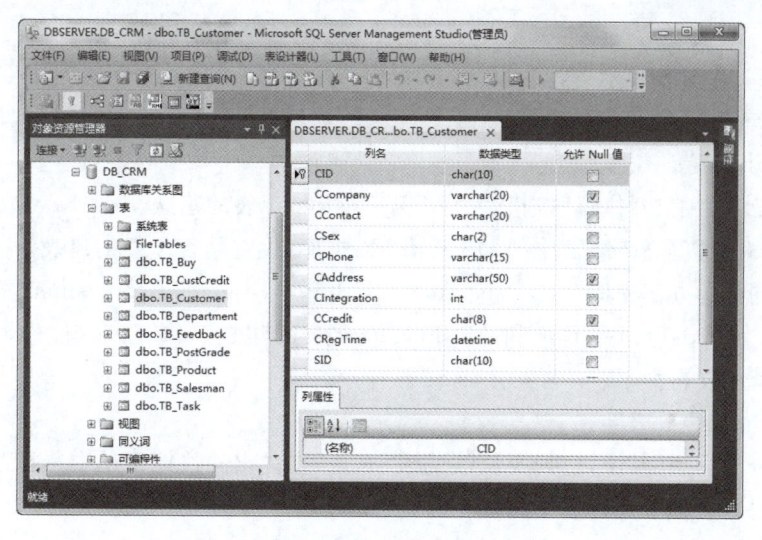

图 3-10　表设计界面

◆ **提示**：本任务暂不考虑表的其他完整性设计，只设置字段是否为 Null。

◆ **思考**：主要使用的数据类型有哪些？

（3）保存数据表。定义完所有字段后，选择工具栏的"保存"按钮，在出现的如图 3-11 对话框中输入表名"TB_Customer"，单击"确定"按钮，完成表的建立。

图 3-11　"选择名称"对话框

（4）按照同样的方法完成 TB_Department、TB_PostGrade、TB_Salesman、TB_Task、TB_Product、TB_CustCredit、TB_Buy 和 TB_Feedback 表的建立。

2. T-SQL 语句建立数据表

（1）打开 SQL Server Management Studio 并建立与数据库引擎的连接。

（2）在工具栏中选择"新建查询"按钮，打开查询编辑器窗口，输入如下代码：

```
CREATE TABLE TB_Customer(
    CID char(10) NOT NULL,
    CCompany varchar(20) NULL,
    CContact varchar(20) NOT NULL,
    CSex char(2) NOT NULL,
    CPhone varchar(15) NOT NULL,
    CAddress varchar(50) NULL,
    CIntegration int NOT NULL,
    CCredit char(8) NULL,
    CRegTime datetime NOT NULL,
    SID char(10) NOT NULL
)
```

微课

认识数据表

代码注释：

CREATE TABLE 表示创建数据表。

TB_Customer 为数据表的名称。

NOT NULL 表示不能为空。

(3)单击工具栏上的"执行"按钮,完成 TB_Customer 表的建立。

(4)刷新"对象资源管理器"中的 DB_CRM 数据库,检查是否已经创建表。

(5)按照同样的办法完成 TB_Department、TB_PostGrade、TB_Salesman、TB_Task、TB_Product、TB_CustCredit、TB_Buy 和 TB_Feedback 表的建立,如果已采用图形化界面方法创建了数据表,就不要再做了。

3. 图形化界面修改表结构

在"对象资源管理器"中,选择要修改的表,右击,在弹出的快捷菜单中选择"设计",即可修改数据表的结构,类似于设计表结构。

要修改表结构,必须去掉"阻止保存要求重新创建表的更改(S)"前的钩,即"工具"→"选项"→"设计器",去掉"阻止保存要求重新创建表的更改(S)"前的钩。

4. T-SQL 语句修改表结构

要求:将 TB_Customer 表的 CContact 字段的长度改为 40。

(1)打开 SQL Server Management Studio 并建立与数据库引擎的连接。

(2)在工具栏中选择"新建查询"按钮,打开查询编辑器窗口,输入如下代码:

USE DB_CRM

ALTER TABLE TB_Customer

ALTER COLUMN CContact varchar(40)

代码注释：

ALTER TABLE 用于指定需要修改的表。

ALTER COLUMN 用于指定修改的字段。

微课 T-SQL 语句创建与管理数据表

思考:在上面代码中 USE DB_CRM 是否必须使用?

3.2.3 课堂实践与检查

1. 课堂实践

(1)分别使用图形化界面和 T-SQL 语句建立 CRM 客户关系管理数据表,表名后都加上数字 1,如:TB_Customer1。

(2)使用图形化界面管理数据表,将新创建的 TB_Customer1 表重命名为 TB_Customer2,然后删除。

(3)使用 T-SQL 语句将商品表的 PPrice 字段的 money 类型修改为 decimal 类型,保留两位小数位,修改后,请改回原样。

(4)使用 T-SQL 语句删除课堂实践(1)中创建的表。

2. 检查与问题讨论

(1)检查并相互检查课堂实践的完成情况,提出存在的问题,根据问题进行小组讨论。

(2)基本知识(关键字)讨论:数据类型。

(3)任务实施情况讨论:数据表的结构,数据表建立方法。

3.2.4 知识完善与拓展

1. 数据类型

在创建表时,必须为表中的每列指定一种数据类型。本节将介绍 SQL Server 中最常用的一些数据类型。即使创建自定义数据类型,它也必须基于一种标准的 SQL Server 数据类型。

数据类型的选择

(1) 字符数据类型

字符数据类型包括 varchar、char、nvarchar、nchar、text 及 ntext 等,见表 3-19。

表 3-19　字符数据类型

数据类型	长度	字节数
char(n)	1～8000	n 字节
nchar(n)	1～4000	(2n 字节)+2 字节
ntext	1～$2^{30}-1$	每字符 2 字节
nvarchar(max)	1～$2^{31}-1$	2×字符数+2 字节
text	1～$2^{31}-1$	每字符 1 字节
varchar(n)	1～8000	每字符 1 字节+2 字节
varchar(max)	1～$2^{31}-1$	每字符 1 字节+2 字节

(2) 数值数据类型

常见数值数据类型见表 3-20。

表 3-20　常见数值数据类型

数据类型	范围	字节数
bit	0 或 1	1
tinyint	0～255	1
smallint	-32768～32767	2
int	-2^{31}～$2^{31}-1$	4
bigint	-2^{63}～$2^{63}-1$	8
numeric(p,s) 或 decimal(p,s)	$-10^{38}+1$～$10^{38}-1$	17
money	-2^{63}～$2^{63}-1$	8
smallmoney	-2^{31}～$2^{31}-1$	4
float[(n)]	$-1.79E-308$～$1.79E+308$	8
real()	$-3.40E-38$～$3.40E+38$	4

(3) 日期和时间数据类型

datetime 和 smalldatetime 数据类型用于存储日期和时间数据。smalldatetime 为 4 字节,存储 1900 年 1 月 1 日—2079 年 6 月 6 日的时间,且只精确到最近的分钟。datetime 数据类型为 8 字节,存储 1753 年 1 月 1 日—9999 年 12 月 31 日的时间,且精确到最近的 3.33 毫秒。

> **国家及民族情感——科技自主**
>
> 最精准的中国"心"是北斗的心脏——铷原子钟,精度每三百万年差 1 秒。这是我国研发团队,打破国外技术封锁,付出了数十年的努力,自主创新、自我超越的硕果。

SQL Server 2012 有四种与日期相关的新数据类型:datetime2、datetimeoffset、date 和 time。通过 SQL Server 联机丛书可找到使用这些数据类型的示例。

datetime2 数据类型是 datetime 数据类型的扩展,有着更广的日期范围。时间总是用时、分钟、秒形式来存储。可以定义末尾带有可变参数的 datetime2 数据类型,如 datetime2(3)。这个表达式中的 3 表示存储时秒的小数精度为 3 位,或 0.999。有效值为 0~7,默认值为 3。

datetimeoffset 数据类型和 datetime2 数据类型一样,带有时区偏移量。该时区偏移量最大为+/-14 小时,包含了 UTC 偏移量,因此可以合理化不同时区捕捉的时间。

date 数据类型只存储日期,这是一直需要的一个功能。而 time 数据类型只存储时间。它也支持 time(n)声明,因此可以控制小数秒的粒度。与 datetime2 和 datetimeoffset 一样,n 可为 0~7。

表 3-21 列出了日期和时间数据类型,对其进行简单描述,并说明了要求的存储空间。

表 3-21　　　　　　　　　　　日期和时间数据类型

数据类型	范　　围	字节数
date	0001-01-01—9999-12-31	3
datetime	日期:1753-01-01—9999-12-31 时间:00:00:00—23:59:59.997	8
datetime2(n)	日期:0001-01-01—9999-12-31 时间:00:00:00—23:59:59.9999999	6~8
datetimeoffset(n)	日期:0001-01-01—9999-12-31 时间:00:00:00—23:59:59.9999999	8~10
smalldatetime	日期:1900-01-01—2079-06-06 时间:00:00:00—23:59:59	4
time(n)	00:00:00—23:59:59.9999999	3~5

2. 创建数据表命令格式

CREATE TABLE 命令用来在一个数据库中创建表,其语句格式如下:

CREATE TABLE table_name

　　(column_name data_type

　　　　{ [NULL | NOT NULL]

　　　　　　[PRIMARY KEY | UNIQUE]

　　　　}

　　　　[, ... n]

　　)

语句中的参数如下:

table_name:所创建的表名,表名要符合 SQL Server 命名规则。

column_name:字段名,字段名要符合 SQL Server 命名规则。

data_type:字段的数据类型。

NULL | NOT NULL:允许空或不允许空。

PRIMARY KEY | UNIQUE:字段设置为主键或者字段值是唯一的。

[, ... n]:方括号中为可选项。

3. 数据表查询、修改及删除

对数据表的管理主要的操作有查看数据表属性、修改数据表结构和删除数据表。其中,查看数据表属性主要是查看表名、创建日期、存储所占空间、所属文件组以及表中记录行数等信息;修改数据表结构主要是对数据表的字段进行调整;执行删除数据表后数据表从数据库中删除。

(1)使用图形化界面管理数据表

① 查看 TB_Product 数据表属性

在"对象资源管理器"中展开"DB_CRM"数据库,右击"TB_Product"数据表,在弹出的快捷菜单中选择"属性",打开"表属性"窗口,就可以查看 TB_Product 数据表属性,如图 3-12 所示。

图 3-12 表属性

② 删除表

在"对象资源管理器"中,选择要删除的表,右击,在弹出的快捷菜单中选择"删除",即可删除表。

(2)使用 T-SQL 语句管理数据表

① 查看表属性

使用存储过程 sp_help 可以查看表的相关信息,例如查看 TB_Product 的信息语句如下:

sp_help TB_Product

② 修改表结构

ALTER TABLE 语句用来修改一个已存在的表的定义。其语句格式与创建数据表的类似。

ALTER TABLE table_name
{ ALTER COLUMN column_name new_data_type〔NULL | NOT NULL〕
ADD column_name data_type_definition〔NULL | NOT NULL〕
DROP COLUMN column_name
〔,...n〕
}

使用 ALTER TABLE 语句可以修改某个字段的长度,例如修改 TB_Product 数据表字段属性,将表中的"PName"字段长度改为 30,语句如下:

```
USE DB_CRM
ALTER TABLE TB_Product
ALTER COLUMN PName nvarchar(30) NOT NULL
```

同时可以使用 ALTER TABLE 语句删除一个字段或者添加一个字段,例如将 TB_Product 数据表的"PPrice"字段删除,然后再添加进来。

例如,删除"PPrice"字段代码如下:

```
USE DB_CRM
ALTER TABLE TB_Product
DROP COLUMN PPrice
```

语句执行后,TB_Product 表中的"PPrice"字段将被删除。

例如,添加"PPrice"字段代码如下:

```
USE DB_CRM
ALTER TABLE TB_Product
ADD PPrice money
```

语句执行后,TB_Product 表中的"PPrice"字段将被添加。

③删除表

删除表的命令用来删除表及其中的所有数据、索引、约束等。但引用了该表的视图和存储过程不能被自动删除,必须用 DROP VIEW 或 DROP PROCEDURE 命令来删除。

删除表命令的格式是:

`DROP TABLE table_name`

其中,table_name 是要删除的表的名称。该命令不能删除系统表。

例如,删除 DB_CRM 数据库中的 TB_Product 数据表,语句如下:

```
USE DB_CRM
DROP TABLE TB_Product
```

语句执行后,TB_Product 数据表将从 CRM 客户关系管理数据库中删除。

任务 3.3　设置数据库完整性

3.3.1　任务描述与必需知识

1. 任务描述

(1)创建主键约束。设置 CRM 客户关系管理数据库中部门表、岗位等级表、业务员表、业务员任务表、商品表、客户表、客户信用评分档案表、客户订购表和客户反馈信息表的主键,并验证其作用。

(2)创建外键约束。通过创建数据库关系图方式将 CRM 客户关系管理数据库中的九张表建立关系,从而创建外键约束。

(3)创建默认约束。设置客户反馈信息表的"FTime"字段默认为系统当前日期,采用 getdate() 函数完成,并进行验证。

(4)创建检查约束。设置客户表中的"CCredit"字段的值为"AA 级""A 级""B 级""C 级""D 级"中的一种。

2. 任务必需知识

(1) 数据库完整性：数据库的完整性是指数据的正确性和相容性，数据的正确性是指数据的值准确无误，数据的相容性是指数据的存在必须确保同一表格数据之间及不同表格数据之间的相容关系。

在 SQL Server 2012 中，有三类完整性约束：实体完整性、参照完整性和用户自定义完整性。其中，实体完整性和参照完整性是数据库必须满足的完整性约束条件，而用户自定义完整性则可以根据实际情况而定。

(2) 数据库约束：约束 (Constraint) 是 SQL Server 2012 提供的自动保持数据库完整性的一种方法，通过对数据库中数据设置某种约束条件来保证数据的完整性。主要有表 3-22 中列出的几种类型。

表 3-22　　　　　　　　　　　约束类型

约束类型	约束对象	说　明
NOT NULL	列	定义该列不为 NULL 值
DEFAULT		指定该列的默认值
CHECK		对输入列的值设置检查条件，以限制不符合条件数据的输入，从而维护数据的域完整性
PRIMARY KEY	行	主键
UNIQUE		指定一个列值或者多个列的组合值具有唯一性，以防止在列中输入重复的值
FOREIGN KEY	表	外键，用于强制参照完整性

(3) 约束的创建。约束的创建一般可以采用如下两种方法：
① 使用 SSMS 图形化创建。
② 使用 T-SQL 语句创建。

3.3.2　任务实施与思考

1. 创建主键约束

要求：设置 CRM 客户关系管理数据库中部门表、岗位等级表、业务员表、业务员任务表、商品表、客户表、客户信用评分档案表、客户订购表和客户反馈信息表的主键。

设置主键。在 SSMS 的"对象资源管理器"中展开 DB_CRM 数据库，右击 TB_Customer 表，在弹出的快捷菜单中选择"设计"，启动表设计器，如图 3-13 所示，选择"CID"字段，右击鼠标，选择"设置主键"。

采用同样的方法，为 TB_Department、TB_PostGrade、TB_Salesman、TB_Task、TB_Product、TB_CustCredit、TB_Buy 和 TB_Feedback 表设置主键。

提示：创建主键时，请先检查表数据，必须保证主键数据的唯一性，并且数据不能为空。

2. 创建外键约束

要求：用创建数据库关系图方式为 CRM 客户关系管理数据库中的九张表建立外键约束。

(1) 新建数据库关系图。在"对象资源管理器"中展开 DB_CRM 数据库，右击"数据库关系图"，在弹出的快捷菜单中选择"新建数据库关系图"，这时，如果是第一次创建关系图，则会弹出如图 3-14 所示的对话框，选择"是"，进入"添加表"对话框，将九张表都添加进去，调整九张表的位置后得到如图 3-15 所示窗体。

微课

创建主键、标识列
唯一约束

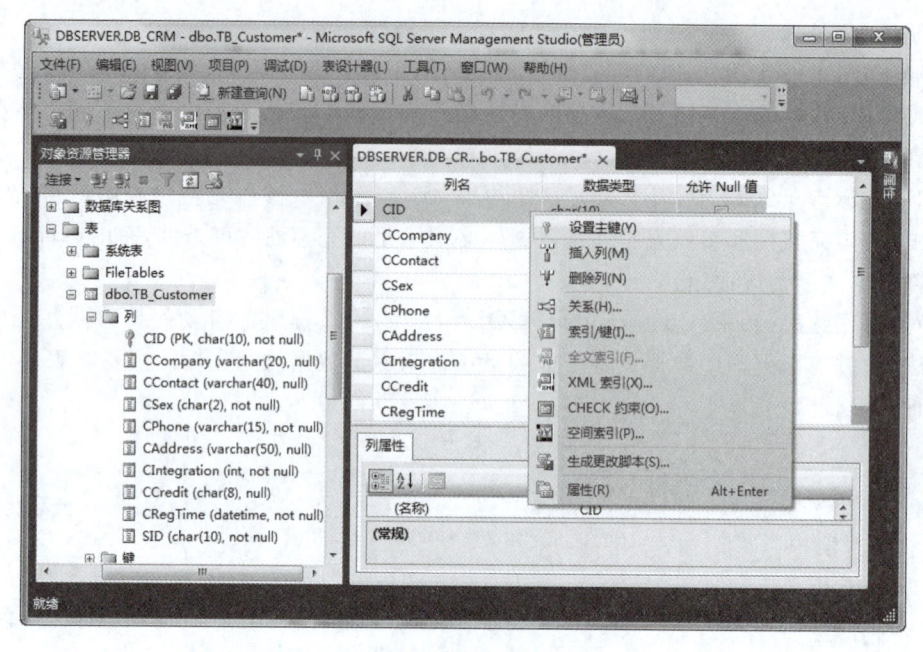

图 3-13 设置主键

图 3-14 提示信息

图 3-15 添加表

💡 **提示**：如果不能建立数据库关系图，则可以设置数据库所有者为"SA"来解决，即"右击数据库"→"属性"→"文件"→"所有者..."→"浏览"→"选择 SA"。

(2) 设置外键。单击 TB_Customer 表的主键"CID"，按住左键拖动到 TB_Buy 表的字段"CID"处，然后释放鼠标，弹出"表和列"对话框，如图 3-16 所示，将主键表和外键表的字段对应起来。单击"确定"按钮后,打开如图 3-17 所示对话框,再一次单击"确定"按钮后,即可完成外键约束的创建。

图 3-16 "表和列"对话框

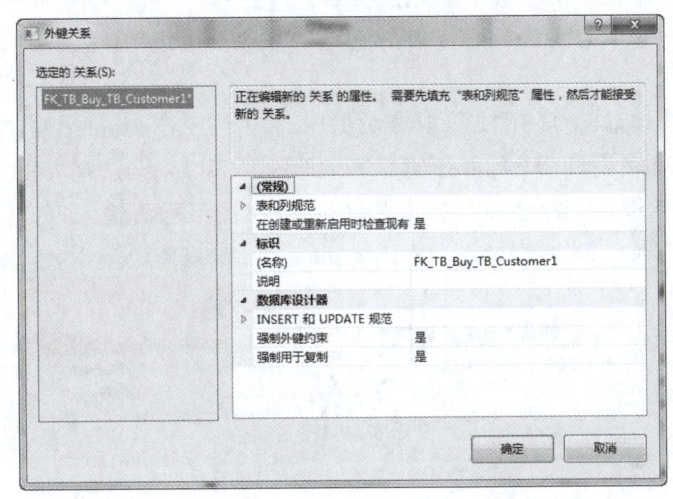

图 3-17 "外键关系"对话框

(3)采用同样的办法,在表间建立外键约束。完成的数据库关系图如图 3-18 所示。

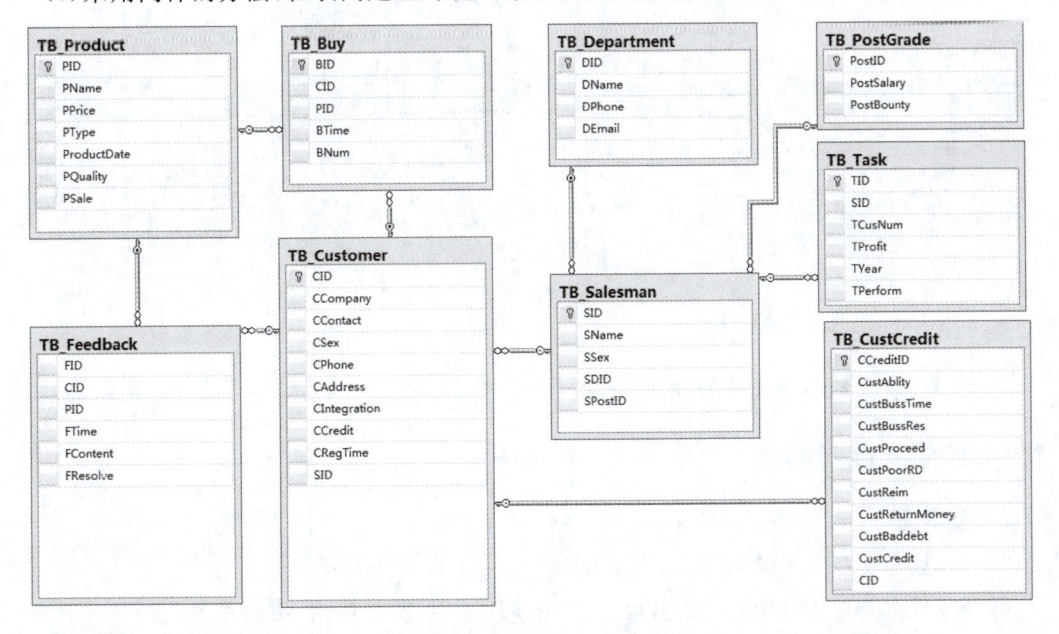

图 3-18 数据库关系图

(4)保存数据库关系图。

> 提示：建好数据库关系图后，即完成了外键的创建。建立外键还可以通过建立表间关系来完成。

> 思考：主键和外键有什么区别？

3. 创建默认约束

要求：设置客户反馈信息表的"FTime"字段默认为系统当前日期。

在"对象资源管理器"中展开 DB_CRM 数据库，右击 TB_Feedback 表，在弹出的快捷菜单中选择"设计"，启动表设计器，如图 3-19 所示，选择"FTime"字段，在下面列属性的默认值栏中输入（getdate（））。

4. 创建检查约束

要求：设置客户表中的"CCredit"字段的值为"AA 级""A 级""B 级""C 级""D 级"中的一种。

在"对象资源管理器"中展开 DB_CRM 数据库，右击 TB_Customer 表，在弹出的快捷菜单中选择"设计"，启动表设计器，右击任意字段，如图 3-20 所示，选择"CHECK 约束"，弹出"CHECK 约束"对话框，单击"添加"按钮，在表达式中进行设置，输入：（CCredit＝'D 级' OR CCredit＝'C 级' OR CCredit＝'B 级' OR CCredit＝'A 级' OR CCredit＝'AA 级'），如图 3-21 所示。

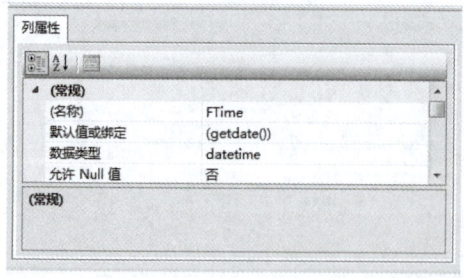

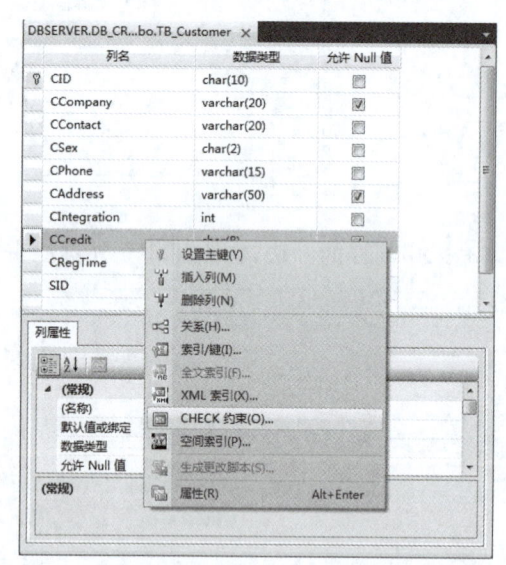

图 3-19　建立默认约束　　　　　图 3-20　CHECK 约束

> 思考：检查约束的主要作用是什么？

3.3.3　课堂实践与检查

1. 课堂实践

（1）为 CRM 客户关系管理数据库的九张表建立主键及关系图。

（2）在 TB_Product 表中，设置"PType"字段的内容只能是数码、电脑产品、手机、家用电器中的一种。

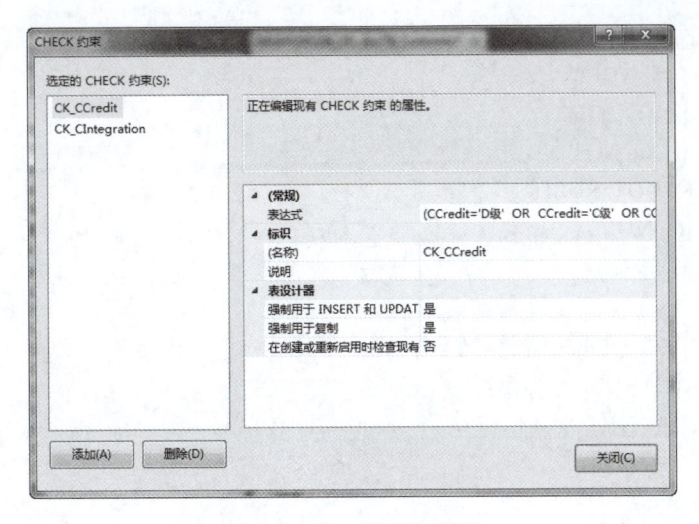

图 3-21　建立 CHECK 约束

(3) 在 TB_Customer 表中,设置"CIntegration"字段的值大于或等于 0。
(4) 在 TB_Salesman 表中,设置"SSex"字段为"男"或者"女",默认值为女。

2. 检查与问题讨论

(1) 检查并相互检查课堂实践的完成情况,提出存在的问题,根据问题进行小组讨论。
(2) 基本知识(关键字)讨论:约束。
(3) 任务实施情况讨论:主键约束、外键约束、默认约束、唯一约束、检查约束。

3.3.4　知识完善与拓展

1. 主键约束(PRIMARY KEY 约束)

主键约束就是在表中定义一个主键,一个表只能有一个主键,使主键指定的列或多列中的数据值具有唯一性,并规定主键的数据值不允许为空值。在所有的约束类型中,主键约束是最重要的一种约束类型,也是使用最广泛的约束类型。该约束强制实体完整性。

除了使用图形化界面创建主键约束外,还可以使用 T-SQL 语句创建主键约束。可以在创建新表时设置主键,也可以使用 ALTER TABLE 语句为已存在的表创建主键。

在创建表时定义主键约束的两种语句格式如下:

(1) [CONSTRAINT constraint_name] PRIMARY KEY
(2) [CONSTRAINT constraint_name] PRIMARY KEY(column_list)

其中,前面一种形式可以直接作为属性出现在列名称后面,后面一种形式不是作为列的属性,而是作为表的组成部分出现的。其中,CONSTRAINT constraint_name 子句是可以省略的。

在定义主键约束时,同时定义了聚集索引或非聚集索引。默认的主键约束是唯一的聚集索引。

下面用两种方式创建 TB_Product 数据表时同时创建主键。

方式 1:
```
USE DB_CRM
CREATE TABLE TB_Product(
PID char(10) NOT NULL PRIMARY KEY,
```

PName varchar(20) NOT NULL，
PPrice money NOT NULL，
PType char(10) NOT NULL，
ProductDate datetime NOT NULL，
PQuality char(8) NOT NULL，
PSale varchar(10) NULL）

方式2：
USE DB_CRM
CREATE TABLE TB_Product(
PID char(10) NOT NULL，
PName varchar(20) NOT NULL，PPrice money NOT NULL，
PType char(10) NOT NULL，
ProductDate datetime NOT NULL，
PQuality char(8) NOT NULL，
PSale varchar(10) NULL，
PRIMARY KEY(PID)
)

在已存在表上创建主键语句格式为：
ALTER TABLE table_name
ADD
CONSTRAINT constraint_name
PRIMARY KEY[CLUSTERED|NONCLUSTERED]
{(column_name[,…n])}

说明：

constraint_name 指主键约束名称。

CLUSTERED 表示在该列上建立聚集索引。

NONCLUSTERED 表示在该列上建立非聚集索引。

例如，为 TB_Product 表创建主键，其中，PID 为主键。

ALTER TABLE TB_Product
ADD
CONSTRAINT PK_TB_Product
PRIMARY KEY(PID)

2. 外键约束(FOREIGN KEY 约束)

外键约束主要用于强制参照完整性，使外键表中的数据与主键表中的数据保持一致。如在 CRM 客户关系管理数据库中，客户订购表的商品编号必须在商品表中存在。

(1)使用图形化界面创建外键约束

除了选择直接建立数据库关系图创建外键约束外，还可以通过在表设计器中设置表间关系来创建外键约束。例如，将 TB_Buy 表的"BID"和 TB_Product 表的"PID"建立外键约束的步骤如下：

在"对象资源管理器"中打开 TB_Buy 表的表设计器，如图 3-22 所示，右击任何位置后选择"关系"，在弹出的"外键关系"对话框中单击"添加"按钮，在"表和列规范"属性右边单击最右侧按钮，类似建立数据库关系图一样建立两个表的关系，从而创建外键约束。

(2)使用 T-SQL 语句创建外键约束

类似创建主键约束,创建外键约束也分为在创建新表时添加外键约束和对已存在表创建外键约束两种。

方法 1:创建 TB_Buy 时创建外键。

CREATE TABLE TB_Buy(
BID int IDENTITY(1,1) NOT NULL,
CID char(10) NOT NULL,
PID char(10) NOT NULL,
BTime datetime NOT NULL,
BNum int NOT NULL,
PRIMARY KEY (BID),
CONSTRAINT FK_TB_Buy_TB_Product FOREIGN KEY(PID)
REFERENCES TB_Product(PID)
)

图 3-22 建立关系

方法 2:为已存在的 TB_Buy 表创建外键约束。

对已有表增加外键的语句格式为:

ALTER TABLE table_name
ADD CONSTRAINT constraint_name
FOREIGN KEY(column_name)
REFERENCES [schema_name] referenced_table_name[(ref_column)]

说明:

table_name 是需要创建外键的表名称。

constraint_name 为外键约束名称。

referenced_table_name 为外键参考的主键表名称。

程序如下:

ALTER TABLE TB_Buy
ADD
CONSTRAINT FK_TB_Buy_TB_Product FOREIGN KEY(PID)
REFERENCES TB_Product(PID)

3. 默认约束(DEFAULT 约束)

默认约束用于指定列的默认值,当用户没有对某一列输入数据时,则将所定义的默认值作为该列的值。

除了使用图形化界面创建默认约束外,还可以使用 T-SQL 语句创建默认约束。创建默认约束和创建主键约束一样,也分为创建表时创建默认约束和对已存在表创建默认约束两种。

定义默认约束的语句格式如下:

CONSTRAINT constraint_name
DEFAULT constant_expression [FOR column_name]

方式 1:在创建 TB_Salesman 表时,为"SSex"字段创建默认约束,默认值为"女"。

CREATE TABLE TB_Salesman(
SID char(10) NOT NULL,
SName varchar(20) NOT NULL,
SSex char(2) NOT NULL DEFAULT '女',

```
SDID char(6) NOT NULL,
SPostID char(6) NOT NULL
)
```

方式2：为已存在的 TB_Salesman 表中的"SSex"字段创建默认约束，默认值为"女"。
```
ALTER TABLE TB_Salesman
ADD
CONSTRAINT DF_TB_Salesman_SSex
DEFAULT '女' for SSex
```

4. 唯一性约束（UNIQUE 约束）

唯一性约束用于指定一个列值或者多个列的组合值具有唯一性，以防止在列中输入重复的值。由于主关键字值是具有唯一性的，因此设置为主关键字的字段不能再设定唯一性约束。

假定在 CRM 客户关系管理数据库的 TB_Salesman 表上添加一个字段"ID"用于表示业务员的身份证号码，而身份证号码肯定是唯一的，为了避免输入相同的身份证号码，则需要将 ID 字段设置唯一性约束。

（1）使用图形化界面创建唯一性约束

在"对象资源管理器"中选择 TB_Salesman 表，打开表设计器。在表设计器中任意右击某一个字段，在弹出的快捷菜单中选择"索引/键"命令，打开"索引/键"对话框，单击"添加"按钮，然后在对话框中进行唯一性设置，如图 3-23 所示。

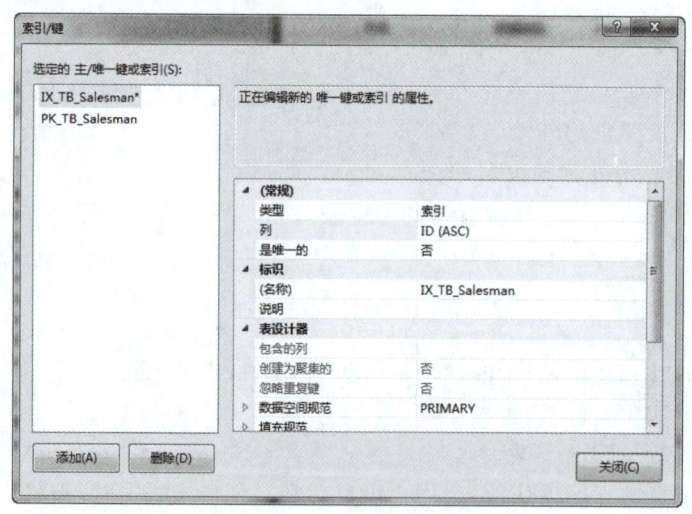

图 3-23　唯一性设置

（2）使用 T-SQL 语句创建唯一性约束

创建唯一性约束和创建主键约束一样，也分为创建表时创建唯一性约束和对已存在表创建唯一性约束两种。

定义唯一性约束的语句格式如下：
```
CONSTRAINT constraint_name
UNIQUE[CLUSTERED|NONCLUSTERED]
(column_name1[,column_name2,…,column_name16])
```

方法 1：在 CRM 客户关系管理数据库中创建 TB_Salesman 表时，为"ID"字段创建唯一性约束。
```
CREATE TABLE TB_Salesman(
```

SID char(10) NOT NULL,
SName varchar(20) NOT NULL,
SSex char(2) NOT NULL DEFAULT '女',
SDID char(6) NOT NULL,
SPostID char(6) NOT NULL,
ID nvarchar(18) NOT NULL ,
CONSTRAINT UK_ID UNIQUE(ID)
)

方法 2:为已存在的 TB_Salesman 表中的"ID"字段创建唯一性约束。
ALTER TABLE TB_Salesman
ADD
CONSTRAINT UK_ID UNIQUE(ID)

5. 检查约束(CHECK 约束)

检查约束用于对输入列的值设置检查条件,以限制不符合条件的数据输入,从而维护数据的完整性。

除了使用图形化界面创建检查约束外,还可以使用 T-SQL 语句创建检查约束。创建检查约束和创建主键约束一样,也分为创建表时创建检查约束和对已存在表创建检查约束两种。

定义检查约束的语句格式如下:
CONSTRAINT constraint_name
CHECK(logical_expression)

方法 1:为 CRM 客户关系管理数据库的 TB_Salesman 表中的"SSex"字段创建检查约束,检查输入的数据是否为"男"或者"女"。
CREATE TABLE TB_Salesman(
SID char(10) NOT NULL,
SName varchar(20) NOT NULL,
SSex char(2) NOT NULL,
SDID char(6) NOT NULL,
SPostID char(6) NOT NULL,
CONSTRAINT CK_TB_Salesman_SSex CHECK(SSex in('男','女'))
)

方法 2:为已存在的 TB_Salesman 表中的"SSex"字段创建检查约束,检查输入的数据是否为"男"或者"女"。
ALTER TABLE TB_Salesman
ADD
CONSTRAINT CK_TB_Salesman_SSex CHECK(SSex='男' OR SSex = '女')

6. 删除约束

当数据表中或表间的约束不需要时可以将其删除,删除约束可以使用图形化界面方法,也可以使用 SQL 语句方法。

(1)使用图形化界面删除约束

打开要删除约束的表设计器,在网格区右击,在弹出的快捷菜单中选择"关系",弹出"外键关系"对话框,在该对话框中可删除外键;在快捷菜单中选择"索引/键",则弹出"索引/键"对话框,在该对话框中可以删除主键和唯一性约束;在快捷菜单中选择"CHECK 约束",可以删除

CHECK 约束。

(2) 使用 T-SQL 语句删除约束

使用 DROP 语句可以删除约束,语句格式为:

ALTER TABLE table_name

DROP CONSTRAINT constraint_name[,...n]

例如,删除 TB_Salesman 表中的"SSex"字段的检查约束 CK_TB_Salesman_SSex。

ALTER TABLE TB_Salesman

DROP CONSTRAINT CK_TB_Salesman_SSex

7. 使用规则

在 SQL Server 2012 中,规则是对存储的数据表的列或者用户定义数据类型中的值的约束。规则与 CHECK 约束类似,但也有不同,CHECK 只能作用于其定义的列,而规则可以同时作用于多个数据列。

(1) 创建规则

使用 CREATE RULE 语句创建规则,其语句格式如下:

CREATE RULE rule_name

AS condition_expression

例如,为 CRM 客户关系管理数据库创建一个名为 Range 的规则,使用该规则的列值不小于 2000,语句如下:

CREATE RULE Range

AS

@value>=2000

(2) 绑定规则

创建规则后,应将规则绑定到数据表列上或者用户定义的数据类型中,可以使用存储过程 sp_bindrule 语句进行绑定规则,其语句如下:

sp_bindrule′rule′,′object_name′[,′futureonly_flag′]

例如,将创建的规则绑定到岗位等级表的"PostSalary"列上,语句如下:

USE DB_CRM

EXEC sp_bindrule ′Range′,′TB_PostGrade.PostSalary′

当绑定规则之后,想解除规则绑定可以使用 sp_unbindrule 来解除,语句格式类似 sp_bindrule。

例如,将刚才绑定的 Range 规则解除,语句如下:

USE DB_CRM

EXEC sp_unbindrule ′Range′,′TB_PostGrade.PostSalary′

(3) 查看规则

可以通过使用存储过程 sp_help 查看规则,包括规则名称、所有者以及创建时间等信息。例如要查看上述创建的规则,语句如下:

USE DB_CRM

EXEC sp_help Range

也可以使用存储过程 sp_helptext 语句查看规则的定义信息,例如查看上述创建的规则,语句如下:

USE DB_CRM

EXEC sp_helptext Range

(4)删除规则

使用 DROP RULE 语句删除当前数据库中的一个或者多个规则,语句格式如下:

DROP RULE <rule_name>

例如,将上述创建的 Range 规则删除,语句如下:

USE DB_CRM

DROP RULE Range

> **提示**:在删除规则时,必须保证已经解除规则与数据列或用户定义的数据类型的绑定,否则无法删除规则。

> **社会责任——遵守规则**
>
> 规则是保障社会良好秩序运行的前提,工作中有纪律、规章、道德、法律等多方面具体的规则,无规矩不成方圆。

任务 3.4　更新数据库的数据

3.4.1　任务描述与必需知识

1. 任务描述

(1)在 CRM 客户关系管理数据库中为数据表 TB_Department、TB_PostGrade、TB_Salesman、TB_Task、TB_Product、TB_Customer、TB_CustCredit、TB_Buy 和 TB_Feedback 输入内容,九个数据表的内容参考表 3-10~表 3-18。

(2)T-SQL 语句对数据进行更新

①插入数据。向 TB_Customer 表中插入一个新客户信息,客户编号:CR009,客户单位:宁波广博数码有限公司,客户联系人:许飞,客户性别:男,客户电话:13956881757,客户地址:宁波市车何广博工业园区,客户积分:60,客户信用等级:AA 级,建立联系时间:2013-12-20,负责的业务员编号:SM004。

②修改数据。将编号为 CR009 的客户积分修改为 90。

③删除数据。将编号为 CR009 的客户删除。

2. 任务必需知识

(1)数据操作。SQL Server 2012 对数据表中数据操作主要有四种,分别为插入数据、修改数据、删除数据和查询数据。对数据的操作使用图形化界面能很方便地完成,同时也可以使用 T-SQL 语句。其中,查询数据将在下一章讲解。

①插入数据:使用 INSERT 语句实现。可以插入一整行完整数据,既包括所有字段,也可以插入部分数据,即在内容允许为空的字段上可以不插入数据内容。

②修改数据:使用 UPDATE 语句实现。每个 UPDATE 语句可以修改一行或多行数据,但每次仅能对一个表进行操作。

③删除数据。使用 DELETE 语句实现,一次可以删除一行或多行。

(2)数据操作方法:数据操作一般可通过如下两种方式进行:

①使用 SSMS 通过图形化方式操作数据。

②使用 T-SQL 语句操作数据。

3.4.2 任务实施与思考

1. 图形化界面输入、编辑数据

（1）进入数据编辑窗口。在"对象资源管理器"中展开 DB_CRM 数据库，右击 TB_Customer 表，在弹出的快捷菜单中选择"编辑前 200 行"，如图 3-24 所示。

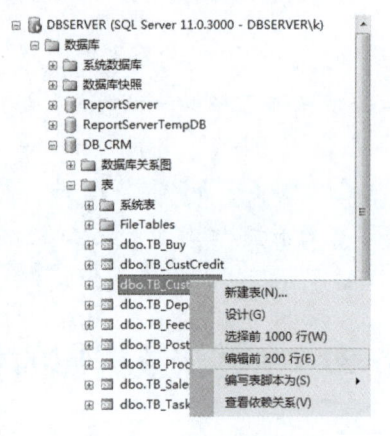

使用 SSMS 图形化界面更新数据库的数据

图 3-24　进入数据编辑窗口

（2）输入编辑数据。直接在表数据编辑窗口输入编辑数据，完成数据输入后如图 3-25 所示。

图 3-25　输入数据

（3）按照同样的方法可以完成 TB_Department、TB_PostGrade、TB_Salesman、TB_Task、TB_Product、TB_CustCredit、TB_Buy 和 TB_Feedback 表的内容的输入。

（4）修改数据。要更新修改表数据内容，在数据编辑窗口直接修改即可。

（5）删除数据。要删除某行数据，在表数据编辑窗口选择该行，右击选择"删除"命令进行删除。如想删除客户编号为"CR009"的客户信息，选择"CR009"行，右击选择"删除"命令，完成删除数据操作，如图 3-26 所示。

> **提示：** 在表中进行数据编辑时，一定要遵守定义表结构时的数据类型以及各种约束，否则无法编辑数据。

> **思考：** CSex 字段默认值为"男"，在数据输入时的作用是什么？在允许为空值的字段上，是否必须输入内容？

2. T-SQL 语句对数据进行更新

（1）插入数据。根据任务要求，可通过如下 T-SQL 语句进行数据的插入：

INSERT INTO TB_Customer
VALUES('CR009','宁波广博数码有限公司','许飞','男','13956881757','宁波市车何广博工业园区',60,'AA级','2013-12-20','SM004')

代码注释：

图3-26 删除一行数据

TB_Customer 后面可以跟上所有字段名。

数据类型为数字的字段不要加上单引号。

思考：能否同时插入多条记录？

(2) 修改数据。要求将编号为 CR009 的客户积分修改为 90,可通过如下 T-SQL 语句进行数据的修改：

UPDATE TB_Customer

SET CIntegration=90

WHERE CID='CR009'

代码注释：

如果修改多个字段,则用逗号隔开。

使用 T-SQL 语句更新、修改、删除数据

(3) 删除数据。要求将编号为 CR009 的客户删除,可通过如下 T-SQL 语句进行数据的删除：

DELETE FROM TB_Customer WHERE CID='CR009'

代码注释：

FROM 关键字可以省略。

思考：能否同时修改和删除多条数据,如何通过 T-SQL 语句实现？

3.4.3 课堂实践与检查

1. 课堂实践

(1) 为数据表 TB_Department、TB_PostGrade、TB_Salesman、TB_Task、TB_Product、TB_Customer、TB_CustCredit、TB_Buy 和 TB_Feedback 输入内容。

(2) 参考表 3-10~表 3-13 的内容,使用 T-SQL 语句分别在每张表中插入一条记录。

(3) 使用 T-SQL 语句分别修改刚插入的四条记录的其中一个字段。

(4) 使用 T-SQL 语句删除刚插入的四条记录。

2. 检查与问题讨论

(1) 检查并相互检查课堂实践的完成情况,提出存在的问题,根据问题进行小组讨论。

(2) 基本知识(关键字)讨论：INSERT、UPDATE、DELETE。

(3) 讨论 T-SQL 语句使用问题：INSERT、UPDATE、DELETE 命令使用情况。

3.4.4 知识完善与拓展

1. 插入数据

插入数据的语句格式如下：

INSERT［INTO］table_name［(column_list)］VALUES(data_values)

其中，table_name 是将要添加数据的表，column_list 是用逗号分开的表中的部分列名，data_values 是要向上述列中添加的数据，数据间用逗号分开。

如果在 VALUES 选项中给出了所有列的值，则可以省略 column_list 部分。

在 INSERT 语句中，如果插入的是一整行完整数据，即包括所有字段，可以在表名后不写上所有字段名。例如，向 CRM 客户关系管理数据库的 TB_Salesman 表插入一整行数据，代码如下：

INSERT INTO TB_Salesman
VALUES('SM006','孙明','男','D001','六级')

在 INSERT 语句中，如果插入的一行记录不包括所有字段，则必须在表名后面写上相应的字段名。例如，向 CRM 客户关系管理数据库的 TB_Salesman 表中插入一整行数据，但不包括性别信息，代码如下：

INSERT INTO TB_Salesman(SID,SName,SDID,SPostID)
VALUES('SM007','王晓丽','D002','五级')

在插入数据时，应注意以下事项：

（1）每次插入一整行数据，如果违反字段的非空约束（有默认值的除外），那么插入语句会检验失败。

（2）数据值的个数必须与列数相同，每个数据值的数据类型、精度和小数位数也必须与相应的列匹配。

（3）对字符类型的列，当插入数据的时候，最好用单引号将其括起来，因为字符中包含了数字的时候特别容易出错。

（4）如果在设计表的时候指定某列不允许为空，则该列必须插入数据，否则将报告错误信息。

（5）插入的数据项，要求符合检查约束的要求。

（6）如果指定了列名，如何为具有缺省值的列插入数据呢？这个时候可以使用 DEFAULT（缺省）关键字来代替插入的数据。

> **职业素养——一丝不苟**
>
> 我国载人飞船每次发射前，我们的工作人员都一丝不苟，使尽浑身解数去检查飞船的健康，小到一颗螺丝钉、一个插头，保证都不能出现一丝一毫的错误。

2. 修改数据

修改数据的语句格式如下：

UPDATE table_name SET column_name＝expression［FROM table_source］
［WHERE search_conditions］

其中：

SET 指明了将要更改哪些列及改成何值。

WHERE 选项用来指明对哪些行进行更新。在更新数据时，一般都有条件限制，否则将更新表中的所有数据，这就可能导致有效数据的丢失。

FROM 选项用来从其他表中取得数据以修改表中的数据。

例如,在 TB_Salesman 表中,将业务员编号为"SM007"的岗位级别修改为六级。

UPDATE TB_Salesman
SET SPostID='六级'
WHERE SID='SM007'

3. 删除数据

删除数据的语句格式如下:

DELETE [FROM] table_name [WHERE search_conditions]

其中,FROM 是任选项,用来增加可读性。

例如,在 TB_Salesman 表中,将业务员编号为"SM007"的业务员信息删除。

DELETE TB_Salesman WHERE SID='SM007'

注意:DELETE 语句只要删除就是删除整条记录,不会删除单个字段,所以在 DELETE 后不能出现字段名。

任务 3.5 创建与使用索引

3.5.1 任务描述与必需知识

1. 任务描述

(1)创建索引。为客户表的客户联系人字段创建非聚集索引 Index_CContact。

(2)管理索引。管理 Index_CContact 索引。

(3)维护索引。显示客户表的数据和索引碎片信息,并清除商品表上索引 Index_CContact 的碎片。

2. 任务必需知识

(1)索引:数据库中的索引与书籍中的索引(目录)类似,在一本书中,利用索引可以快速查找所需的信息,无须阅读整书。在数据库中,索引使数据库程序无须对整个表进行扫描,就可以在其中找到所需的数据。索引的建立依赖于表,表的存储由两部分组成,一部分用来存放表的数据页面,另外一部分存放索引页面。索引就是存放在索引页面上,当进行数据检索时,系统先搜索索引页面,从中找到所需数据的指针,然后通过指针从数据页面读取数据。索引一旦创建好,将由数据库自动管理和维护。

(2)非聚集索引。非聚集索引具有完全独立于数据行的结构,即非聚集索引的数据存储在一个位置,索引存储在另外一个位置,索引带有指针指向数据的存储位置。索引中的项目按索引值的顺序存储,而表中的信息按另外一种顺序存储。

(3)索引的创建。可以使用图形化界面方法创建数据表的索引,也可以使用 T-SQL 语句:CREATE INDEX 创建数据表的索引。使用图形化界面创建索引的一般步骤如下:

①展开数据表,选择"索引",右击选择"非聚集索引"。
②输入索引的名称。
③在需要的字段上设置索引。

3.5.2 任务实施与思考

1. 创建索引

在 SQL Server 2012 中,创建索引有两种主要方法:使用图形化界面创建和使用 T_SQL 语句创建。

(1)使用图形化界面创建索引

①新建索引。在"对象资源管理器"中展开 TB_Customer 表,选择"索引",右击,在弹出的快捷菜单选择"新建索引"→"非聚集索引",如图 3-27 所示。

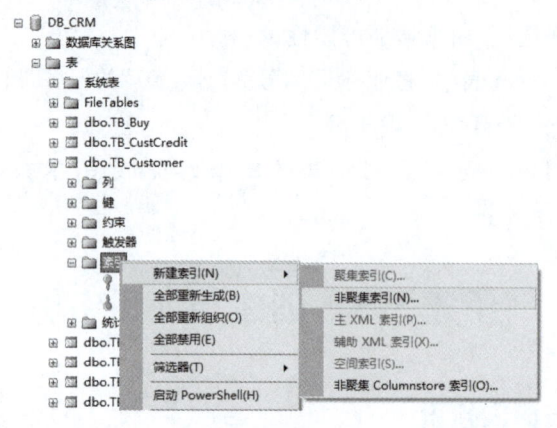

图 3-27 新建索引

②设置索引。进入"新建索引"对话框,在"索引名称"文本框中输入:Index_CContact,单击"添加"按钮,在弹出的对话框中选择"CContact"字段。如图 3-28 所示。

③连续两次单击"确定"按钮,完成索引的创建。

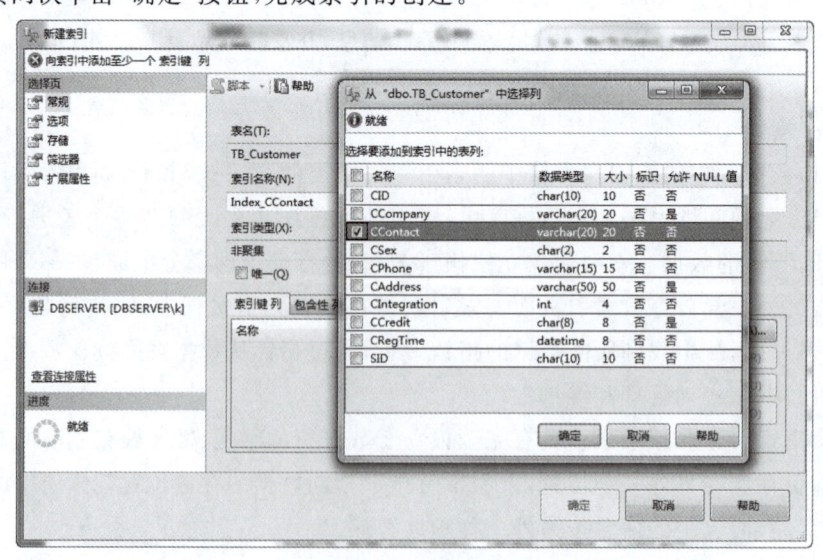

图 3-28 新建索引

(2)使用 T-SQL 语句创建索引 Index_CContact

打开查询编辑器窗口,输入如下代码:

```
CREATE NONCLUSTERED INDEX Index_CContact
ON TB_Customer(CContact)
```

代码注释：

NONCLUSTERED：表示创建的索引为非聚集索引。

思考：能否在一个表中创建多个非聚集索引？

2. 管理索引

管理索引的操作主要包括查看索引的信息、修改索引和禁止/启用索引等，在SQL Server 2012 中，管理索引有两种主要方法：使用图形化界面管理和使用T_SQL语句管理。

（1）使用图形化界面管理索引

①查看索引属性。在 TB_Customer 表中，找到 Index_CContact 索引，右击索引，在弹出的快捷菜单中选择"属性"命令，如图 3-29 所示，即可查看索引的信息。

②管理索引。在图 3-29 中，可以选择"禁用"和"重命名"命令，分别完成索引的禁用和重命名。

（2）使用 T-SQL 语句管理索引 Index_CContact

①重新生成索引

ALTER INDEX Index_CContact on TB_Customer REBUILD

②重新组织索引

ALTER INDEX Index_CContact on TB_Customer REORGANIZE

③禁用索引

ALTER INDEX Index_CContact on TB_Customer DISABLE

图 3-29　管理索引

④使用 DROP INDEX 命令来删除索引

DROP INDEX Index_CContact ON TB_Customer

3. 维护索引

要求：显示客户表的数据和索引碎片信息，并清除客户表上索引 Index_CContact 的碎片。

①当对表进行了大量的修改或者增加大量的数据后，或者表的查询速度非常慢的时候，应在表上执行 DBCC SHOWCONTIG 语句，其语句格式：

DBCC SHOWCONTIG[（{表名|表的 ID|视图名|视图 ID}[,索引名|索引 ID]）]

如果没有指定任何名称，则对当前数据库中的所有表和视图进行检查。

显示客户表的数据和索引碎片信息，执行下面的代码，结果如图 3-30 所示。

DBCC SHOWCONTIG('TB_Customer')

②使用 DBCC SHOWCONTIG 对表的索引进行整理，其语句格式为：

DBCC SHOWCONTIG(表,索引名,填充因子)

清除客户表上索引 Index_CContact 的碎片代码，执行代码，结果如图 3-31 所示。

DBCC SHOWCONTIG(TB_Customer,Index_CContact)

3.5.3　课堂实践与检查

1. 课堂实践

（1）按照任务实施过程的要求完成各子任务并检查实施结果。

（2）创建索引：为商品表的商品名称字段创建非聚集索引 Index_PName。

（3）管理索引：管理 Index_PName 索引。

（4）维护索引：清除商品表上索引 Index_PName 的碎片。

2. 检查与问题讨论

（1）检查并相互检查课堂实践的完成情况，提出存在的问题，根据问题进行小组讨论。

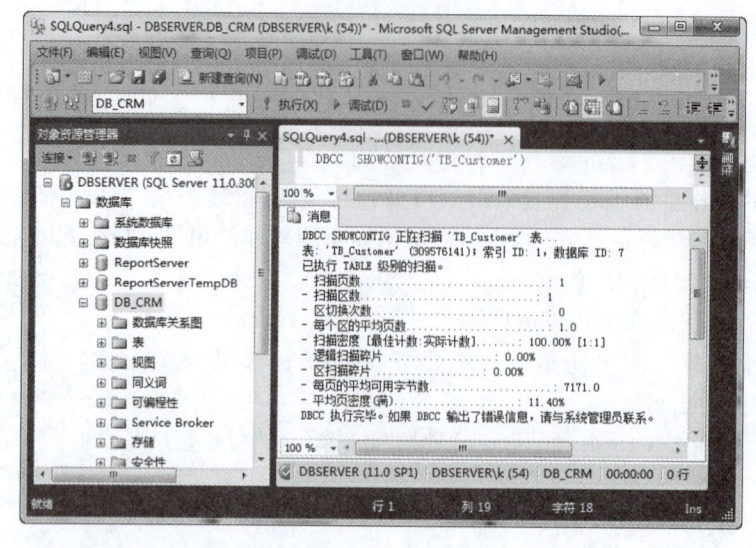

图3-30 索引碎片信息

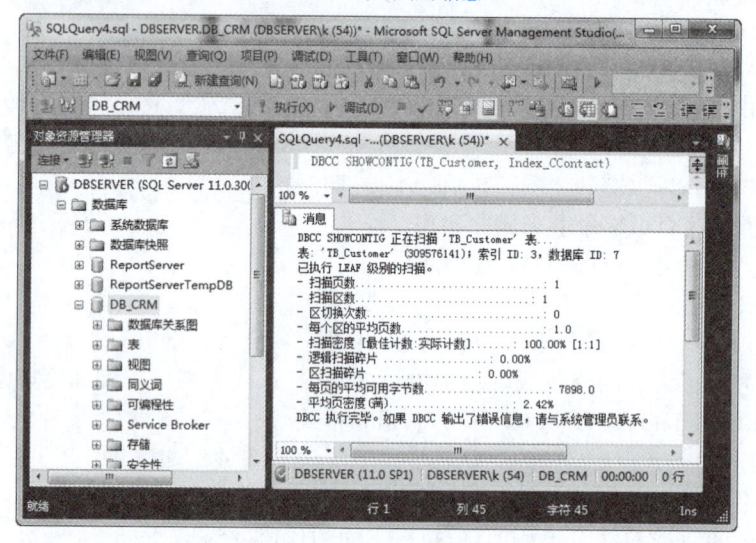

图3-31 整理索引碎片

(2)基本知识(关键字)讨论：索引。
(3)任务实施情况讨论：索引的作用，索引的建立。

> **职业素养——精益求精，优化迭代**
>
> "天下武功，唯快不破"，生活工作中，我们要有更高、更快、更强的精神。

3.5.4 知识完善与拓展

1. 建立索引的一般原则

使用索引要付出一定的代价，因此为表建立索引时，要根据实际情况，选择是否建立索引，建立索引的一般原则是：

① 在经常需要搜索的列创建索引。
② 对数据表中的主键建立索引，此索引系统会自动建立。
③ 对数据表中的外键建立索引。
④ 对经常用于连接的字段建立索引。

数据库优化报告

下列情况一般不使用索引：

①在查询中很少涉及的字段。

②有大量重复值的字段。

③更新性能比查询性能更重要的列，因为在被索引的字段上修改数据时，系统将更新相关的索引，维护索引需要较多的资源开销，影响系统性能。

④定义为 text、ntext 和 image 数据类型的字段。

2. 索引的类型

在 SQL Server 2012 系统中，有两种基本类型的索引：聚集索引和非聚集索引。此外，还有唯一索引、包含索引、索引视图、全文索引、XML 索引。在这些索引类型中，聚集索引和非聚集索引是基本类型。

聚集索引是一种指明表中数据物理存储顺序的索引。在聚集索引中，表中各记录的物理顺序与键值的逻辑顺序相同。只有在表中建立了一个聚集索引后，数据才会按照索引值指定的顺序存储到指定表中。由于一个表中数据只能按照一种顺序存储，所以在一个表中只能建立一个聚集索引。

非聚集索引的数据存储在一个位置，索引存储在另外一个位置，索引带有指针指向数据的存储位置。索引中的项目按索引值的顺序存储，而表中的信息按另外一种顺序存储。

在 SQL Server 2012 中每个表可以创建的非聚集索引最多为 249 个，其中包括 PRIMARY KEY 约束或者 UNIQUE 约束创建的任何索引，但不包括 XML 索引。

非聚集索引可以通过以下几种方法实现：

①PRIMARY KEY 约束和 UNIQUE 约束。

②独立于约束的索引。

③索引视图的非聚集索引。

3. 创建索引

在 SQL Server 2012 中，创建索引可以通过 Management Studio 创建，也可以通过使用 T-SQL 的 CREATE INDEX 语句创建。

T-SQL 使用命令 CREATE INDEX 创建索引，其语句格式为：

CREATE [UNIQUE][CLUSTERED|NONCLUSTERED]
INDEX index_name ON table_name(column_name [ASC|DESC][,…n])

其中，

UNIQUE：用来指定创建的索引是唯一索引。

CLUSTERED | NONCLUSTERED：指定被创建索引的类型。使用 CLUSTERED 创建聚集索引，使用 NONCLUSTERED 创建非聚集索引。

综合训练 3　建立 HR 人力资源管理数据库

1. 实训目的与要求

(1)掌握建立 SQL Server 数据库的基本方法。

(2)掌握建立 SQL Server 数据表的基本方法。

(3)掌握设置 SQL Server 数据库完整性的基本方法。

(4)掌握更新数据库的基本方法。

(5)通过小组学习讨论，培养团队合作精神和交流能力。

2. 实训内容与过程

(1) 建立 HR 人力资源管理数据库及数据表结构，表的结构见表 3-23～表 3-30。

表 3-23　　　　　　　　部门 (TB_Department) 信息表

列名	数据类型	允许 NULL 值	说明
DNo	char(5)	否	部门编号，主键
DName	char(10)	否	部门名称

表 3-24　　　　　　　　职位 (TB_Position) 信息表

列名	数据类型	允许 NULL 值	说明
PNo	char(5)	否	职位编号，主键
PName	char(10)	否	职位名称，唯一值

表 3-25　　　　　　　　员工 (TB_Employee) 基本信息表

列名	数据类型	允许 NULL 值	说明
ENo	char(5)	否	员工编号，主键
EName	char(10)	否	姓名
ESex	char(2)	否	性别，"男"或"女"
EAge	int	否	年龄，18 到 60
Edu	char(10)	否	学历，默认值"本科"
EAddress	varchar(50)	是	住址
ETel	char(11)	是	手机号码，格式为 1 开头的 11 位数字
EBirth	date	是	出生日期
DNo	char(5)	否	部门编号，参照部门信息表
PNo	char(5)	否	职位编号，参照职位信息表

表 3-26　　　　　　　　基本工资 (TB_Basicsalary) 信息表

列名	数据类型	允许 NULL 值	说明
Basicid	char(5)	否	基本工资编号，主键
Basicsal	decimal(10,2)	否	基本工资

表 3-27　　　　　　　　补贴 (TB_Additional) 信息表

列名	数据类型	允许 NULL 值	说明
Addid	char(5)	否	补贴编号，主键
Addmoney	decimal(10,2)	否	补贴金额

表 3-28　　　　　　　　员工工资 (TB_salary) 信息表

列名	数据类型	允许 NULL 值	说明
ENo	char(5)	否	员工编号，主键
Basicid	char(5)	否	基本工资编号，参照基本工资信息表
Addid	char(5)	否	补贴编号，参照补贴信息表

(续表)

列名	数据类型	允许 NULL 值	说明
Salary	numeric(10,2)	是	应发工资
SRealsal	numeric(10,2)	是	实发工资
STax	numeric(10,2)	否	税

表 3-29　　　　　　　　培训项目(TB_TrainProject)信息表

列名	数据类型	允许 NULL 值	说明
TNo	char(5)	否	培训项目编号,主键
TName	varchar(50)	否	培训项目名称
TDays	int	否	培训天数
TTrainUnit	varchar(50)	否	培训实施单位
TAddress	varchar(50)	是	培训地址
TPrice	numeric(10,2)	否	培训费用

表 3-30　　　　　　　　员工培训(TB_Train)信息表

列名	数据类型	允许 NULL 值	说明
EID	int	否	培训编号,主键,标识符属性,从1编号,每次增1
ENo	char(5)	否	员工编号,参照员工基本信息表
TNo	char(5)	否	培训项目编号,参照培训项目表
TTIME	datetime	否	参加培训时间
PassTrain	varchar(20)	否	是否通过培训
TrainCA	varchar(30)	是	培训证书名称

(2) 设置 HR 人力资源管理数据库的数据完整性,完整性的设置见表 3-23～表 3-30 中"允许 NULL 值"和"说明"栏中的要求。

(3) 输入 HR 人力资源管理数据库的数据内容,表的内容见表 3-31～表 3-38。

表 3-31　　　　　　　　部门(TB_Department)信息表内容

DNo	DName
D001	行政部
D002	人事部
D003	销售部
D004	财务部
D005	技术部
D006	市场部

表 3-32　　　　　　　　职位(TB_Position)信息表内容

PNo	PName
P001	经理
P002	主管

（续表）

PNo	PName
P003	主任
P004	业务员
P005	职员
P006	技术员
P007	会计\出纳

表 3-33 　　　　　　　　　员工（TB_Employee）基本信息表内容

ENo	EName	ESex	EAge	Edu	EAddress	ETel	EBirth	DNo	PNo
E0001	张军	男	35	本科	上海柳州路 588 号	13585698457	1979-5-6	D002	P002
E0002	王强	男	34	博士	上海中山路 1988 号	13589478755	1980-6-8	D006	P001
E0003	刘琳琳	女	28	硕士	上海西藏路 218 号	13058968531	1985-7-16	D004	P007
E0004	王文娟	女	24	专科	上海世纪大道 218 号	15896852355	1989-2-25	D006	P005
E0005	李国强	男	36	本科	上海中山路 788 号	18958758966	1978-8-9	D001	P003
E0006	邓丽云	女	30	硕士	上海柳州路 56 号	18623554865	1984-5-6	D005	P006
E0007	林文燕	女	23	本科	上海解放路 633 号	13785625513	1991-3-14	D006	P005
E0008	王巧思	女	27	硕士	上海成都路 458 号	15368545236	1987-10-26	D003	P002
E0009	刘琳琳	女	32	本科	上海北京路 2368 号	13789588768	1982-8-19	D003	P004
E0010	胡国秋	男	38	本科	上海解放路 253 号	13687956842	1976-1-5	D006	P002
E0011	张菲	女	28	本科	上海天津路 135 号	15268965698	1986-5-26	D003	P004
E0012	徐云迪	男	30	本科	上海宁波路 78 号	18695887643	1984-12-11	D003	P004

表 3-34 　　　　　　　　　基本工资（TB_Basicsalary）信息表内容

Basicid	Basicsal
B001	1500.00
B002	2000.00
B003	2500.00
B004	3000.00
B005	3500.00
B006	4000.00
B007	4500.00
B008	5000.00

表 3-35 　　　　　　　　　补贴（TB_Additional）信息表内容

Addid	Addmoney
A001	500.00
A002	800.00
A003	1200.00

(续表)

Addid	Addmoney
A004	1500.00
A005	1800.00
A006	2000.00
A007	2500.00

表 3-36　　　　　　　　　员工工资(TB_salary)信息表内容

ENo	Basicid	Addid	Salary	SRealsal	STax
E0001	B005	A005	5300.00	4770.00	530.00
E0002	B007	A007	7000.00	6300.00	700.00
E0003	B004	A004	4500.00	4050.00	450.00
E0004	B003	A003	3700.00	3330.00	370.00
E0005	B006	A006	6000.00	5400.00	600.00
E0006	B004	A004	4500.00	4050.00	450.00
E0007	B003	A003	3700.00	3330.00	370.00
E0008	B005	A005	5300.00	4770.00	530.00
E0009	B003	A003	3700.00	3330.00	370.00
E0010	B005	A005	5300.00	4770.00	530.00
E0011	B003	A003	3700.00	3330.00	370.00
E0012	B003	A003	3700.00	3330.00	370.00

表 3-37　　　　　　　　　培训项目(TB_TrainProject)信息表内容

TNo	TName	TDays	TTrainUnit	TAddress	TPrice
T001	计算机办公处理培训	7	浙江工商职业技术学院	宁波机场路1988号	800.00
T002	电子商务运作培训	15	上海智达电子商务咨询服务公司	上海浦东大道758号	2000.00
T003	中小企业财务管理培训	10	北京中天会计事务所	北京西直门大街268号	1800.00
T004	人力资源管理培训	12	广州通达人力服务有限公司	广州黄埔大道566号	2500.00

表 3-38　　　　　　　　　员工培训(TB_Train)信息表内容

EID	ENo	TNo	TTIME	PassTrain	TrainCA
1	E0004	T001	2014-01-05	通过培训考核	
2	E0004	T002	2013-12-20	通过培训考核	助理电子商务师
3	E0007	T002	2013-12-20	通过培训考核	助理电子商务师
4	E0009	T002	2013-12-20	没有通过培训考核	
5	E0011	T001	2014-01-20	通过培训考核	信息技术处理员
6	E0003	T003	2014-11-30	通过培训考核	

(4)小组讨论HR人力资源管理数据库的数据完整性问题。

(5)使用T-SQL语句为员工表的姓名字段创建非聚集索引Index_Ename,并保存成index.sql脚本文件。

知识提升

专业英语

表：Table　　　　　　　　　　　字段：Field
约束：Constraint　　　　　　　　默认：Default
唯一：Unique　　　　　　　　　　外键：Primary Key
外键：Foreign Key　　　　　　　 检查：Check
索引：Index

SSMS：SSMS(SQL Server Management Studio)是为SQL Server特别设计的管理集成环境，用于访问、配置、管理和开发SQL Server的所有组件。SSMS组合了大量图形工具和丰富的脚本编辑器，使各种技术水平的开发人员和管理员都能访问SQL Server。

T-SQL语言：T-SQL(Transact Structured Query Language)是ANSI(美国国家标准协会)和ISO(国际标准化组织)SQL(结构化查询语言)标准的Microsoft SQL Server实现并扩展。T-SQL是SQL的增强版。

考证天地

(1)考点归纳

根据新版《数据库系统工程师考试大纲》(2020年12月清华大学出版社出版发行)，涉及考点包括数据库创建表、SQL语言、数据库控制、定义和删除索引等方面。

创建表：

CREATE TABLE ＜表名＞

(＜列名＞＜数据类型＞[列级完整性约束]

[,＜列名＞＜数据类型＞[列级完整性约束]]…[,＜表级完整性约束条件＞]);

其中，列级完整性约束条件有：NULL 和 UNIQUE。

修改表和删除表：

ALTER TABLE ＜表名＞[ADD＜新列名＞＜数据类型＞[完整型约束条件]]

[DROP ＜完整性约束名＞]

[MODIFY ＜列名＞＜数据类型＞]

DROP TABLE ＜表名＞

SQL语言：SQL是一种通用的、功能强大的关系数据库语言，它的主要功能包括数据查询、数据定义、数据操纵和数据控制。SQL的特点有：综合统一、高度非过程化、面向集合的操作方式。两种使用方式，一是在终端上键入SQL命令直接操作数据库，另一种是将SQL嵌入高级语言中去。SQL语言简洁、易用，完成核心功能只用了九个动词，包括了四类：数据查询(SELECT)、数据定义(CREATE、DROP、ALTER)、数据操纵(INSERT、UPDATE、DELETE)、数据控制(GRANT、REVOKE)。SQL支持关系数据库的三级模式结构，其中视图对应外模式，基本表对应模式，存储文件对应内模式。SQL的基本组成：DDL、DML、事务控制、嵌入式SQL和动态SQL、完整性、权限管理。

定义和删除索引：数据库中的索引就是某个表中一列或若干列值的集合和相应的指向表中物理标识这些值的数据页的指针清单。作用如下：通过创建唯一的索引,可以保证数据记录的唯一性；加快数据检索速度；加速表与表之间的连接,尤其在实现数据的参照完整性方面有特别意义；在使用 ORDER BY、GROUP BY 语句时可以明显地减少计算时间；使用索引可以在检索数据的过程中使用优化隐藏器,提高系统性能。索引分为聚集索引和非聚集索引,聚集索引是指对表的物理数据页中的数据按列进行排序,然后再重新存储到磁盘上,叶子结点中存储的是实际数据；非聚集索引具有完全独立于数据行的结构,不必对物理数据页中的数据按列排序,叶子结点存储的是组成非聚集索引的关键字和行定位器。

(2)真题解析

真题 1:

建立一个供应商、零件数据库。其中"供应商"表 S(Sno,Sname,Zip,City)的字段分别表示：供应商代码、供应商名、供应商邮编、供应商所在城市,其函数依赖为：Sno→(Sname,Zip,City),Zip→City。"零件"表 P(Pno,Pname,Color,Weight,City),表示零件号、零件名、颜色、重量及产地。表 S 与表 P 之间的关系 SP(Sno,Pno,Price,Qty)表示供应商代码、零件号、价格、数量。

若要求供应商名不能取重复值,关系的主码是 Sno。请将下面的 SQL 语句空缺部分补充完整。

CREATE TABLE S
(Sno char(5),
Sname char (30) (1),
Zip char(8),
City char (20),
(2) ;
)

(1) A. NOT NULL　　　　　　　　B. NOT NULL UNIQUE
　　C. PRIMARY KEY (Sno)　　　　D. PRIMARY KEY (Sname)
(2) A. NOT NULL　　　　　　　　B. NOT NULL UNIOUE
　　C. PRIMARY KEY (Sno)　　　　D. PRIMARY KEY (Sname)

答案：(1)B　(2)C

分析：题(1)的正确答案是 B,因为试题要求供应商名不能取重复值,且值是唯一的,所以需要用 NOT NULL UNIQUE。试题(2)的正确答案是 C,因为表 S 的主键是 Sno,所以需要用 PRIMARY KEY (Sno)来约束。

真题 2:

天津市某银行信息系统的数据库部分关系模型如下所示：

客户（客户号,姓名,性别,地址,邮编,电话）
账户（账户号,客户号,开户支行号,余额）
支行（支行号,支行名称,城市,资产总额）
交易（交易号,账户号,业务金额,交易日期）

其中,业务金额为正值表示客户向账户存款；为负值表示取款。

问题1：以下是创建账户关系的SQL语句，账户号唯一识别一个账户，客户号为客户关系的唯一标识，且不能为空。余额不能小于1.00元。请将空缺部分补充完整。

CREATE TABLE 账户（

账户号 CHAR(19)　(a)，

客户号 CHAR(10)　(b)，

开户支行号 CHAR(6)　NOT NULL，

余额 NUMBER(8,2)　(c)）

问题2：为账户关系增加一个属性"账户标记"，缺省值为0，取值类型为整数，并将当前账户关系中所有记录的"账户标记"属性值修改为0。请补充相关SQL语句。

ALTER TABLE 账户（k) DEFAULT 0；

UPDATE 账户（i）；

答案：(a) PRIMARY KEY　(b) FOREIGN KEY（客户号）REFERENCES　客户（客户号）　(c) CHECK(余额>1.00)　(k)ADD 账户标记　INT　(i)SET　账户标记=0

分析：由问题1中"账户号唯一识别一个账户"可知账户号为账户关系的主键，既不能为空且唯一标识一条账户信息，因此需要用PRIMARY KEY对该属性进行主键约束；又由"客户号为客户关系的唯一标识，且不能为空"可知客户号为客户关系的主键，在账户关系中应作为外键，用FOREIGN KEY对该属性进行外键约束；由"余额不能小于1.00元"可知需要限制余额属性值的范围，通过CHECK约束来实现。问题2中，关系模型的修改通过ALTER语句来实现，使用ADD添加属性；使用SET修改属性值。

问题探究

(1)数据库中主要数据文件和次要数据文件的区别

主要数据文件是数据库的起点，指向数据库中文件的其他部分。每个数据库都有一个主要数据文件。主要数据文件的推荐文件扩展名是.mdf。

次要数据文件包含除主要数据文件外的所有数据文件。有些数据库可能没有次要数据文件，而有些数据库则有多个次要数据文件。次要数据文件的推荐文件扩展名是.ndf。

(2)主键索引与唯一索引的比较

唯一索引不允许两行具有相同的索引值。如果现有数据中存在重复的键值，则大多数数据库都不允许将新创建的唯一索引与表一起保存。当新数据将使表中的键值重复时，数据库也拒绝接收此数据。

主键索引是唯一索引的特殊类型。数据库表通常有一列或列组合，其值用来唯一标识表中的每一行，该列称为表的主键。在数据库关系图中为表定义一个主键将自动创建主键索引，主键索引是唯一索引的特殊类型。主键索引要求主键中的每个值都是唯一的。当在查询中使用主键索引时，它还允许快速访问数据。

两者的比较：

①对于主键（Unique Constraint），Oracle、SQL Server、MySQL等都会自动建立唯一索引。

②主键不一定只包含一个字段，所以在主键的其中一个字段创建唯一索引还是必要的。

③主键可作为外键，唯一索引不可以。

④主键不可为空，唯一索引可以。

技术前沿

(1) Sequence Number 新技术

Sequence Number 是 SQL Server 2012 推出的一个新特性,这个特性允许数据库级别的序列号在多表或多列之间共享。对于某些场景会非常有用,比如,需要在多个表之间共用一个流水号。以往的做法是额外建立一个表,然后存储流水号。而插入的流水号需要两个步骤:

① 查询表中流水号的最大值

② 插入新值(最大值+1)

Sequence Number 与以往的 Identity 列不同之处在于,Sequence Number 是一个与构架绑定的数据库级别的对象,而不是与具体的表的具体列所绑定。这意味着 Sequence Number 带来多表之间共享序列号的便利之外,还会带来如下影响:

① Sequence Number 插入表中的序列号可以被更新,除非通过触发器来进行保护。

② Sequence Number 有可能插入重复值(对于循环 Sequence Number 来说)。

③ Sequence Number 仅仅负责产生序列号,并不负责控制如何使用序列号,因此当生成一个序列号被 Rollback 之后,Sequence Number 会继续生成下一个号,从而在序列号之间产生间隙。

创建 Sequence Number 的语句格式如下:

CREATE SEQUENCE [schema_name.] sequence_name

[AS [built_in_integer_type | user-defined_integer_type]]

[START WITH <constant>]

[INCREMENT BY <constant>]

[{ MINVALUE [<constant>] } | { NO MINVALUE }]

[{ MAXVALUE [<constant>] } | { NO MAXVALUE }]

[CYCLE | { NO CYCLE }]

[{ CACHE [<constant>] } | { NO CACHE }][;]

(2) NoSQL 数据库之 MongoDB——创建 MongoDB 数据库

由于 MongoDB 不是关系型数据库文件,实际上,它并不存在传统关系型数据库中的所谓"数据库"的概念,但不用担心,当第一次新增数据时,MongoDB 就会以 collection 集合的形式进行保存和新建,而不需要手工去新建。下面是例子:

① 列出当前的数据库

MongoDB shell version:1.8.1

connecting to:test

> show dbs

admin 0.03125GB

local (empty)

可以使用 show dbs 来列出当前有多少个数据库,上面看到的是有两个,分别是 admin 和 local。

② 定义新的数据库名

通过"use new-databasename"语句使用一个新的数据库,注意,即使数据库还没有建立,依然可以这样使用,因为 MongoDB 在插入了数据后,才会真正建立起来。

> use mongodb
switched to db mkyongdb
> show dbs
admin 0.03125GB
local（empty）

注意：在 use mongodb 后，MongoDB 实际上还没真正建立起来，只是表明目前是在使用 MongoDB 了。

③保存数据

定义一个 collection，名为"users"，然后插入数据，如下：

> db.users.save（{username:"mkyong"}）
> db.users.find（）
{"_id"：ObjectId（"4dbac7bfea37068bd0987573"），"username"："mkyong"}
>
> show dbs
admin 0.03125GB
local（empty）
mkyongdb 0.03125GB

可以看到，用 db.users.find（）可以找出已插入的数据。这个时候，名为"users"的 collection 已经建立起来了，同时，数据库 MkyongDB 也建立起来了。

本章小结

1. 建立数据库和数据表

（1）建立 CRM 客户关系管理数据库。

（2）在 CRM 客户关系管理数据库中建立部门表、岗位等级表、业务员表、业务员任务表、商品表、客户表、客户信用评分档案表、客户订购表和客户反馈信息表等九张表。

2. 更新数据库数据

（1）在 CRM 客户关系管理数据库中，为每张表设置主键、外键、CHECK 等约束，在部门表、岗位等级表、业务员表、业务员任务表、商品表、客户表、客户信用评分档案表、客户订购表和客户反馈信息表等九张表中输入数据。

（2）使用 T-SQL 语句，对各表进行 INSERT、UPDATE、DELETE 等操作。

3. 建立数据库索引

创建数据库索引、管理索引、维护索引。

思考习题

一、选择题

1. SQL Server 2012 数据库的数据模型是（　　）。
   A. 层次模型　　　　B. 网状模型　　　　C. 关系模型　　　　D. 对象模型
2. SQL Server 2012 用于操作和管理系统的是（　　）。
   A. 系统数据库　　　B. 日志数据库　　　C. 用户数据库　　　D. 逻辑数据库

3. "日志"文件用于保存( )。
   A. 程序运行过程　　　　　　　　　B. 数据操作
   C. 程序执行结果　　　　　　　　　D. 对数据库的更新操作
4. 用于数据库恢复的重要文件是( )。
   A. 数据库文件　　　B. 索引文件　　　C. 备注文件　　　D. 日志文件
5. 主数据库文件的扩展名为( )。
   A. TXT　　　　　B. DB　　　　　C. MDF　　　　　D. LDF
6. SQL Server DBMS 用于建立数据库的命令是( )。
   A. CREATE DATABASE　　　　　B. CREATE INDEX
   C. CREATE TABLE　　　　　　　D. CREATE VIEW
7. 用于修改数据表结构的命令是( )。
   A. MODIFY TABLE　　　　　　　B. ALTER TABLE
   C. EDIT TABLE　　　　　　　　D. CHANGE TABLE
8. 在索引改进中,一般的调整原则是:当( )是性能瓶颈时,则在关系上建立索引。
   A. 查询　　　　　B. 更新　　　　　C. 排序　　　　　D. 分组计算
9. 用于修改数据库数据的命令是( )。
   A. MODIFY TABLE　　　　　　　B. ALTER TABLE
   C. EDIT TABLE　　　　　　　　D. UPDATE SET
10. 次要数据库文件的扩展名为( )。
    A. TXT　　　　　B. NDF　　　　　C. MDF　　　　　D. LDF

二、填空题

1. 列举几个 SQL Server 数据库对象,如_____、_____、_____以及_____。
2. SQL Server 数据库是由数据库文件和事务日志文件组成的。一个数据库至少有_____数据库文件和一个事务日志文件。
3. 在 Management Studio 中,_____窗口用于显示数据库服务器中的所有数据库对象。
4. ALTER TABLE 语句可以添加、_____、_____表的字段。
5. 表的 CHECK 约束是_____的有效性检查规则。
6. 数据表中插入、修改和删除数据的语句分别是 INSERT、_____和_____。

三、简答题

1. 建立数据库有哪几种方法?
2. 索引的类型有哪些?
3. SQL Server 2012 常用的数据类型有哪些?

第 4 章

数据库查询

数据库查询是数据库系统中最基本也是最重要的操作，在 SQL Server 2012 中，可以使用 SELECT 语句执行数据的查询操作，该语句具有非常灵活的使用方式和丰富的功能，可以进行简单查询、统计查询、连接查询、子查询等。掌握 SELECT 语句的正确使用对学习和开发数据库系统都是非常重要的。

本章主要介绍对数据库进行简单查询、统计查询、连接查询、子查询的基本方法，并介绍创建视图、管理视图及使用视图的方法。

教学目标

- 了解数据库查询的作用。
- 掌握简单查询的基本方法。
- 掌握统计查询的基本方法。
- 掌握连接查询的基本方法。
- 掌握子查询的基本方法。
- 掌握建立和使用视图的基本方法。

教学任务

【任务 4.1】数据库的简单查询

【任务 4.2】数据库的统计查询

【任务 4.3】数据库的连接查询

【任务 4.4】数据库的子查询

【任务 4.5】创建和使用视图

任务 4.1　数据库的简单查询

4.1.1　任务描述与必需知识

1. 任务描述

（1）投影查询。查询客户的信息，要求结果中的列标题分别为客户编号、客户联系人和客户电话。

(2)选择查询。查询商品的信息,要求显示价格在 5 000 元及以下且商品名称里面含有"美的"两个字的商品编号、商品名称和商品价格。

(3)排序查询。查询客户的信息,要求按照客户积分由高到低进行排序,显示客户编号、客户单位、客户联系人和客户积分。

2. 任务必需知识

(1)数据库查询:是指依据一定的查询条件或要求,对数据库中的数据信息进行查找和统计等处理,它是数据库最主要的应用。

(2)简单查询:这里所讲的简单查询是指对数据库中的一个数据表进行的数据库查询,主要涉及内容有选择项的处理、选择条件的设计等。

(3)SELECT 语句:SELECT 语句是 SQL 语言中最核心的语句,语句基本格式如下:

SELECT column_name[,column_name,…]
FROM table_name
WHERE seartch_condition

(4)建立查询的步骤

①打开查询编辑器。在 SSMS 的工具栏中单击"新建查询"按钮,进入查询编辑器窗口。

②编写查询代码。根据任务要求,在查询编辑器窗口输入上述代码。

③分析、调试与执行代码。

分析查询代码:单击工具栏上的 ✓ 图标可进行代码分析,主要检查代码语法是不是有问题,如果语法没问题,系统会显示"命令已成功完成。"如果语法有问题,系统会显示错误提示,用户可根据错误提示信息,进行修改。

调试查询代码:单击工具栏上的 ▶ 调试(D) 图标可进行代码调试,当分析查询代码无误,而执行查询代码有错,但不易查出错误时,可以采用调试方法进行查找错误原因。

执行查询代码:单击工具栏上的 ! 执行(X) 图标即可执行代码,系统显示查询结果。

4.1.2 任务实施与思考

1. 投影查询

要求:查询客户的信息,结果中的列标题分别显示为客户编号、客户联系人和客户电话。

(1)打开查询编辑器。在 SSMS 的工具栏中单击"新建查询"按钮,进入查询编辑器窗口。

(2)编写查询代码。根据任务要求,在查询编辑器窗口输入如下代码:

USE DB_CRM
SELECT CID AS 客户编号,CContact AS 客户联系人,CPhone AS 客户电话
FROM TB_Customer

☞ 提示:在输入 SQL 语句时,标点符号必须是半角的。

> 职业素养——精益求精
>
> 爱迪生曾说过:"细节在于观察,成功在于积累"。任何工作,我们都要仔细。

代码注释:

用 USE 命令打开数据库 DB_CRM。

列标题(别名)可以用三种方式定义:①"列名   列标题"形式;②"列标题=列名"形式;③"列名 AS 列标题"形式,本例应用第三种格式。

(3)分析与执行查询代码。执行上述代码,即可看到如图 4-1 所示的查询结果。

思考: ①没有 USE 语句,SELECT 语句能执行吗?如何设置当前数据库?

②没有 AS 短语,显示结果会如何?

③如果查找显示所有字段信息,代码怎样写,有简单方法吗?

④请用不同的别名定义方式完成该子任务。

2. 选择查询

要求:查询商品的信息,显示价格在 5 000 元及以下且商品名称里面含有"美的"两个字的商品编号、商品名称和商品价格。

图 4-1 投影查询结果

(1)编写查询代码。根据任务要求,在查询编辑器窗口输入如下代码:

```
USE DB_CRM
SELECT PID,PName,PPrice
FROM TB_Product
WHERE PPrice<=5000 AND PName LIKE '%美的%'
```

提示: %表示任意长度的字符串,_表示任意单个字符。

代码注释:WHERE 子句给出了查询条件。

(2)分析与执行查询代码。执行上述代码,即可看到如图 4-2 所示的查询结果。

思考: 如果将条件改为 5 000 元及以下且 2 000 元及以上,代码如何修改?

图 4-2 选择查询结果

3. 排序查询

要求:查询客户的信息,按照客户积分由高到低进行排序,显示客户编号、客户单位、客户联系人和客户积分。

(1)编写查询代码。根据任务要求,在查询编辑器窗口输入如下代码:

```
USE DB_CRM
SELECT CID,CCompany,CContact,CIntegration
FROM TB_Customer
ORDER BY CIntegration DESC
```

提示: ASC 表示升序,DESC 表示降序,默认为升序。

代码注释:

ORDER BY CIntegration DESC:按照客户积分降序排序。

(2)分析与执行查询代码。执行上述代码,即可看到如图 4-3 所示的查询结果。

思考: 如何按照多个字段进行排序?

4.1.3 课堂实践与检查

1. 课堂实践

(1)按照任务过程,完成三个子任务查询。

(2)查询客户表中客户积分小于 70 的客户编号、客户单位、客户联系人、客户电话和客户积分。

	CID	CCompany	CContact	CIntegration
1	CR001	德胜电器贸易有限公司	王林	95
2	CR008	中易工贸技术有限公司	徐向阳	90
3	CR007	天达工业技术有限公司	陆军强	78
4	CR002	麦强数码有限公司	张峰	75
5	CR005	中辉电器有限公司	杨桃	70
6	CR004	胜利工贸有限公司	李琳	58
7	CR003	凌科数码有限公司	张凌君	52
8	CR006	裕丰商贸有限公司	林丽	42

图 4-3 排序查询结果

(3)查询客户表的所有客户积分数量加 10 后的信息,将加 10 后的客户积分标题改为“积分增加后的值”。

(4)查询业务员任务表中计划客户数量在 15、20、25、30 的任务编号、业务员编号和计划客户数量。

(5)建立一个查询,在业务员任务表中按计划利润降序排序,取前三条数据。

(6)查询所有客户地址为浙江的 A 级客户的客户单位、客户联系人和客户电话。

2. 检查与问题讨论

(1)检查并相互检查课堂实践的完成情况,提出存在的问题,根据问题进行小组讨论。

(2)基本知识(关键字)讨论:数据库查询,SELECT 语句。

(3)任务实施情况讨论:SELECT 子句使用情况、WHERE 子句使用情况。

4.1.4 知识完善与拓展

1. SELECT 语句格式

SELECT 语句格式如下:

```
SELECT select_list
[ INTO new_table]
FROM table_source
[ WHERE search_condition]
[ GROUP BY group_by_expression]
[ HAVING search_condition]
[ ORDER BY order_expression [ ASC|DESC ] ]
```

其中:

SELECT 子句:指定由查询返回的列。

INTO 子句:将检索结果存储到新表或视图中。

FROM 子句:用于指定引用的列所在的表或视图。如果对象不止一个,那么它们之间必须用逗号分开。

WHERE 子句:指定用于限制返回的行的搜索条件。如果 SELECT 语句没有 WHERE 子句,DBMS 假设目标表中的所有行都满足搜索条件。

GROUP BY 子句:指定用来放置输出行的组,并且如果 SELECT 子句<select list>中包含聚合函数,则计算每组的汇总值。

HAVING 子句:指定组或聚合的搜索条件。HAVING 通常与 GROUP BY 子句一起使用。如果不使用 GROUP BY 子句,HAVING 的行为与 WHERE 子句一样。

ORDER BY 子句:指定结果集的排序。ASC 关键字表示升序排列结果,DESC 关键字表示降序排列结果。如果没有指定任何一个关键字,那么 ASC 就是默认的关键字。如果没有 ORDER BY 子句,DBMS 将根据输入表中的数据的存放位置来显示数据。

2. 仅返回前面若干行记录

SELECT TOP n 表示返回查询结果的前 n 行。

例如,查询商品的信息,返回前五行数据,代码如下:

USE DB_CRM
SELECT TOP 5 *
FROM TB_Product

3. 消除查询结果中的重复行

将 DISTINCT 写在 SELECT 列表的所有列名的前面,可以消除 DISTINCT 其后的那些值相同的重复行。

例如,查询有反馈信息的客户编号,代码如下:

USE DB_CRM
SELECT DISTINCT CID
FROM TB_Feedback

4. WHERE 子句与查询条件

在数据库中查询数据时,有时用户只希望得到满足条件的数据而非全部数据,这时就需要使用 WHERE 子句,使用 WHERE 子句可以限制查询的条件。子句格式如下:

WHERE expression1 comparison_operator expression2

其中,expression1 和 expression2 表示要比较的表达式,comparison_operator 表示运算符。

WHERE 子句中的条件是一个逻辑表达式,其中常用的运算符,见表 4-1。

表 4-1 查询条件中常用的运算符

类别	运算符	说明
比较运算符	=、<>、>、>=、<、<=、!=	比较两个表达式
范围运算符	BETWEEN、NOT BETWEEN	查询值是否在范围内
逻辑运算符	AND、OR、NOT	组合两个表达式的运算结果或取反
列表运算符	IN、NOT IN	查询值是否属于列表值之一
字符运算符	LIKE、NOT LIKE	查询字符串是否匹配
未知值	IS NULL、IS NOT NULL	查询值是否为 NULL

(1)比较运算符

比较运算符可以限定查询的条件,具体每个运算符的含义,见表 4-2。

表 4-2 比较运算符

比较运算符	含义
=	等于
<>、!=	不等于
>	大于
<	小于

（续表）

比较运算符	含 义
>=	大于或者等于
<=	小于或者等于

(2)范围运算符

范围运算符包括 BETWEEN 与 NOT BETWEEN，主要用于查询是否为在指定范围内的数据。子句格式如下：

WHERE expression [NOT] BETWEEN value1 AND value2

其中，NOT 为可选项，表示不在此范围内，value1 表示范围下限，value2 表示范围上限。

(3)逻辑运算符

逻辑运算符用于满足用户查询需要指定多个查询条件的情况，可以连接两个或者两个以上的查询条件，当条件满足时则返回结果集。子句格式如下：

WHERE NOT 表达式 1|表达式 2 AND(OR)表达式 3

其中，AND 表示指定的所有查询条件都成立时则返回结果集，OR 表示当指定的所有条件只要有一个成立就返回结果集，NOT 表示否定查询条件。

(4)列表运算符

列表运算符包括谓词"IN"与"NOT IN"，主要用于查询属性值是否属于指定集合的元祖，子句格式如下：

WHERE expression [NOT] IN value_list

其中，value_list 表示列表值，当有多个值时用括号将各值括起来，各列表值之间用逗号隔开。

例如，查询客户信用等级为 A 级、B 级和 C 级的客户信息，代码如下：

USE DB_CRM

SELECT *

FROM TB_Customer

WHERE CCredit in('A 级','B 级','C 级')

(5)字符运算符

字符运算符包括"LIKE"与"NOT LIKE"，主要用于对数据进行模糊查询，子句格式如下：

WHERE expression [NOT] LIKE 'string'

其中，NOT 为可选项。

在 SQL Server 2012 中，使用通配符查询时必须将字符连同通配符用单引号引起来，常见的通配符有以下两种：

% 表示任意长度的字符串。

_ 表示任意单个字符。

例如，查询所有的笔记本商品信息，代码如下：

USE DB_CRM

SELECT *

FROM TB_Product

WHERE PName LIKE '%笔记本%'

模糊查询中常用的通配符见表 4-3。

表 4-3　　　　　　　　　　　模糊查询中常用的通配符

通配符	解释	示例
_	一个字符	A Like ′C_′
%	任意长度的字符串	B Like ′CO_%′
[ ]	括号中所指定范围内的一个字符	C Like ′9W0[1-2]′
[^]	不在括号中所指定范围内的一个字符	D Like ′%[A-D][^1-2]′

(6)未知值

在 WHERE 子句中运用 IS NULL 查询可以查询数据库中为 NULL 的值,而运用 IS NOT NULL 则可以查询不为 NULL 的值,子句格式如下:

WHERE 列名 IS NULL | IS NOT NULL

5. INSERT/SELECT 语句格式

INSERT/SELECT 命令可以将其他数据表查询结果的记录新增至数据表中,其基本语句格式:

INSERT [INTO]　数据表名称[(字段列表)]

SELECT　语句

任务 4.2　数据库的统计查询

4.2.1　任务描述与必需知识

1. 任务描述

(1)聚合函数的使用。查询客户的信息,要求显示客户的最高积分、最低积分和平均积分。

(2)GROUP BY 子句的使用。查询客户表中客户的男女人数,要求显示客户的性别及相应人数。

(3)HAVING 子句的使用。查询至少反馈了两条信息的客户信息,要求显示客户的编号和反馈信息的条数。

2. 任务必需知识

(1)聚合函数:对一组值执行计算并返回单一的值,经常与 SELECT 语句的 GROUP BY 子句一同使用。常用的聚合函数,见表 4-4。

表 4-4　　　　　　　　　　　聚合函数

函数名	功　能
SUM()	对数值型列或计算列求总和
AVG()	对数值型列或计算列求平均值
MAX()	返回一个数值列或数值表达式的最大值
MIN()	返回一个数值列或数值表达式的最小值
COUNT(*)	返回满足 SELECT 语句中指定条件的记录个数
COUNT(字段名)	返回满足条件的行数,但不含该字段值为空的行

(2)分组查询:在 SELECT 查询语句中,可以用 GROUP BY 子句对结果集进行分组汇总。

统计查询

(3)统计查询:HAVING 子句用于限定对统计组的查询,一般与 GROUP BY 一起使用,其后可以跟聚合函数。

4.2.2 任务实施与思考

1. 聚合函数的使用

要求:查询客户的信息,显示客户的最高积分、最低积分和平均积分。

(1)编写查询代码。根据任务要求,在查询编辑器窗口输入如下代码:

USE DB_CRM

SELECT MAX(CIntegration) AS 最高积分,MIN(CIntegration) AS 最低积分,AVG(CIntegration) AS 平均积分

FROM TB_Customer

> 提示:数字才能统计最大值和最小值等。

代码注释:

AS 最高积分:使用聚合函数作为列时一般会定义一个别名,便于显示。

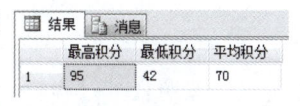

(2)分析与执行查询代码。执行上述代码,即可看到如图 4-4 所示的查询结果。

图 4-4　聚合函数查询结果

2. GROUP BY 子句的使用

要求:查询客户表中客户的男女人数,显示客户的性别及相应人数。

(1)编写查询代码。根据任务要求,在查询编辑器窗口输入如下代码:

USE DB_CRM

SELECT CSex AS 性别,COUNT(*) AS 人数

FROM TB_Customer

GROUP BY CSex

> 提示:SELECT 子句中有列计算时,一般使用 AS 定义别名。

代码注释:

COUNT:用于统计满足 SELECT 语句中指定条件的记录个数。

GROUP BY:用于指定需要分组的字段,多个字段用逗号隔开。除使用聚合函数外,查询的字段必须与 GROUP BY 后面的字段名一致。

(2)分析与执行查询代码。执行上述代码,即可看到如图 4-5 所示的查询结果。

> 思考:如何按照多个字段进行分组?

3. HAVING 子句的使用

图 4-5　GROUP BY 子句查询结果

要求:查询至少反馈两条信息的客户的信息,显示客户编号和反馈信息的条数。

(1)编写查询代码。根据任务要求,在查询编辑器窗口输入如下代码:

USE DB_CRM

SELECT CID AS 客户编号,COUNT(*) AS 反馈信息条数

FROM TB_Feedback

GROUP BY CID

HAVING COUNT(*)>=2

> 提示:HAVING 后面跟聚合函数。

代码注释:

HAVING:用于限定统计查询的条件。

COUNT(*):分组后,统计客户出现的次数,如果出现两次,说明该客户反馈了两条信息。

(2)分析与执行查询代码。执行上述代码,即可看到如图 4-6 所示的查询结果。

图 4-6 HAVING 子句查询结果

> 思考:①HAVING 子语和 WHERE 子语有什么区别?
>
> ②使用过 HAVING 子语,是否还能使用 WHERE 子语?如果可以,怎么用?

☞ 职业素养——学思结合

富兰克林曾说过"读书使人充实,思考使人深邃",学习工作要勤于思考。

4.2.3 课堂实践与检查

1. 课堂实践

(1)按照任务过程,完成三个子任务查询。

(2)查询商品表中属于家用电器的各种商品的最高价格和最低价格。

(3)统计有反馈信息的客户数。

(4)统计业务员表中各个部门的男女员工人数。

(5)统计至少订购过两次的客户编号。

(6)在客户订购表中统计商品被订购数量超过 500 个的商品编号。

2. 检查与问题讨论

(1)检查并相互检查课堂实践的完成情况,提出存在的问题,根据问题进行小组讨论。

(2)基本知识(关键字)讨论:聚合函数、GROUP BY、HAVING、ORDER BY。

(3)任务实施情况讨论:GROUP BY、HAVING、ORDER BY 及聚合函数的应用情况。

4.2.4 知识完善与拓展

1. GROUP BY 语句

GROUP BY 子句的作用是把 FROM 子句中的表按分组属性划分为若干组,同一组内所有记录在分组属性上是相同的。一般情况,SELECT 语句中使用 GROUP BY 子句把查询得到的数据集在分类的基础上,再对每一组使用聚合函数进行分类汇总。

GROUP BY 子句用于对表或视图中的数据按字段分组,格式为:

GROUP BY[ALL]Group_by_expression[,……]

[WITH CUBE/ROLLUP]

Group_by_expression:用于分组的表达式,其中通常包含字段名。指定 ALL 将显示所有组。使用 GROUP BY 子句后,SELECT 子句中的列表中只能包含在 GROUP BY 中指出的列或在聚合函数(只返回一个值)中指定的列。WITH 指定 CUBE 或 ROLLUP 操作符,CUBE 或 ROLLUP 与聚合函数一起使用,在查询结果中增加附加记录。

2. HAVING 语句

若要输出满足一定条件的分组,则需要使用 HAVING 关键字,HAVING 子句的格式为:

HAVING Search_condition

其中,Search_condition 为查询条件,与 WHERE 子句的查询条件类似,并且可以使用聚合函数。

3. 非聚合函数使用

非聚合函数是指一般函数,如日期时间函数、字符串函数。与聚合函数一样,一般出现在 SELECT 子句或 WHERE 子句中。

例如,查询建立联系时间超过半年的客户信息,就可以使用 DATEDIFF()函数,T-SQL 命令如下:

SELECT CID AS 客户编号,CCompany AS 客户单位,CContact AS 客户联系人,CSex AS 联系人性别,
CPhone AS 客户电话,CRegTime AS 建立联系时间
FROM TB_Customer
WHERE DATEDIFF(MM,CRegTime,GETDATE())>=6

> 说明:DATEDIFF(MM,CRegTime,GETDATE())中"MM"表示时间单位"月",GETDATE()表示取得当前日期,查询条件就是当前时间与"联系时间"相差6个月以上。

再例如,查询 2013 年 12 月份中订购商品数量超过两个的商品信息,可以这样查询:

SELECT PID,COUNT(*) AS 订购数量
FROM TB_Buy
WHERE DATEPART(YYYY,BTime)=2013 and DATEPART(MM,BTime)=12
GROUP BY PID
HAVING COUNT(*)>=2

> 说明:DATEPART(YYYY,BTime)=2013 and DATEPART(MM,BTime)=12,取得年份是 2013 年和月份是 12 月。

任务 4.3　数据库的连接查询

4.3.1　任务描述与必需知识

1. 任务描述

(1)使用谓词实施连接查询。查询编号为"SM001"的业务员发展客户的情况,要求显示业务员编号、业务员姓名、客户编号、客户联系人、客户电话。

(2)内连接查询。查询每个业务员的业务员任务,要求显示业务员编号、业务员姓名、任务编号以及实施情况。

(3)自连接查询。查询部门不同但岗位级别一样的业务员信息,要求显示业务员编号、业务员姓名、所在部门编号和岗位级别。

(4)外连接查询。查询每个客户对商品的反馈情况,包括没反馈信息的客户情况,要求显示客户编号、客户联系人、商品编号、反馈时间、反馈内容和解决情况。

2. 任务必需知识

(1)连接查询:连接查询主要应用于多表进行查询,通过各个表中相同属性列的相关性进行数据查询。

(2)谓词连接:在 SELECT 语句的 WHERE 子句中使用比较运算符给出连接条件对多表进行连接。

(3)JOIN 连接:JOIN 连接又分为内连接、外连接和交叉连接,其中外连接又分为左外连接、右外连接和完全外连接。

①内连接按照 ON 所指定的连接条件连接两个表,返回满足条件的行。

自连接是指连接查询中涉及的两个表实际是同一个表,它是一种特殊的内连接。

②外连接的结果集不但包含满足连接条件的行,还包括相应表中的所有行。

左外连接是结果集中除了包括满足连接条件的行外,还包括左表的所有行。

右外连接是结果集中除了包括满足连接条件的行外,还包括右表的所有行。

完全外连接是结果集中除了包括满足连接条件的行外,还包括两个表的所有行。

③交叉连接实际上是将两个表进行笛卡尔积运算,结果集是由第一个表的每行与第二个表的每行连接后形成的,因此结果集的行数等于两个表行数之积。

4.3.2 任务实施与思考

1. 使用谓词实施连接查询

要求:查询编号为"SM001"的业务员发展客户的情况,显示业务员编号、业务员姓名、客户编号、客户联系人、客户电话。

(1)编写查询代码。根据任务要求,在查询编辑器窗口输入如下代码:

USE DB_CRM

SELECT TB_Salesman.SID,SName,CID,CContact,CPhone

FROM TB_Salesman,TB_Customer

WHERE TB_Saleman.SID=TB_Customer.SID AND TB_Saleman.SID='SM001'

> 提示:在进行多表查询时,若连接的表中有相同字段,则在引用时必须在其前面加上表名前缀,若查询的字段在各表中是唯一的,则可以不加表名前缀。

代码注释:

TB_Salesman.SID=TB_Customer.SID:将业务员表和客户表连接起来。

(2)分析与执行查询代码。执行上述代码,即可看到如图 4-7 所示的查询结果。

	SID	SName	CID	CContact	CPhone
1	SM001	王强	CR001	王林	13589698576
2	SM001	王强	CR002	张峰	13889658585
3	SM002	刘彩铃	CR003	张凌君	13958195532
4	SM002	刘彩铃	CR004	李拼	18578578569
5	SM003	李明	CR005	杨桃	13982563589
6	SM003	李明	CR006	林丽	18698585867
7	SM003	李明	CR007	陆军强	13256548231
8	SM005	林小军	CR008	徐向阳	18569842536

图 4-7 使用谓词实施连接查询结果

> 思考:不写 TB_Salesman.SID=TB_Customer.SID 条件,对结果有什么影响?

2. 内连接查询

要求:查询每个业务员的业务员任务,显示业务员编号、业务员姓名、任务编号以及实施情况。

(1)编写查询代码。根据任务要求,在查询编辑器窗口输入如下代码:

```
USE DB_CRM
SELECT TB_Salesman.SID,SName,TID,TPerform
FROM TB_Salesman INNER JOIN TB_Task
ON TB_Salesman.SID=TB_Task.SID
```

💧 提示：INNER 可以不写。

代码注释：

INNER JOIN：表示为内连接。

ON：给出连接条件。

(2)分析与执行查询代码。执行上述代码，即可看到如图 4-8 所示的查询结果。

💧 思考：内连接与谓词连接有什么区别？如何将其改为谓词连接？

图 4-8 内连接查询结果

3. 自连接查询

要求：查询部门不同但岗位级别一样的业务员信息，显示业务员编号、业务员姓名、所在部门编号和岗位级别。

(1)编写查询代码。根据任务要求，在查询编辑器窗口输入如下代码：

```
USE DB_CRM
SELECT  S1.SID,S1.SName,S1.SDID,S1.SPostID
FROM TB_Salesman AS S1 JOIN TB_Salesman AS S2
ON S1.SDID!=S2.SDID AND S1.SPostID=S2.SPostID
```

💧 提示：在自连接中，必须为表指定两个别名，使之在逻辑上成为两个表。

代码注释：

TB_Salesman AS S1：给表取个别名。

(2)分析与执行查询代码。执行上述代码，即可看到如图 4-9 所示的查询结果。

图 4-9 自连接查询结果

4. 外连接查询

要求：查询每个客户对商品的反馈情况，包括没反馈信息的客户情况，显示客户编号、客户联系人、商品编号、反馈时间、反馈内容和解决情况。

(1)编写查询代码。根据任务要求，在查询编辑器窗口输入如下代码：

```
USE DB_CRM
SELECT TB_Customer.CID,CContact,PID,FTime,FContent,FResolve
FROM TB_Customer LEFT JOIN TB_Feedback
ON TB_Customer.CID=TB_Feedback.CID
```

💧 提示：外连接可以省略 OUTER 关键字。

外连接查询

👉 职业素养——团结合作

2021 年，一条连接中国与老挝的高铁正式开通了，加强了两国的合作交流，形成了"命运共同体"，促进了"一带一路"的建设。

代码注释：

LEFT JOIN：表示左外连接。

(2) 分析与执行查询代码。执行上述代码,即可看到如图 4-10 所示的查询结果。

	CID	CContact	PID	FTime	FContent	FResolve
1	CR001	王林	PD002	2013-12-20 00:00:00.000	吸得不是很干净	正确按说明书使用
2	CR002	张峰	PD004	2013-12-01 00:00:00.000	有些手机自动关机	已送回生产商调试
3	CR002	张峰	PD008	2013-12-18 00:00:00.000	有些手机电池使用时间短	已经给予调换
4	CR003	张凌君	NULL	NULL	NULL	NULL
5	CR004	李琳	PD005	2013-10-08 00:00:00.000	系统偶尔出现蓝屏	已建议先重装系统
6	CR005	杨桃	NULL	NULL	NULL	NULL
7	CR006	林丽	NULL	NULL	NULL	NULL
8	CR007	陆军强	PD002	2013-07-15 00:00:00.000	响声较大	产品缺陷,暂时无法解决
9	CR008	徐向阳	PD004	2013-11-30 00:00:00.000	部分机器无法对交	给予调换
10	CR008	徐向阳	PD006	2013-12-28 00:00:00.000	系统重复启动	建议拿到特约维修店检测

图 4-10 外连接查询结果

思考:将本查询改写成右外连接,结果如何?表达出什么意思?

4.3.3 课堂实践与检查

1. 课堂实践

(1) 按照任务过程,完成四个子任务查询。

(2) 查询每个部门的业务员信息,要求显示业务员编号、业务员姓名、所在部门编号、部门名称。

(3) 统计至少订购过两次的客户信息,要求显示客户编号、客户单位和客户联系人。

(4) 查询每位客户的订购信息,不包括没有订购任何商品的客户订购信息,要求显示客户编号、客户单位、客户联系人、商品编号、订购时间和订购数量。

(5) 查询每位业务员的任务实施信息,包括没有任务计划的业务员任务实施信息,要求显示业务员编号、业务员姓名、所在部门编号、任务编号和实施情况。

2. 检查与问题分析

(1) 检查并相互检查课堂实践的完成情况,提出存在的问题,根据问题进行小组讨论。

(2) 基本知识(关键字)讨论:连接查询。

(3) 任务实施情况讨论:谓词连接、JOIN 连接、自连接、外连接等。

4.3.4 知识完善与拓展

1. 使用谓词实施多表连接

使用谓词进行多表连接的基本格式如下:
SELECT <输出列表>
FROM <表 1>,<表 2>
WHERE <表 1>.<列名> <连接操作符> <表 2>.<列名>
其中,连接操作符主要为:=、>、<、>=、<=、! =、<>、! >、! <。

2. JOIN 连接

T-SQL 扩展了以 JOIN 关键字指定连接的表示方式,使表的连接运算能力有了增强。FROM 子句的 joined_table 表示将多个表连接起来。joined_table 的格式为:

FROM table_source join_type table_source ON search_condition
| table_source CROSS JOIN table_source
| joined_table

其中，table_source 为需连接的表，join_type 表示连接类型，ON 用于指定连接条件。join_type 的格式为：

［INNER］JOIN
| LEFT［OUTER］JOIN
| RIGHT［OUTER］JOIN
| FULL［OUTER］JOIN

其中，INNER 表示内连接，OUTER 表示外连接，CROSS JOIN 表示交叉连接。

3. 自连接

连接操作不仅可以在不同的表上进行，也可以在同一个表中进行自连接，即将同一个表的不同行连接起来。自连接可以看作一个表的两个副本之间的连接。在自连接中，必须为表指定两个别名，使之在逻辑上成为两个表。

4. 集合运算

在执行多表数据查询时，除了可以使用 JOIN 执行连接外，还可以使用并集、交集或差集进行两个数据表的集合运行查询。但两个数据表必须满足如下条件：两个数据表的字段数相同、字段类型也对应相同或兼容。

(1)UNION 运算符可以将两个或者两个以上 SELECT 语句的查询结果集合合并成一个结果集显示，即并查询。并查询时，查询结果的列标题为第一个查询语句的列标题，因此，要定义列标题必须在第一个查询语句中定义，同时，要对并查询结果进行排序，也必须使用第一个查询语句中的列标题。并集运算语句格式如下：

SELECT 语句1
UNION
SELECT 语句2

(2)INTERSECT 运算符用于返回两个或者两个以上 SELECT 语句的查询结果集合的交集，即交查询。交集运算语句格式如下：

SELECT 语句1
INTERSECT
SELECT 语句2

(3)EXECPT 运算符用于返回两个或者两个以上 SELECT 语句的查询结果集合的差集，即差查询。差集运算语句格式如下：

SELECT 语句1
EXCEPT
SELECT 语句2

任务 4.4 数据库的子查询

4.4.1 任务描述与必需知识

1. 任务描述

(1)IN 子查询。查询有商品反馈信息的客户信息，要求显示客户编号和客户联系人。

(2)比较子查询。查询积分最高的客户信息，要求显示客户编号、客户单位、客户联系人和客户积分。

(3)EXISTS 子查询。查询从来没有购买商品的客户信息,要求显示客户编号、客户单位、客户联系人和客户电话。

2. 任务必需知识

(1)子查询:在查询条件中,可以使用另一个查询的结果作为条件的一部分,这种查询称为子查询。

(2)IN 子查询:IN 关键字用来判断一个表中指定列的值是否包含在已定义的列表中,或在另外一个表中。通过 IN 关键字把原表中目标列的值与子查询的返回结果进行比较,如果列值与子查询的结果一致或存在与之匹配的数据行,则查询结果集中就包含该数据行。

(3)比较子查询:比较子查询是指原表与子查询之间用比较运算符进行连接。ANY、ALL 和 SOME 是 SQL 支持的在子查询中进行比较的关键字。

(4)EXISTS 子查询:EXISTS 谓词用于测试子查询的结果是否为空表。若子查询的结果集不为空,则 EXISTS 返回 TRUE,否则返回 FALSE。EXISTS 还可以与 NOT 结合使用,即 NOT EXISTS,其返回值与 EXISTS 刚好相反。

4.4.2 任务实施与思考

1. IN 子查询

要求:查询有商品反馈信息的客户信息,显示客户编号和客户联系人。

(1)编写查询代码。根据任务要求,在查询编辑器窗口输入如下代码:

USE DB_CRM
SELECT CID,CContact
FROM TB_Customer
WHERE CID IN(SELECT CID
    FROM TB_Feedback)

💡 提示:IN 子查询比较的字段必须是一样的。

代码注释:

IN:用于将原表中的字段与返回的子查询的结果集进行比较。

(2)分析与执行查询代码。执行上述代码,即可看到如图 4-11 所示的查询结果。

💭 思考:怎样将本查询改为连接谓词表示形式的查询?

2. 比较子查询

要求:查询积分最高的客户信息,显示客户编号、客户单位、客户联系人和客户积分。

(1)编写查询代码。根据任务要求,在查询编辑器窗口输入如下代码:

USE DB_CRM
SELECT CID,CCompany,CContact,CIntegration
FROM TB_Customer
WHERE CIntegration >=ALL(SELECT CIntegration
    FROM TB_Customer)

💡 提示:相比较的数据类型必须是一样的。

代码注释:

ALL:表示所有的字段。

图 4-11 IN 子查询结果

(2)分析与执行查询代码。执行上述代码,即可看到如图 4-12 所示的查询结果。

图 4-12　比较子查询结果

💡 思考:ALL、SOME、ANY 各自的用法是什么?

3. EXISTS 子查询

要求:查询从来没有购买商品的客户信息,显示客户编号、客户单位、客户联系人和客户电话。

(1)编写查询代码。根据任务要求,在查询编辑器窗口输入如下代码:

```
USE DB_CRM
SELECT CID,CCompany,CContact,CPhone
FROM TB_Customer
WHERE NOT EXISTS (SELECT *
                  FROM TB_Buy
                  WHERE TB_Customer.CID=CID)
```

Exists 子查询

💡 提示:EXISTS 只返回 TRUE 或者 FALSE。

代码注释:

NOT:表示取反。

(2)分析与执行查询代码。执行上述代码,即可看到如图 4-13 所示的查询结果。

图 4-13　EXISTS 子查询结果

💡 思考:将本查询改写成 IN 子查询,代码如何写?

> **职业素养——举一反三**
>
> 　　孔子说:"举一隅,不以三隅反,则不复也",告诉我们学一件东西,要灵活地思考,然后运用到其他相类似的东西上。

4.4.3　课堂实践与检查

1. 课堂实践

(1)按照任务实施过程的要求完成各子任务并检查实施结果。

(2)使用子查询,查询客户积分高于 70 的客户信息,要求显示客户编号、信用档案编号、客户品德及素质评分。

(3)使用子查询,统计至少订购过两次的客户信息,要求显示客户编号、客户单位和客户联系人。

(4)使用子查询,查询不良记录评分最高的客户信息,要求显示客户编号、客户单位和客户联系人。

(5)使用子查询,查询比上海客户信用评分高的浙江的客户信息,要求显示客户编号、客户单位和客户联系人。

(6)使用子查询,查询在2013年没有任务计划的业务员信息,要求显示业务员编号、业务员姓名和所在部门编号。

2. 检查与问题讨论

(1)检查并相互检查课堂实践的完成情况,提出存在的问题,根据问题进行小组讨论。
(2)基本知识(关键字)讨论:子查询。
(3)任务实施情况讨论:IN 子查询、比较子查询、EXISTS 子查询等。

4.4.4 知识完善与拓展

T-SQL 允许 SELECT 多层嵌套使用,用来表示复杂的查询。子查询除了可以用在 SELECT 语句中,还可以用在 INSERT、UPDATE 及 DELETE 语句中。

连接和子查询可能都要涉及两个或多个表,要注意连接与子查询的区别:连接可以合并两个或多个表中的数据,而带子查询的 SELECT 语句的结果只能来自一个表,子查询的结果是为选择数据提供参照的。

有些查询既可以使用子查询表示,也可以使用连接表示。通常使用子查询表示时可以将复杂的查询分解为一系列的逻辑步骤,条理清晰,而使用连接表示时执行速度比较快。

1. IN 子查询

IN 子查询用于判断一个给定值是否在子查询的结果集中,格式为:

expression [NOT] IN (subquery)

其中,subquery 是子查询。当表达式 expression 与子查询 subquery 的结果集中的某个值相等时,IN 谓词返回 TRUE,否则返回 FALSE;若使用了 NOT,返回的值刚好相反。

2. 比较子查询

比较子查询可以认为是 IN 子查询的扩展,它让表达式的值与子查询的结果进行比较运算,格式为:

expression 比较运算符 [ALL | SOME | ANY](subquery)

其中,expression 是要进行比较的表达式,subquery 是子查询。ALL、SOME 和 ANY 说明对比较运算的限制。

ALL 指定表达式要与子查询结果集中的每个值都进行比较,当表达式与每个值都满足比较的关系时,才返回 TRUE,否则返回 FALSE。

SOME 或 ANY 表示表达式只要与子查询结果集中的某个值满足比较的关系时,就返回 TRUE,否则返回 FALSE。

例如,查询客户积分在平均积分以上的客户信息。要求显示的客户编号、客户单位、客户联系人和客户积分,代码如下:

```
USE DB_CRM
SELECT CID,CCompany,CContact,CIntegration
FROM TB_Customer
WHERE CIntegration >(SELECT AVG(CIntegration)
                    FROM TB_Customer)
```

3. EXISTS 子查询

在 SQL 中,关键字 EXISTS 代表"存在"的含义,它只查找满足条件的记录,一旦找到第一个匹配的记录,马上停止查找。带 EXISTS 的子查询不返回任何记录,只产生逻辑值 TRUE

或者 FALSE,它的作用是在 WHERE 子句中测试子查询返回的行是否存在。

格式为:

［NOT］EXISTS（subquery）

任务 4.5　创建和使用视图

4.5.1　任务描述与必需知识

1. 任务描述

(1)创建视图。创建一个名称为 V_Customer 的视图,视图包括客户表的客户编号、客户单位、客户联系人、客户电话、客户积分和客户信用等级。

(2)管理视图。对 V_Customer 视图进行修改,要求添加负责客户的业务员编号。

(3)利用视图进行数据查询。查询 V_Customer 中业务员 SM001 联系的客户信息。

(4)利用视图进行数据更新。将业务员 SM001 联系的客户积分加 10。

2. 任务必需知识

(1)视图的概念。视图(VIEW)是一种虚拟表,视图本身并不包含任何数据或信息,可以将视图想象成由一个或者多个表所组成的存储在数据库中的查询,视图中的数据与数据表中的数据是同步的,当对数据进行操作时,系统根据视图的定义去操作与视图相关联的数据表。视图一旦定义好,就可以像普通的数据表一样进行数据操作,如查询、修改、删除等。

视图中的数据可以来自一个或多个基本表,也可以来自视图。视图可以使用户集中在他们感兴趣或关心的数据上,而不需要考虑那些不必要的数据,也保护了其他数据的安全。

(2)常用视图。下列几种视图经常会使用,投影、选择、连接产生的视图:

①显示来自基本表的部分列数据,例如显示客户的姓名、性别、信用度。

②显示来自基本表的部分行数据,例如显示信用度为 A 级的客户信息。

③显示由多个基本表或视图连接组成的数据。例如,将多表连接后的查询创建为视图。

(3)使用图形化界面创建视图的步骤:

①新建视图。在数据库的"视图"结点,选择"新建视图",在弹出的"添加表"对话框中添加建立视图要用到的表。

②设计视图。添加完数据表后,进入视图设计器,选择需要的字段。

③保存视图。

4.5.2　任务实施与思考

1. 创建视图

要求:创建名为 V_Customer 的视图,视图包括客户表的客户编号、客户单位、客户联系人、客户电话、客户积分和客户信用等级。

在 SQL Server 中,创建视图有两种主要方法:使用图形化界面创建和使用 T_SQL 语句创建。

(1)使用图形化界面创建视图

①新建视图。展开 DB_CRM 数据库,用鼠标右击"视图"结点,选择"新建视图",如图 4-14 所示。在弹出的"添加表"对话框中添加建立视图要用到的表 TB_Customer。

②设计视图。添加完数据表后,进入视图设计器,选择 TB_Customer 表中的客户编号、客户单位、客户联系人、客户电话、客户积分和客户信用等级,如图 4-15 所示。

③保存视图。将新建的视图保存为 V_Customer,在使用时可通过直接访问 V_Customer 来获取相应的数据。

(2)使用 T-SQL 语句创建视图 V_Customer

①编写代码。打开查询编辑器窗口,输入如下代码:
CREATE VIEW V_Customer
AS
SELECT CID,CCompany,CContact,CPhone,CIntegration,CCredit
FROM TB_Customer

图 4-14 新建视图

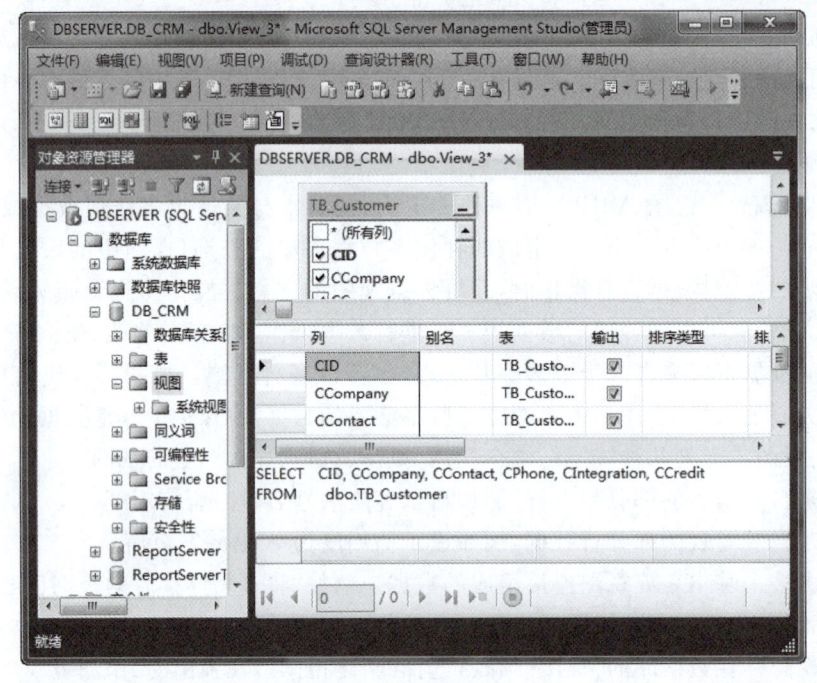

图 4-15 设计视图

> 提示:VIEW 为视图关键字;AS 关键字必须写。

②创建视图。单击工具栏上的"执行"按钮,完成视图的创建。创建完成后即可在资源管理的视图结点中看到名字为 V_Customer 的视图。

2. 管理视图

要求:对 V_Customer 视图进行修改,要求添加负责客户的业务员编号。

(1)使用图形化界面管理视图

①管理视图。在 DB_CRM 数据库的"视图"结点,找到 V_Customer 视图,右击,选择"设计",如图 4-16 所示,打开视图设计环境,具体设计过程类似创建视图,可以增加或者减少字段。

②命名和删除视图。在图 4-16 中,可以选择"重命名"和"删除"命令,分别完成视图的重命名和删除。

(2)使用 T-SQL 语句管理视图 V_Customer

①打开查询编辑器窗口,输入如下代码:

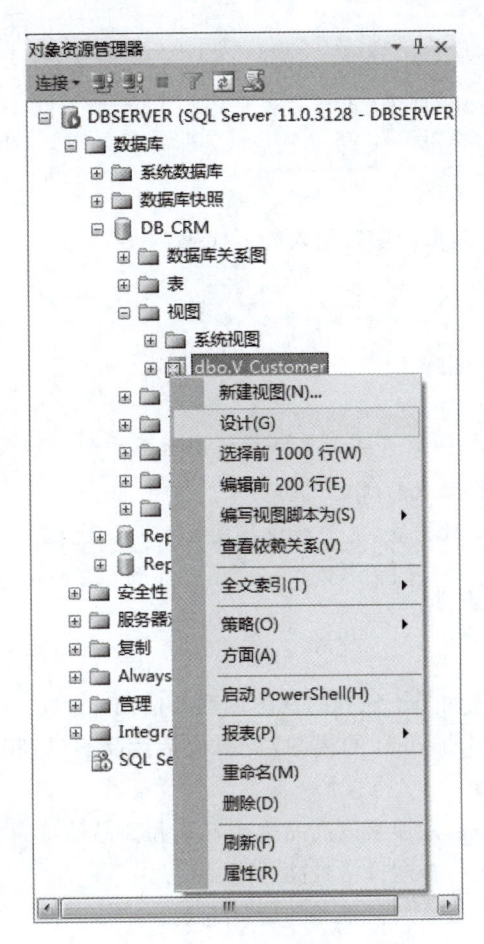

图 4-16 管理视图

ALTER VIEW V_Customer

AS

SELECT CID,CCompany,CContact,CPhone,CIntegration,CCredit,SID

FROM TB_Customer

提示：ALTER VIEW：表示修改视图。

代码运行后即可修改视图的内容。

3. 利用视图进行数据查询

要求：查询 V_Customer 中业务员 SM001 联系的客户信息。

(1)编写查询代码。根据任务要求，在查询编辑器窗口输入如下代码：

USE DB_CRM

SELECT *

FROM V_Customer

WHERE SID='SM001'

提示：创建好的视图和表一样可以被查询。

(2)分析与执行查询代码。执行上述代码，即可看到如图 4-17 所示的查询结果。

4. 利用视图进行数据更新

要求：将业务员 SM001 联系的客户积分加 10。

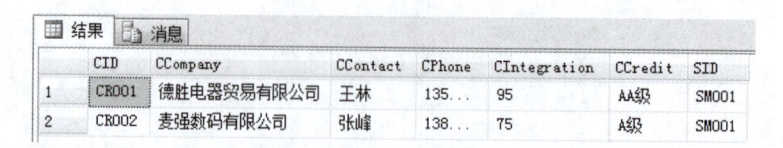

图 4-17　视图查询结果

根据任务要求,在查询编辑器窗口输入如下代码:

```
USE DB_CRM
UPDATE V_Customer
SET CIntegration=CIntegration+10
WHERE SID='SM001'
```

提示:所更新的数据的数据类型要满足视图所基于的数据表的列定义的数据类型。所更新的数据要满足数据表的所定义的约束。

若一个视图依赖于多个数据表,则更新该视图时,一次只能更新一个数据表的数据。

4.5.3　课堂实践与检查

1. 课堂实践

(1)按照任务过程,完成四个子任务的视图创建与使用。

(2)创建一个名称为 V_Product 的视图,视图包括商品表的商品编号、商品名称、商品价格、商品类型。

(3)修改视图 V_Product,添加字段商品生产日期和商品质量。

(4)利用视图 V_Product,查询价格最高的商品信息。

(5)利用视图 V_Product,添加一条商品信息记录。

(6)利用视图 V_Product,修改前面添加的一条商品信息记录。

(7)利用视图 V_Product,删除一条商品信息记录。

2. 检查与问题讨论

(1)检查并相互检查课堂实践的完成情况,提出存在的问题,根据问题进行小组讨论。

(2)基本知识(关键字)讨论:视图、视图的作用。

(3)任务实施情况讨论:视图的创建、视图的使用。

职业素养——多角度思考

弗洛依德的精神分析法旨在发现一个全新的视角。而苹果、小米等公司则以全新的视角,开发出某种前所未有的全新的商业模式。

4.5.4　知识完善与拓展

1. 视图的作用

(1)为最终用户减少数据库呈现的复杂性。客户端只要对视图写简单的代码,就能返回所需要的数据,一些复杂的逻辑操作,放在了视图中来完成。

(2)防止敏感的列被选中,同时仍然提供对其他重要数据的访问。

(3)对视图添加一些额外的索引,来提高查询的效率。

视图其实没有改变任何事情,只是对访问的数据进行了某种形式的筛选。考虑一下视图的作用,应该能看到视图的概念如何为缺乏经验的用户简化数据(只显示他们关心的数据),或者不给予用户访问基础表的权利,但授予他们访问不包含敏感数据视图的权利,从而提前隐藏敏感数据。

2. 使用 T-SQL 语句创建视图和管理视图

(1)创建视图

创建视图可以通过 Management Studio 创建,也可以通过使用 T-SQL 的 CREATE VIEW 语句创建。

T-SQL 使用命令 CREATE VIEW 创建视图,其基本格式为:

CREATE VIEW

[<database_name>.] view_name [(column [,...n])]

AS

select_statement

[WITH CHECK OPTION]

各参数的含义说明如下:

view_name:表示视图名称。

select_statement:构成视图的主体。利用 SELECT 命令从表或视图中选择列构成新视图的列。但在 SELECT 语句中,不能使用 ORDER BY 语句,不能使用 INTO 关键字,不能使用临时表。

WITH CHECK OPTION:表示对视图进行 UPDATA、INSERT、DELETE 操作时,要保证更新、插入或删除的记录,满足视图定义中子查询的条件表达式。

例如,创建一个业务员视图 V_Salesman,包括业务员编号、业务员姓名和所在部门编号,代码如下:

CREATE VIEW V_Salesman

AS

SELECT SID,SName,SDID

FROM TB_Salesman

(2)修改视图

T-SQL 使用命令 ALTER VIEW 修改视图,其基本格式为:

ALTER VIEW

[<database_name>.] view_name [(column [,...n])]

AS

select_statement

例如,对视图 V_Salesman 进行修改,添加岗位级别字段,代码如下:

ALTER VIEW V_Salesman

AS

SELECT SID,SName,SDID,SPostID

FROM TB_Salesman

(3)删除视图

T-SQL 使用命令 DROP VIEW 删除视图,其基本格式为:

DROP VIEW view_name

例如,删除视图 V_Salesman,代码如下:

DROP VIEW V_Salesman

3. 使用视图

视图可以像表一样进行数据的查询和数据的更新,对视图的数据进行操作时,数据库会根据视图去操作与视图相关联的基本表,所以对视图的数据进行更新操作时要符合基本表对数据的定义和约束。

(1)利用视图查询数据

创建视图后,就可以像查询数据表一样对视图进行查询。

(2)利用视图添加数据

使用 INSERT 语句可以利用视图向数据表插入数据,例如,向 V_Salesman 插入一条数据,代码如下:

USE DB_CRM
INSERT INTO V_Salesman(SID,SName,SDID)
VALUES('SM006','张可','D001')

(3)利用视图修改数据

使用 UPDATE 语句可以利用视图修改数据表的数据,例如,利用 V_Salesman,将业务员编号为 SM006 的所在部门修改为 D002,代码如下:

USE DB_CRM
UPDATE V_Salesman SET SDID='D002'
WHERE SID='SM006'

(4)利用视图删除数据

使用 DELETE 语句可以利用视图删除数据表的数据,例如,删除业务员编号为 SM006 的业务员信息,代码如下:

USE DB_CRM
DELETE V_Salesman WHERE SID='SM006'

综合训练 4　查询 HR 人力资源管理数据库

1. 实训目的与要求

(1)掌握简单查询的基本方法。

(2)掌握统计查询的基本方法。

(3)掌握连接查询的基本方法。

(4)掌握子查询的基本方法。

(5)掌握建立和使用视图的基本方法。

(6)通过小组学习讨论,培养团队合作精神和交流能力。

2. 实训内容与过程

参照上一章的综合实训 HR 人力资源管理数据库数据结构及数据,进行数据库查询和视图创建。

(1)从员工表中查询出生日期在 1980 年到 1990 年之间的员工编号、手机号码、性别、年龄、手机号码,并保存成 select1.sql 脚本文件。

(2)查询姓"王"的员工信息,显示员工编号、姓名、性别、年龄、手机号码、所在部门名称、职位名称等,并保存成 select2.sql 脚本文件。

(3)查询员工的工资信息,包括显示员工编号、姓名、应发工资、实发工资、税、基本工资等,并保存成 select3.sql 脚本文件。

(4)查询"市场部"工资最高的前两位员工信息,并保存成 select4.sql 脚本文件。

(5)使用子查询查询比"王强"实发工资高的员工,并保存成 select5.sql 脚本文件。

(6)查询 2014 年参加培训的员工姓名、培训项目名称、参加培训时间及是否通过培训等信息,并保存成 select6.sql 脚本文件。

(7)查询没有参加过任何培训的员工编号、姓名、年龄和学历等信息,并保存成 select7.sql 脚本文件。

(8)使用 T-SQL 语句创建名为 View_Employee1 的视图,用于显示员工编号、姓名、性别、年龄、学历、住址、手机号码、出生日期、职位名称、部门名称,并保存成 view1.sql 脚本文件。

(9)使用 T-SQL 语句创建名为 View_Employee2 的视图,用于显示部门员工数量大于两人的信息,显示部门编号、部门人数,并保存成 view2.sql 脚本文件。

(10)使用 T-SQL 语句创建名为 View_Employee3 的视图,用于显示"没通过培训考核"的员工编号、姓名、所在部门及培训项目名称、参加培训时间,并保存成 view3.sql 脚本文件。

知识提升

专业英语

查询:SELECT 分组:GROUP BY
统计:COUNT 连接:JOIN
排序:ORDER BY 存在:EXISTS
视图:VIEW

考证天地

(1)考点归纳

根据新版《数据库系统工程师考试大纲》(2020 年 12 月清华大学出版社出版发行),涉及考点包括 SELECT 语句的基本结构、简单查询、分组查询、连接查询、子查询等方面。

①SELECT 语句的基本结构:

SELECT [ALL|DISTINCT] <目标列表达式> [,<目标列表达式>]…
　　FROM <表名或视图名>[,<表名或视图名>]
　　[WHERE <条件表达式>]
　　[GROUP BY <列名 1> [HAVING <条件表达式>]]
　　[ORDER BY <列名 2> [ASC|DESC]…]

其中,子句顺序是:SELECT、FROM、WHERE、GROUP BY、HAVING 和 ORDER BY,HAVING 只能和 GROUP BY 搭配使用。

SELECT 对应关系代数运算中的投影运算;FROM 对应笛卡尔积;WHERE 对应选择。

SELECT 查询中没有全程量词,也没有逻辑蕴涵,但可以通过谓词转换来实现。

②简单查询:对数据表进行简单查询。

③分组查询:GROUP BY 子句用于分组。HAVING 子句用于如果在元组被分组之前需要按某种方式加以限制,使不需要的分组为空,可以在 GROUP BY 子句后面加一个 HAVING 子句。

注意：空值在任何聚集操作中都会被忽视，COUNT(*)是计算某个关系中所有元组数目之和，但 COUNT(A)是计算 A 属性中非空的元组个数之和。

④连接查询：将多张表连接起来进行查询。

⑤子查询：包括 IN 子查询、比较子查询和 EXISTS 子查询。

(2)真题分析(2010 年 5 月数据库系统工程师下午试题二)

天津市某银行信息系统的数据库部分关系模型如下所示：

客户（客户号，姓名，性别，地址，邮编，电话）

账户（账户号，客户号，开户支行号，余额）

支行（支行号，支行名称，城市，资产总额）

交易（交易号，账户号，业务金额，交易日期）

其中，业务金额为正值表示客户向账户存款；为负值表示取款。

①现银行决策者希望查看在天津市各支行开户且 2009 年 9 月使用了银行存取服务的所有客户的详细信息，请补充完整相应的查询语句。

(交易日期形式为'2000-01-01')

SELECT DISTINCT 客户.*

FROM 客户，账户，支行，交易

WHERE 客户.客户号＝账户.客户号 AND

账户.开户支行号＝支行.支行号 AND ___(a)___ AND

交易.账户号＝账户.账户号 AND ___(b)___ ；

上述查询优化后的语句如下，请补充完整。

SELECT DISTINCT 客户.*

FROM 客户，账户，___(c)___ AS 新支行，___(d)___ AS 新交易

WHERE 客户.客户号＝账户.客户号 AND

账户.开户支行号＝新支行.支行号 AND

新交易.账户号＝账户.账户号；

②假定一名客户可以申请多个账户，给出在该银行当前所有账户余额之和超过百万的客户信息并按客户号降序排列。

SELECT *

FROM 客户

WHERE ___(e)___

 (SELECT 客户号 FROM 账户 GROUP BY 客户号 ___(f)___ 或等价表示)

ORDER BY ___(g)___ ；

分析：

本题考查 SQL 语句的基本语法与结构知识。

①根据问题要求应在表连接条件的基础上，添加两个条件：支行关系的城市属性值为"天津市"，即支行.城市＝'天津市'；在 2009 年 9 月存在交易记录，由于交易日期形式为'2000-01-01'，所以需要通过模糊匹配来实现，用 LIKE 关键词和通配符表示，即交易.交易日期 LIKE '2009-09-%'。

WHERE 子句中条件的先后顺序会对执行效率产生影响。假如解析器是按照先后顺序依次解析并列条件，优化的原则是：表之间的连接必须出现在其他 WHERE 条件之后，那些可以过滤掉最多条记录的条件尽可能出现在 WHERE 子句中其他条件的前面。要实现上述优

化过程,可以重新组织 WHERE 条件的顺序或者通过嵌套查询以缩小连接记录数目的规模来实现。

根据问题要求,考生需要添加两个子查询以缩小参与连接的记录的数目,即筛选出天津市的所有支行(SELECT＋FROM 支行 WHERE 城市＝′天津市′),而且找到 2009 年 9 月发生的交易记录(SELECT＋FROM 交易 WHERE 交易日期 LIKE′2009-09-%′),然后再做连接查询。

②根据问题要求,可通过予查询实现"所有账户余额之和超过百万的客户信息"的查询;对 SUM 函数计算的结果应通过 HAVING 条件语句进行约束;降序通过 DESC 关键字来实现。

答案:

①(a)支行.城市＝′天津市′

(b)交易.交易日期 LIKE′2009-09-%′或等价表示

(c)(SELECT * FROM 支行 WHERE 城市＝′天津市′)

(d)(SELECT * FROM 交易 WHERE 交易日期 LIKE′2009-09-%′)或等价表示

②(e)客户号 IN

(f)HAVING SUM(余额)＞1000000.00 或等价表示

(g)客户号 DESC

问题探究

1. 简述 SQL Server 全文搜索含义

全文搜索(Full-text Search)是指使用关键词寻找 SQL Server 数据库中的文字内容数据,它是一种以特定语言规则为基础(指分析过滤出文字数据中单词或词组的规则)的单词或词组搜索,如 Yahoo 或 Google 搜索引擎就属于全文搜索。全文搜索可以用于大量非结构化文字数据的查询。

在 SQL Server 执行全文搜索前,需要创建全文目录和索引,其说明如下:

①全文目录(Full-text Catalogs):全文目录包含多个全文索引,这些索引存储在 SQL Server 数据库中。全文目录方便管理执行全文搜索所需的众多全文索引。

②全文索引(Full-text Indexes):针对数据库的数据表创建全文索引,其内容是存储单词或词组在指定记录的位置信息。简单地说,SQL Server 就是使用这些索引信息来执行全文搜索。

SQL Server 全文搜索除了可以对 char、varchar、nvarchar 和 xml 等类型的字段创建全文索引外,还可以针对存储在 varbinary(max)二进制类型字段的 Word 等文件内容创建全文索引。

在使用全文搜索之前,必须利用 SQL Server 配置管理器启动 SQL Server 的全文搜索服务,然后创建全文目录、创建全文索引,才能使用全文搜索。

2. 简述视图的优缺点

(1)视图的优点

①简单性。视图不仅可以简化用户对数据的理解,也可以简化他们的操作。那些被经常使用的查询可以被定义为视图,从而使用户不必为以后的操作每次都指定全部的条件。

②安全性。通过视图用户只能查询和修改他们所能见到的数据。数据库中的其他数据则既看不见也取不到。数据库授权命令可以使每个用户对数据库的检索限制到特定的数据库对象上,但不能授权到数据库特定行和特定的列上。通过视图,用户可以被限制在数据的不同子集上。

③逻辑数据独立性。视图可以使应用程序和数据库表在一定程度上独立。如果没有视图,应用一定是建立在表上的。有了视图之后,程序可以建立在视图之上,从而程序与数据库表被视图分割开来。

(2)视图的缺点

①性能:SQL Server 必须把视图的查询转化成对基本表的查询,如果这个视图是由一个复杂的多表查询所定义,那么,即使是视图的一个简单查询,SQL Server 也把它变成一个复杂的结合体,需要花费一定的时间。

②修改限制:当用户试图修改视图的某些行时,SQL Server 必须把它转化为对基本表的某些行的修改。对于简单视图来说,这是很方便的,但是,对于比较复杂的视图,可能是不可修改的。

技术前沿

SQL Server 2012 对 T-SQL 进行了大幅增强,其中包括支持 ANSI FIRST_VALUE 和 LAST_VALUE 函数,支持使用 FETCH 与 OFFSET 进行声明式数据分页,以及支持.NET 中的解析与格式化函数。

目前,对于实现服务端分页,SQL Server 开发人员倾向于选择使用命令式技术,如将结果集加载入临时表,对行进行编号,然后从中挑选感兴趣的范围。有一些开发人员选择使用更加时髦的 ROW_NUMBER 和 OVER 模式。另外,还有一些开发人员坚持使用游标。虽然这些技术都不是太难,但是它们可能会较为耗时并且容易出错。不仅如此,由于每个开发人员都有自己中意的实现方式,从而造成实现技术不一致。

SQL Server 2012 通过增加声明式数据分页解决了该问题。开发人员可以通过在 T-SQL 的 ORDER BY 子句后加上 OFFSET 和 FETCH NEXT 选项来完成数据分页。目前 SQL Server 并没有为其做性能优化,而只是帮助完成用户需要手工完成的工作。正如 Greg Low 博士在演讲中所说,只有当用户知道你试图解决的问题是什么,而不是知道你怎样去解决问题的时候,他们才可以更好地编写出查询优化来对性能进行改善。

SQL Server 2012 T-SQL 对分页的增强尝试:

SQL Server 2012 中在 ORDER BY 子句之后新增了 OFFSET 和 FETCH 子句来限制输出的行数从而达到了分页效果。相比较 SQL Server 2005/2008 的 ROW_Number 函数而言,使用 OFFSET 和 FETCH 不仅语法更加简单,并且拥有了更优的性能。

OFFSET 和 FETCH 关键字在 ORDER BY 子句中的格式如下:

```
order_by_expression
    [collation_name]
    [ | ]
    [ ,...n ]
[ <offset_fetch> ]
<offset_fetch>::=
{
    OFFSET { integer_constant | offset_row_count_expression } { ROW | }
    [
        { | }{integer_constant | fetch_row_count_expression } { ROW | }
    ]
}
```

OFFSET 使用简单,首先在 OFFSET 之后指定从哪条记录开始取。其中,取值的数可以是常量也可以是变量或者表达式。然后,通过 FETCH 关键字指定取多少条记录,同样,取的记录条数也可以是常量、变量、表达式。

本章小结

1. 简单查询:对数据投影、选择、排序等进行简表查询。
2. 统计查询:聚合函数使用、分组统计等查询。
3. 连接查询:谓词连接、内连接、自连接、外连接等查询。
4. 子查询:在查询条件中,可以使用另一个查询的结果作为条件的一部分。
5. 视图:是一种虚拟表,视图本身并不包含任何数据或信息,可以将视图想象成由一个或者多个表所组成的存储在数据库中的查询,视图中的数据与数据表中的数据是同步的,当对数据进行操作时,系统根据视图的定义去操作与视图相关联的数据表。视图一旦定义好,就可以像普通的数据表一样进行数据操作,如查询、修改、删除等。

思考习题

一、选择题

1. 在 SELECT 语句中,下列子句用于对分组统计进一步设置条件的子句为(　　)。
   A. ORDER BY　　　B. GROUP BY　　　C. WHERE　　　D. HAVING
2. 在 SQL 查询语句中,正确的子句顺序是(　　)。
   A. WHERE—GROUP BY—HAVING—ORDER BY
   B. GROUP BY—HAVING—ORDER BY—WHERE
   C. WHERE—HAVING—GROUP BY—ORDER BY
   D. GROUP BY—ORDER BY—HAVING—WHERE
3. SQL 查询语句中 HAVING 子句的作用是(　　)。
   A. 指出分组查询的范围　　　　　B. 指出分组查询的值
   C. 指出分组查询的条件　　　　　D. 指出分组查询的字段
4. 采用 SQL 查询语言对关系进行查询操作,若要求查询结果中不能出现重复元组,可在 SELECT 子句后增加保留字(　　)。
   A. DISTINCT　　　B. UNIQUE　　　C. NOT NULL　　　D. SINGLE
5. 一个查询的结果成为另一个查询的条件,这种查询被称为(　　)。
   A. 连接查询　　　B. 内查询　　　C. 自查询　　　D. 子查询
6. 在 SELECT 语句中使用 *,表示(　　)。
   A. 选择任何属性　　　　　　　　B. 选择所有属性
   C. 选择所有元组　　　　　　　　D. 选择主键
7. 给定关系模式如下:学生(学号,姓名,专业),课程(课程号,课程名称),选课(学号,课程号,成绩)。查询所有学生的选课情况的操作是(　　)。
   A. 学生 JOIN 选课　　　　　　　B. 学生 LEFT JOIN 选课
   C. 学生 RIGHT JOIN 选课　　　　D. 学生 FULL JOIN 选课

8. INSERT SELECT 语句的功能（　　）。
   A. 向新表中插入数据　　　　　　B. 执行插入查询
   C. 修改数据　　　　　　　　　　D. 删除数据

9. 在关系数据库系统中，为了简化用户的查询操作，而又不增加数据的存储空间，常用的方法是创建（　　）。
   A. 另一个表　　　B. 游标　　　C. 视图　　　D. 索引

10. SQL 中创建视图应使用（　　）语句。
    A. CREATE SCHEMA　　　　　　B. CREATE TABLE
    C. CREATE VIEW　　　　　　　　D. CREATE DATEBASE

二、填空题

1. 在 SQL Server 中，使用_____关键字，用于查询时只显示前面几行数据。

2. 在查询条件中，可以使用另一个查询的结果作为条件的一部分，例如判定列值是否与某个查询的结果集中的值相等，作为查询条件一部分的查询称为_____。

3. EXISTS 谓词用于测试子查询的结果是否为空表。若子查询的结果集不为空，则 EXISTS 返回_____，否则返回_____。EXISTS 还可以与 NOT 结合使用，即 NOT EXISTS，其返回值与 EXISTS 刚好_____。

4. 使用视图的原因有两个：一是出于_____上的考虑，用户不必看到整个数据库结构而隐藏部分数据；二是符合用户日常业务逻辑，使他们对数据更容易理解。

三、简答题

1. HAVING 子句与 WHERE 子句中的条件有什么不同？
2. 举例说明什么是内连接、外连接和交叉连接？
3. 子查询主要包括哪几种？
4. 创建视图的作用是什么？

第 5 章

数据库编程

在前面的章节中,已经介绍了很多使用 T-SQL 操作数据库、数据表以及数据记录的方法,使用这些方法可以灵活方便地操作 SQL Server 数据库。然而,只使用单个 T-SQL 语句来操作数据还未能充分发挥 T-SQL 语言的作用。T-SQL 还可以像其他编程语言一样,通过进行相应的编程使用数据库。通过在存储过程、触发器以及事务中进行数据库编程,可以在数据库中实现更为强大的功能和控制,提高数据库管理与数据处理效率。

本章主要介绍数据库编程基础,创建与执行存储过程、创建与验证触发器的基本方法,事务控制与并发处理的方法。

教学目标

- 掌握 T-SQL 中变量和常量的使用方法。
- 掌握 T-SQL 中表达式和函数的使用方法。
- 掌握 T-SQL 中流程控制语句的使用方法。
- 掌握存储过程及触发器的设计和使用方法。
- 掌握事务的使用方法。
- 理解 SQL Server 中存储过程及触发器的概念及运行机制。
- 理解 SQL Server 中事务的处理机制。

教学任务

【任务 5.1】数据库编程基础
【任务 5.2】创建与执行存储过程
【任务 5.3】创建与验证触发器
【任务 5.4】事务控制与并发处理

任务 5.1 数据库编程基础

5.1.1 任务描述与必需知识

1. 任务描述

(1)简单数据库编程。在客户关系管理数据库中根据输入的商品名称,得到商品的价格。

(2)带逻辑结构数据库编程。在客户关系管理数据库中根据输入的商品名称判断该商品是否存在,对不存在的商品给出提示信息,而对存在的商品则输出其价格和优惠。

2. 任务必需知识

(1)数据库编程

SQL Server 采用 T-SQL(Transact-SQL)来进行数据库编程。T-SQL 的全称是结构化查询语言,是微软在标准 SQL 的基础上定义的新语言。T-SQL 提供了丰富的编程结构,用户可以通过灵活地使用这些编程结构来实现任意复杂的应用规则,从而可以得到任意复杂的查询语句。SQL Server 中,用户还可以使用 T-SQL 语句编写由变量以及流程控制语句等组成的服务器端程序,并用这些程序来实现复杂的程序逻辑以及特定的功能。

(2)变量

T-SQL 中的变量分为全局变量和局部变量。全局变量采用@@开头,由 SQL Server 系统提供并赋值,用户不能建立全局变量,也不能给全局变量赋值。局部变量是可由用户定义,用来存储指定数据类型的单个数据值的对象,因此在数据库编程中主要使用局部变量。局部变量用 DECLARE 语句声明,初始值为 NULL,由 SET 或 SELECT 赋值,只能用在声明该变量的过程实体中,其名称采用@符号开头。定义局部变量的语法如下:

DECLARE　@变量名称　变量类型

(3)表达式和运算符

表达式是由变量、常量、运算符以及函数等组成的语句。运算符是一种符号,用来指定要在一个或多个表达式中执行的操作。最基本的运算符有:算术运算符、赋值运算符以及比较运算符等。

(4)流程控制语句

和其他的计算机编码语言一样,T-SQL 也提供了用于编写过程性代码的语法结构,可以用来进行顺序、分支、循环、存储过程、触发器等程序设计,编写结构化的模块代码。基本的流程控制语句包括有:

BEGIN…END,用来定义语句块,让语句块作为一个整体执行,其语法如下:

BEGIN

　　语句序列

END

IF…ELSE,用来根据条件执行相应的语句或语句序列,其语法如下:

IF　条件表达式

　　语句序列 1

[ELSE

　　语句序列 2]

WHILE,用来重复执行语句或语句序列,其语法如下:

WHILE　布尔表达式

BEGIN

　　语句序列

END

5.1.2 任务实施与思考

1. 简单数据库编程

要求:在客户关系管理数据库中根据输入的商品名称,得到商品的价格。

(1)打开 SSMS。启动 SQL Server Management Studio 并建立与数据库引擎的连接。

(2)打开查询编辑器。在 SSMS 的工具栏中单击"新建查询"按钮,进入查询编辑器窗口。与建立数据库查询一样,数据库编程也是在 SQL Server 的查询分析器中进行。

(3)编写 T-SQL 代码。根据本任务步骤的要求,在查询编辑器中编写相应的 T-SQL 代码,代码如下:

USE DB_CRM

——打开数据库 DB_CRM

GO

DECLARE @productName varchar(20),@productPrice decimal(15,2)

SET @productName='Iphone5S'

——使用 SET 对变量@productName 赋值

SELECT @productPrice=PPrice from TB_Product WHERE PName=@productName

——使用 SELECT 在完成查询的同时对变量@productPrice 赋值

PRINT @productPrice

——使用 PRINT 将变量@productPrice 的值输出

思考:使用 SELECT 可以对变量@productName 进行赋值吗?

(4)执行 T-SQL 代码。在查询编辑器中编写好代码后,可以直接执行代码。与数据库查询一样,可以通过单击查询编辑器菜单上的 ✓ 来对代码进行语法分析,以确定所编写的代码是否存在语法问题。同样,通过单击"执行"即可执行所编写的代码。

(5)查看执行结果。代码执行后,可以看到如图 5-1 所示的代码执行消息。在"消息"栏中,可以看到变量"@productPrice"的输出内容,即名称为"Iphone5S"的商品价格是 5280 元。

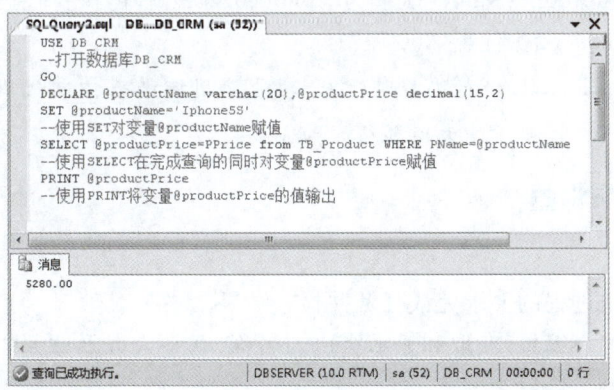

图 5-1 代码执行消息

提示:在 T-SQL 编程中,可以使用"- -"和"/ * … * /"两种方式来对代码进行注释。其中,"- -"用来进行单行注释,而"/ * … * /"则用来对多行代码进行注释。

2. 带逻辑结构数据库编程

要求:在客户关系管理数据库中根据输入的商品名称判断该商品是否存在,对不存在的商品给出提示信息,而对存在的商品则输出其价格和优惠。

(1)编写 T-SQL 代码。根据本任务步骤的要求,在查询编辑器中编写相应的 T-SQL 代码,代码如下:

```
USE DB_CRM
    ——打开数据库 DB_CRM
GO
DECLARE @productName varchar(20),@productPrice decimal(15,2),@productSale varchar(10)
SET @productName='Iphone5S'
IF EXISTS (SELECT * FROM TB_Product WHERE PName=@productName)
    ——在 IF 条件中使用 EXISTS 来判断名称为@productName 的商品是否存在
BEGIN
    ——BEGIN 表示语句序列的开始
    SELECT @productPrice=PPrice,@productSale=PSale FROM TB_Product
    WHERE PName=@productName
    PRINT '价格:'+cast(@productPrice as varchar(50))+' 优惠:'+@productSale
/* 使用 PRINT 输出变量@productPrice 和@productSale 的值,并使用连字符"+"将变量和说明性的字符串'价格:'和'优惠:'连接起来 */
END
    ——END 表示语句序列的结束
ELSE
    PRINT '没有找到相应的商品'
    ——在没有找到对应商品的情况下,输出提示信息
```

思考:除了使用 EXISTS,还有其他的办法来判断商品是否存在吗?

(2)执行代码并查看结果。首先,将变量"@productName"赋值为"Iphone5S",执行代码后可以看到在消息框中输出了"没有找到相应的商品",表示商品"Iphone5S"在数据表中不存在。

接下来将变量"@productName"赋值为"Iphone5S",然后再执行代码后则可看到消息框中的输出为"价格:5 280.00 优惠:200 元"。

提示:在使用 T-SQL 进行编程时,要合理地使用缩进来控制代码的格式以便代码的编写和阅读,这种习惯在代码量增大时显得尤为重要。

5.1.3 课堂实践与检查

1. 课堂实践

(1)按照任务实施过程的要求完成任务并检查结果。

(2)根据输入的客户编号,获取和显示客户的名称、联系人以及联系电话。要求采用变量来存储输入输出数据。

(3)根据输入的商品编号,计算商品的总销售数量。要求:如果该商品没有销售记录,则给出消息提示"该商品无销售记录";如果该商品有销售记录,则获取和显示商品的名称,并计算和显示其总销售数量。

职业素养——勇于探索、克服困难

张小龙带着团队,在广州南方通信大厦 10 楼写代码,一帮人睡行军床,困了就做俯卧撑提神,经常凌晨四点下班,经过他们的努力奋战,开发出了跨时代的产品——微信。

2. 检查与问题讨论

(1)检查课堂实践的完成情况,并对过程中发现的问题进行讨论。

(2)讨论在数据库编程中使用变量来存储输入、输出数据所带来的好处。

(3)总结讨论 T-SQL 中的运算符与表达式有哪些,各自的作用是什么。

(4)讨论分支语句和判断语句的异同点以及它们各自的使用范围。

5.1.4 知识完善与拓展

1. 常量

常量也称为字面值或标量值,是表示一个特定数据值的符号。常量的格式取决于它所表示的值的数据类型。

(1)字符串常量

字符串常量括在单引号内并包含字母(a～z、A～Z)、数字字符(0～9)以及特殊字符,如!、@、#。空字符串用中间没有任何字符的两个单引号表示。例如:′chiel′、′100%′。

(2)二进制常量

二进制常量具有前辍 0x 并且是十六进制数字字符串,这些常量不使用引号。例如: 0xAE、0x12EF、0x69048AEFDD010E。

(3)实型常量

实型常量有定点表示和浮点表示两种方式,其中定点表示例如:200.32、−23.24,浮点表示例如:−12E3、0.23E−5。

(4)整型常量

没有小数点和指数 E 的常量。如:2012,11。

(5)日期常量

使用单引号括起来。例如:′April 15,1998′、′09/25/2012′、′2012-12-20′、′2012 年 10 月 10 日′、′20121123′。

(6)货币型常量

以前缀为可选的小数点和可选的货币符号的数字字符串来表示。例如:$33.22。

2. 全局变量

在 SQL Server 中,全局变量是一种特殊类型的变量,是由 SQL Server 系统提供并赋值的变量,其作用范围并不局限于某一程序,而是任何程序均可随时调用。全局变量不能由用户定义和赋值,引用全局变量必须以"@@"符号开始。

大部分全局变量的值是用来报告本次 SQL Server 启动后发生的系统活动状态。SQL Server 提供两种全局变量:一种是与 SQL Server 连接有关的全局变量,一种是与系统内部信息有关的全局变量。SQL Server 中常用的全局变量见表 5-1。

表 5-1 常用的全局变量

全局变量名称	功　能
@@connections	返回当前服务器的连接的数目
@@rowcount	返回上一条 T-SQL 语句影响的数据行数
@@error	返回上一条 T-SQL 语句执行后的错误号
@@procid	返回当前存储过程的 ID 号

(续表)

全局变量名称	功　能
@@remserver	返回登录记录中远程服务器的名字
@@servername	返回运行 SQL Server 的本地服务器的名称
@@spid	返回当前服务器进程的 ID 标识
@@version	返回当前 SQL Server 服务器的版本和处理器类型
@@language	返回当前 SQL Server 服务器的语言
@@CPU_busy	返回 SQL Server 自上次启动后的工作时间

3. 运算符

SQL Server 使用下列几类运算符:算术运算符、赋值运算符、位运算符、比较运算符、逻辑运算符、字符串串联运算符、一元运算符。

(1)算术运算符

算术运算符在两个表达式上执行数学运算,这两个表达式可以是数字数据类型分类的任何数据类型,常用算术运算符见表 5-2。

表 5-2　　　　　　　　　　常用算术运算符

运算符	含　义
+(加)	加法
-(减)	减法
*(乘)	乘法
/(除)	除法
%(模)	返回一个除法的余数

加(+)和减(-)运算符可用于对 datetime 及 smalldatetime 值执行算术运算。

(2)赋值运算符

T-SQL 有一个赋值运算符,即等号(=)。在下面的示例中,创建了 @MyCounter 变量。然后,赋值运算符将 @MyCounter 设置成一个由表达式返回的值。

DECLARE @MyCounter INT

SET @MyCounter=1

也可以使用赋值运算符在列标题和为列定义值的表达式之间建立关系,即通过 SELECT 语句赋值。前面的内容我们已经介绍了,这里就不多叙述。

(3)位运算符

位运算符在两个表达式之间执行位操作,这两个表达式可以是整型或二进制字符串数据类型分类中的任何数据类型(但 image 数据类型除外),位运算符见表 5-3。

表 5-3　　　　　　　　　　位运算符

运算符	含　义
&(位与)	按位 AND(两个操作数)
|(位或)	按位 OR(两个操作数)
∧(位异或)	按位异或(两个操作数)

(4) 比较运算符

比较运算符测试两个表达式是否相同。除了 text、ntext 或 image 数据类型的表达式外，比较运算符可以用于所有的表达式，比较运算符见表 5-4。

表 5-4　　　　　　　　　　　　　比较运算符

运算符	含　义
=	等于
>	大于
<	小于
>=	大于或等于
<=	小于或等于
<>	不等于
!=	不等于(非 SQL-92 标准)
!<	不小于(非 SQL-92 标准)
!>	不大于(非 SQL-92 标准)

比较运算符的结果是布尔数据类型，它有三种值：TRUE、FALSE 及 UNKNOWN。返回布尔数据类型的表达式被称为布尔表达式。

和其他 SQL Server 数据类型不同，不能将布尔数据类型指定为表列或变量的数据类型，也不能在结果集中返回布尔数据类型。

(5) 逻辑运算符

逻辑运算符对某个条件进行测试，以获得其真实情况。逻辑运算符和比较运算符一样，返回带有 TRUE 或 FALSE 值的布尔数据类型，逻辑运算符见表 5-5。

表 5-5　　　　　　　　　　　　　逻辑运算符

运算符	含　义
ALL	如果　系列的比较都为 TRUE，那么就为 TRUE
AND	如果两个布尔表达式都为 TRUE，那么就为 TRUE
ANY	如果一系列的比较中任何一个为 TRUE，那么就为 TRUE
BETWEEN	如果操作数在某个范围之内，那么就为 TRUE
EXISTS	如果子查询包含一些行，那么就为 TRUE
IN	如果操作数等于表达式列表中的一个，那么就为 TRUE
LIKE	如果操作数与一种模式相匹配，那么就为 TRUE
NOT	对任何其他布尔运算符的值取反
OR	如果两个布尔表达式中的一个为 TRUE，那么就为 TRUE
SOME	如果在一系列比较中，有些为 TRUE，那么就为 TRUE

(6) 字符串串联运算符

字符串串联运算符允许通过加号(＋)进行字符串串联，这个加号也被称为字符串串联运算符。其他所有的字符串操作都可以通过字符串函数(例如 SUBSTRING)进行处理。例如，将 'abc' ＋ '' ＋ 'def' 存储为 'abcdef'。

(7) 一元运算符

一元运算符只对一个表达式执行操作,这个表达式可以是数字数据类型分类中的任何一种数据类型。其中,+(正)和-(负)运算符可以用于数字数据类型类别中任一数据类型的任意表达式,~(位非)运算符只能用于整数数据类型类别中任一数据类型的表达式。一元运算符见表5-6。

表5-6　　　　　　　　　　　　　一元运算符

运算符	含　义
+(正)	数值为正
-(负)	数值为负
~(位非)	返回数字的非

(8) 运算符的优先顺序

当一个复杂的表达式有多个运算符时,运算符优先顺序决定执行运算的先后次序。执行的顺序可能严重地影响所得到的值。在较低等级的运算符之前先对较高等级的运算符进行求值。

运算符有下面的优先等级(从高到低):

+(正)、-(负)、~(位非)

*(乘)、/(除)、%(模)

+(加)、+(串联)、-(减)

=(比较)、>、<、>=、<=、<>、! =、! >、! <

∧(位异或)、&(位与)、|(位或)

NOT

AND

ALL、ANY、BETWEEN、IN、LIKE、OR、SOME

=(赋值)

当一个表达式中的两个运算符有相同的运算符优先等级时,基于它们在表达式中的位置从左到右进行求值。

4. 常用函数

SQL Server提供了许多系统定义函数,这些函数可以完成许多特殊的操作,增强了系统的功能,提高了系统的易用性。可以把SQL Server中的系统定义函数分为14种类型,每一种类型的内置函数都可以完成某种类型的操作,这些类型的函数名称和主要功能见表5-7。

表5-7　　　　　　　　　　　　内置函数类型和描述

函数类型	描　述
聚合函数	将多个数值合并为一个数值,例如,计算合计值
配置函数	返回当前配置选项配置的信息
加密函数	支持加密、解密、数字签名和数字签名验证等操作
游标函数	返回有关游标状态的信息
日期和时间函数	可以执行与日期、时间数据相关的操作
数学函数	执行对数、指数、三角函数、平方根等数学运算
元数据函数	用于返回数据库和数据库对象的属性信息

(续表)

函数类型	描述
排名函数	可以返回分区中的每一行的排名值
行集函数	可以返回一个可用于代替 T-SQL 语句中表引用的对象
安全函数	返回有关用户和角色的信息
字符串函数	可以对字符数据执行替换、截断、合并等操作
系统函数	对系统级的各种选项和对象进行操作或报告
系统统计函数	返回有关 SQL Server 系统性能统计的信息
文本和图像函数	用于执行更改 TEXT 和 IMAGE 值的操作

(1) 日期和时间函数

日期和时间函数对日期和时间输入值执行操作,返回一个字符串、数字或日期和时间值,常用的日期和时间函数见表 5-8。

表 5-8　　　　　　　　　常用的日期和时间函数

函　数	说　明
GETDATE()	以标准格式返回当前系统的日期和时间,返回值的格式是 datetime
YEAR()	返回指定日期的"年"部分的整数
MONTH()	返回指定日期的"月"部分的整数
DAY()	返回指定日期的"天"部分的整数
DATENAME()	返回表示指定日期的指定日期部分的字符串
DATEPART()	返回表示指定日期的指定日期部分的整数
DATEADD()	返回给指定日期加上一个时间间隔后的新 datetime 值
DATEDIFF()	返回两个指定日期的日期边界数和时间边界数

日期的组成部分见表 5-9。

表 5-9　　　　　　　　　日期组成部分

日期组成部分	缩　写	说　明	取值范围
year	yy,yyyy	年份	1753～9999
quarter	qq,q	季度	1～4
month	mm,m	月份	1～12
dayofyear	dy,y	年内天数	1～366
day	dd,d	月内天数	1～31
week	wk,ww	年内周数	1～53
hour	hh	小时	0～23
minute	mi,n	分钟	0～59
second	ss,s	秒	0～59
millisecond	ms	毫秒	0～999

例如,要获取当前的日期时间,可以输入代码 PRINT GETDATE();要获取当前的年份,则可以输入代码 PRINT DATEPART(yy,GETDATE())。

(2)字符串函数

对输入的字符串进行各种操作的函数被称为字符串函数。SQL Server 系统提供的 23 个字符串函数及其功能,见表 5-10。

表 5-10　　　　　　　　　　　　　字符串函数

字符串函数	描　述
ASCII	ASCII 函数,返回字符串表达式中最左端字符的 ASCII 代码值
CHAR	ASCII 代码转换函数,返回指定 ASCII 代码的字符
CHARINDEX	用于确定字符位置函数,返回指定字符串表达式中指定表达式的开始位置
DIFFERENCE	字符串差异函数,返回两个字符表达式的 SOUNDEX 值之间的差别
LEFT	左子串函数,返回指定字符串表达式中从左边开始指定个数的字符
LEN	字符串长度函数,返回指定字符串表达式中字符的个数
LOWER	小写字母函数,返回指定表达式的小写字母,将大写字母转换为小写字母
LTRIM	删除前导空格函数,返回删除了前导空格的字符表达式
NCHAR	Unicode 字符函数,返回指定整数代码的 Unicode 字符
PATINDEX	模式定位函数,返回指定表达式中指定模式第一次出现的起始位置。0 表示没有找到指定的模式
QUOTENAME	返回带有分隔符的 Unicode 字符串
REPLACE	替换函数,用第三个表达式替换第一个字符串表达式中出现的所有第二个指定字符串表达式的匹配项
REPLICATE	复制函数,以指定的次数重复字符表达式
REVERSE	逆向函数,返回指定字符串的逆向表达式
RIGHT	右子串函数,返回字符串表达式中从右边开始指定个数的字符
RTRIM	删除尾随空格函数,返回删除所有尾随空格的字符表达式
SOUNDEX	相似函数,返回一个由 4 个字符组成的代码,用于评估两个字符串的相似性
SPACE	空格函数,返回由重复的空格组成的字符串
STR	数字向字符转换函数,返回由数字转换过来的字符串
STUFF	插入替代函数,删除指定长度的字符,并在指定的起点处插入另外一组字符
SUBSTRING	子串函数,返回字符表达式、二进制表达式等的指定部分
UNICODE	Unicode 函数,返回指定表达式中第一个字符的整数代码
UPPER	大写字母函数,返回指定表达式的大写字母形式

例如,要获取字符串"SQL Server"的长度,可以输入代码:PRINT LEN('SQL Server');而要获取字符串"SQL Server"左边的 3 个字符,则可以输入代码:PRINT LEFT('SQL Server',3)。

(3)系统函数

系统函数可以访问系统表中的信息。建议使用系统函数来获得系统信息,而不要直接查询系统表。部分常用的系统函数见表 5-11。

表 5-11　　　　　　　　　　　　　常用系统函数

系统函数	描　述
APP_NAME	返回当前会话的应用程序名称

(续表)

系统函数	描述
CASE	计算条件列表,返回多个候选结果表达式中的一个表达式
CAST	将一种数据类型的表达式显式转换为另外一种数据类型的表达式,同 CONVERT 函数
CURRENT_USER	返回当前用户的名称,等价于 USER_NAME 函数
@@ERROR	返回已经执行的上一个 T-SQL 语句的错误号
HOST_ID	返回工作站标识符
HOST_NAME	返回工作站名称
ISDATE	确认输入的表达式是否为有效的日期
ISNULL	使用指定的替换表达式替换空值
ISNUMERIC	确认输入的表达式是否为有效的数值
SESSION_USER	返回当前数据库中当前上下文中的用户名
SYSTEM_USER	返回当前登录名
@@TRANCOUNT	返回当前连接的活动事务数

例如,执行代码:PRINT APP_NAME()就可以在执行结果看到消息"Microsoft SQL Server Management Studio-查询",表示当前的应用程序是 SSMS。

任务 5.2　创建与执行存储过程

5.2.1　任务描述与必需知识

1. 任务描述

(1)简单存储过程。在客户关系管理数据库中创建一个存储过程,用来返回所有客户的购买记录。

(2)带参数的存储过程。在客户关系管理数据库中创建一个存储过程,用来返回指定客户的购买记录。

2. 任务必需知识

(1)存储过程简介

存储过程是存储在 SQL Server 数据库中由 T-SQL 语句编写的具有特定功能的代码段,它可以被编译之后执行,也可以被客户机管理工具、应用程序、其他存储过程调用。一般将一些特定的数据库操作代码写入存储过程中由 SQL Server 数据库来执行,以提高程序的效率或实现特定的任务。存储过程的作用主要包括如下几点:

①模块化程序设计。只需要创建过程一次并将其存储在数据库中,以后即可在程序中调用该过程任意次。

②提高执行速度。如果某操作需要大量 T-SQL 代码或需要重复执行,存储过程将比 T-SQL 代码的执行要快。因为存储过程在第一次运行后,就驻存在高速缓存存储器中。

③减少网络流量。一个需要数百行 T-SQL 代码的操作由一条执行存储过程代码的单独语句就可以实现,而不需要在网络中发送数百行代码。

④提高安全性。对于没有直接授予某些语句操作权限的用户，也可以授予他们执行包含这些语句的存储过程的权限。

> **职业素养——绿色迭代，勇攀高峰**
>
> 2020年春运期间，12306在高峰日网络点击量高达1495亿次，但仍提供正常、稳定的服务。正是我国技术人员夜以继日、不断优化，才开发出世界上最厉害的订票系统。

（2）存储过程的创建

在 SQL Server 中可以使用 CREATE PROCEDURE 语句创建存储过程，其基本语法如下：

CREATE ｛ PROC ｜ PROCEDURE ｝ procedure_name AS sql_statement

其中：

procedure_name：存储过程的名称。

sql_statement：存储过程的过程体。

（3）存储过程的执行

存储过程创建好后，可以通过使用 EXECUTE 命令来执行存储过程，其基本语法如下：

[｛ EXEC ｜ EXECUTE ｝]

　　｛[@return_status＝]

　　　　[[@parameter＝]｛ value ｜ @variable [OUTPUT] ｜ [DEFAULT] ｝]

　　　　[，...n][WITH RECOMPILE] ｝

其中：

@return_status：用来存储由存储过程向调用者返回的值。

@parameter：参数名。

value：参数值。

@variable：用来存储参数或返回参数的变量。

OUTPUT：表示该参数是返回参数。

DEFAULT：参数的默认值。

5.2.2　任务实施与思考

1. 简单存储过程

要求：创建存储过程 pro_BuyRecord，用来返回所有客户的购买记录。

（1）新建存储过程。在 SSMS 的工具栏中单击"新建查询"按钮，进入查询编辑器窗口。和数据库编程一样，存储过程也可以直接在查询分析中进行设计和创建。

（2）设计存储过程。根据本任务步骤的要求，在查询编辑器中编写相应的 T-SQL 代码，代码如下：

```
USE DB_CRM
GO
CREATE PROCEDURE pro_BuyRecord
――使用 CREATE PROCEDURE 创建名称为 pro_BuyRecord 的存储过程
AS
――AS 后面为存储过程的内容
SELECT * FROM TB_Buy
GO
――使用 GO 表示一批 T-SQL 语句结束
```

💡 **说明**：在进行存储过程编码时可将自动生成的模板里面一些不需要的内容删除，然后根据自己的需要来编写代码，例如这里不需要输入参数，就可以将输入参数定义的部分直接删除。

（3）创建存储过程。代码编写好后，存储过程并没有创建。需要执行（2）中的编写代码才能完成存储过程的创建，代码执行后可看到"命令已成功完成"的消息提示。

代码执行成功后可以在"对象资源管理器"中看到刚才创建的名为 pro_BuyRecord 的存储过程，如图 5-2 所示。

💡 **思考**：如果将（2）中的代码再执行一次会出现什么情况？为什么？

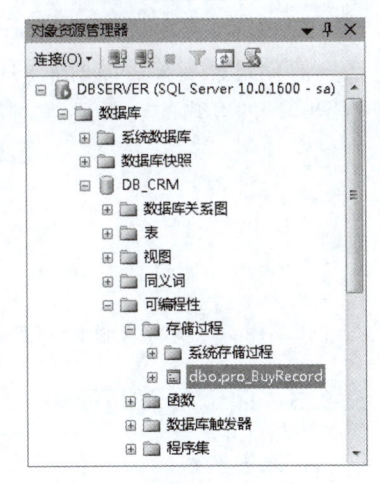

图 5-2 创建存储过程

（4）执行存储过程

在（3）中执行代码的结果是创建了新的存储过程，但是存储过程里面所包含的代码并没有执行，可以直接在查询编辑器中编写如下的代码来调用存储过程：

EXEC pro_BuyRecord

其中，EXEC 就是用来执行存储过程的命令。存储过程执行后即可看到如图 5-3 所示的结果。

这时，可以看到购买记录表中的数据都被显示出来，存储过程成功执行。

💡 **提示**：执行存储过程还有另外一种方法。在要执行的存储过程上直接用鼠标右击，然后选择"执行存储过程"即可执行所选的存储过程。

图 5-3 简单存储过程执行结果

2. 带参数存储过程

要求：创建存储过程 pro_CustomerBuyRecord，用来根据客户编号返回客户的购买记录。

（1）设计存储过程。根据本任务步骤的要求，在查询编辑器中编写相应的 T-SQL 代码，代码如下：

USE DB_CRM
GO
CREATE PROCEDURE pro_CustomerBuyRecord
@customerId char(10)
——定义输入参数@customerId，用来获取外部传递的参数
AS
SELECT * FROM TB_Buy WHERE CID=@customerId
GO

💡 **说明**：存储过程将会使用参数@customerId 来接收从外部传递的客户编号，然后存储过程根据这个客户编号来完成后面的查询操作。

（2）创建存储过程。将（1）中的代码执行后，即可在数据库中创建一个名为 pro_CustomerBuyRecord 的存储过程。

（3）执行存储过程。由于该存储过程带有输入参数，在执行时需要给存储过程传递一个输入值，否则将会报错。执行存储过程的代码如下：

165

```
EXEC pro_CustomerBuyRecord 'CR001'
```

存储过程名称后面所带的内容即为存储过程的传入值,这里表示需要查询客户编号为"CR001"的客户的购买记录。执行结果如图 5-4 所示。

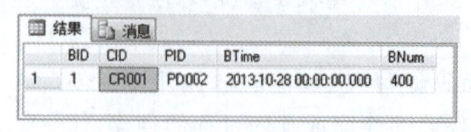

图 5-4 带参数存储过程执行结果

> 思考:执行存储时如果有多个参数该怎么调用?多个参数之间有顺序关系吗?

5.2.3 课堂实践与检查

1. 课堂实践

(1)按照任务实施过程的要求完成任务并检查结果。

(2)创建存储过程,根据输入的商品编号,列出该商品的销售记录。要求:在存储过程中定义用于接收商品编号的输入参数,然后根据该参数中的商品编号从订购表中查询相应的结果;显示出商品编号以及销售数量。

(3)创建存储过程,根据输入的商品名称,列出该商品的销售记录。要求:在存储过程中定义用于接收商品名称的输入参数,然后从商品表和订购表中进行多表查询从而得到相应的结果;显示出商品名称、客户编号以及销售数量。

2. 检查与问题讨论

(1)检查课堂实践的完成情况,并对过程中发现的问题进行讨论。

(2)讨论在数据库编程中使用存储过程所带来的好处。

(3)总结讨论存储过程创建、修改以及删除的方法。

(4)总结讨论存储过程的可能使用场合。

5.2.4 知识完善与拓展

1. 存储过程的分类

(1)系统存储过程

系统存储过程是由 SQL Server 系统提供的存储过程,可以作为命令执行各种操作。系统存储过程主要用来从系统中获取信息,为系统管理员管理 SQL Server 提供帮助,为用户查看数据库对象提供方便,系统存储过程命令均以 sp_打头。系统存储过程包括如下几类,见表 5-12。

表 5-12　　　　　　　　　　　系统存储过程的类别

类 别	说 明
活动目录存储过程	用于在 Microsoft Windows 2000 Active Directory 中注册 SQL Server 实例和 SQL Server 数据库
目录存储过程	用于实现 ODBC 数据字典功能,并隔离 ODBC 应用程序,使之不受基础系统表更改的影响
游标存储过程	用于实现游标变量功能
数据库引擎存储过程	用于 SQL Server 数据库引擎的常规维护
数据库邮件和 SQL Mail 存储过程	用于从 SQL Server 实例内执行电子邮件操作

（续表）

类　别	说　明
数据库维护计划存储过程	用于设置管理数据库性能所需的核心维护任务
分布式查询存储过程	用于实现和管理分布式查询
全文搜索存储过程	用于实现和查询全文索引
日志传送存储过程	用于配置、修改和监视日志传送配置
自动化存储过程	使标准自动化对象能够在标准 T-SQL 代码中使用
通知服务存储过程	用于管理 SQL Server 2005 Notification Services
复制存储过程	用于管理复制
安全性存储过程	用于管理安全性
Profiler 存储过程	SQL Server Profiler 用于监视性能和活动
Web 任务存储过程	用于创建网页
XML 存储过程	用于 XML 文本管理

例如，执行系统存储过程 sp_databases 即可列出当前所有可用的数据库。

(2) 用户定义的存储过程

用户定义的存储过程是指用户根据实际工作需要创建的存储过程，又分为 Transact-SQL 存储过程和 CLR 存储过程。Transact-SQL 存储过程是指保存 T-SQL 语句的集合，可以接收和返回用户提供的参数。而 CLR 存储过程是指对 Microsoft.NET 框架公共语言运行时方法的引用，在.NET 框架中作为类的公共静态方法实现。

(3) 扩展存储过程

扩展存储过程以"xp_"开头，它无缝地扩展 SQL Server 功能，使得 SQL Server 之外的动作可以很容易地触发，主要是指动态装入并按存储过程方法执行的动态链接库内的函数。

2. 存储过程的使用

(1) 存储过程的创建

可以使用 CREATE PROC 命令来创建存储过程，详细语法如下：

CREATE PROC [EDURE] procedure_name [;n]
[{ @parameter data_type }
[VARYING] [=default] [OUTPUT]] [,...n]
[WITH{ RECOMPILE | ENCRYPTION | RECOMPILE,ENCRYPTION }]
[FOR REPLICATION]
AS sql_statement

其中：

procedure_name：存储过程的名称。

VARYING：指定作为输出参数支持的结果集（由存储过程动态构造，内容可以变化），仅适用于游标参数。

default：参数的默认值。如果定义了默认值，不必指定该参数的值即可执行过程。默认值必须是常量或 NULL。如果过程将对该参数使用 LIKE 关键字，那么默认值中可以包含通配符（%、_、[]和 [∧]）。

OUTPUT：表明参数是返回参数。该选项的值可以返回给 EXEC[UTE]。使用 OUTPUT 参数可将信息返回给调用过程。text、ntext 和 image 参数可用作 OUTPUT 参数。使用

OUTPUT 关键字的输出参数可以是游标占位符。

除了使用 CREATE PROC 命令来创建存储过程外,存储过程的创建也可以在资源管理器中完成。在"对象资源管理器"中展开客户关系管理数据库中的"可编程性"项,然后用鼠标右击"存储过程"项,选择"新建存储过程",则可以通过模板创建存储过程。

(2) 存储过程的执行

存储过程的执行有如下几种情况:

不带参数存储过程的执行:

EXEC　存储过程名

带输入参数存储过程的执行:

EXEC　存储过程名　输入值1,输入值2

带输出参数存储过程的执行:

EXEC　存储过程名　输入值,接收输出值的变量 OUTPUT

(3) 存储过程的修改

可以通过 ALTER 语句在查询编辑器中对用户的存储过程进行修改,实质上是用新定义的存储过程替换原来的定义,语法如下:

ALTER PROC〔EDURE〕 procedure_name〔;n〕

〔{ @parameter data_type }

〔VARYING〕〔=默认值〕〔OUTPUT 〕〕〔,...n〕

〔WITH {RECOMPILE | ENCRYPTION| RECOMPILE,ENCRYPTION}〕

〔FOR REPLICATION〕

AS

SQL 查询语句[...n]

当然,也可以在"对象资源管理器"中对存储过程进行修改。

(4) 存储过程的删除

另外,可以通过 DROP 语句在查询编辑中对存储过程进行删除,同样也可以在"对象资源管理器"中对存储过程进行删除。

删除存储过程的语法为:

DROP {PROC|PROCEDURE} {procedure_name}〔...n〕

任务 5.3　创建与验证触发器

5.3.1　任务描述与必需知识

1. 任务描述

(1) 简单触发器。在客户关系管理数据库中创建一个触发器,用于在客户表中有数据插入时显示提示信息。

(2) 带逻辑结构的触发器。在客户关系管理数据库中创建一个触发器,用于在客户表中有数据删除时进行数据完整性验证。

2. 任务必需知识

(1) 触发器简介

触发器实际上就是一种特殊类型的存储过程,是一个在修改指定表中数据时执行的存储过程。触发器主要用作实现主键和外键所不能保证的复杂参照完整性和数据一致性。由于用户不能绕过触发器,所以可以用它来强制实现复杂的业务规则,以确保数据的完整性。触发器主要是通过操作事件进行触发而被执行,当对表进行诸如 UPDATE、INSERT、DELETE 等操作时,SQL Server 就会自动执行对应的触发器。触发器的作用主要包括如下几点:

①用于强化约束。触发器能够实现比 CHECK 语句更为复杂的约束。

②用于跟踪变化。触发器可以检测数据库内的操作,从而实现禁用未经许可的更新。

③用于级联运行。当一个数据表发生操作时,触发器可以自动级联触发其他与之相关的数据表操作。例如,当一个订单下达后,触发器可以自动修改商品的库存信息。

④用于存储过程的调用。触发器本身可以看作一种存储过程,因此触发器可用作自动执行其他的存储过程。

⑤用于返回自定义错误信息。触发器可以返回用户自定义的错误信息。比如插入一条重复记录时,可以返回一个具体的错误信息。

(2)触发器的创建

在 SQL Server 中,可以使用 CREATE TRIGGER 命令创建触发器,其基本语法如下:

CREATE TRIGGER trigger_name ON { table | view } { FOR | AFTER | INSTEAD OF} {[INSERT][,] [UPDATE][,] [DELETE] } AS sql_statement。

其中:

trigger_name:触发器名称。

table|view:对其执行触发器的表或视图。

FOR|AFTER:指定触发器仅在触发 SQL 语句中指定的操作已成功执行后才触发。

INSTEAD OF:指定执行触发器而不触发 SQL 语句。

[INSERT][,] [UPDATE][,] [DELETE]:指定触发器的触发操作。

sql_statement:触发条件和操作。

5.3.2 任务实施与思考

1. 简单触发器

要求:创建触发器 tg_AddCustomer,用于在客户表有数据插入时显示提示信息。

(1)新建查询。和创建存储过程一样,触发器的创建也可以直接在查询中进行编写。

(2)设计触发器。根据任务要求,在编辑器中编写相应的 T-SQL 代码,代码如下:

```
USE DB_CRM
GO
CREATE TRIGGER tg_AddCustomer
――使用 CREATE TRIGGER 来创建名为 tg_AddCustomer 的触发器
ON TB_Customer
――使用 ON 指定该触发器的作用对象是数据表 TB_Customer
AFTER INSERT
――使用 AFTER INSERT 表明该触发器会在数据表上有 INSERT 操作时触发
AS
PRINT '成功添加客户信息'
GO
```

💡 **说明**:由于该触发器的作用对象为客户表,因此在代码中使用"ON TB_Customer"来指明操作的对象。并且使用"AFTER INSERT"来指明触发的操作是在添加数据时。这样，当客户表中有新客户数据添加时，该触发器就会触发。

（3）创建触发器。执行(2)中的代码即可创建触发器，可以在表 TB_Customer 的"触发器"文件夹中看到新创建的触发器"tg_AddCustomer"，如图 5-5 所示。

图 5-5　创建触发器

（4）执行触发器。与存储过程不同，触发器不能直接执行，只能在指定的操作发生时才能执行。这里可以通过往客户表中添加新的客户数据来执行触发器。在查询编辑器中编写如下代码来进行数据添加：

USE DB_CRM

GO

INSERT INTO TB_Customer VALUES('CR009','海达商贸有限公司','李军','男','15134567874','浙江宁波中山路','43','三星级','2013－12－20','SM005')

执行上述代码后，可以在消息栏中看到系统输出了"成功添加客户信息"的提示，表示触发器成功执行。

思考：如果数据插入时出现错误或冲突，触发器将会给出怎样的结果呢？

2. 带逻辑结构的触发器

要求：创建触发器 tg_DeleteCustomer，用于在客户表有数据删除时进行数据完整性验证。

（1）设计触发器。根据本任务步骤的要求，新建查询并编写相应的 T-SQL 代码，代码如下：

USE DB_CRM

GO

CREATE TRIGGER tg_DeleteCustomer

ON TB_Customer

INSTEAD OF DELETE

－－使用 INSTEAD OF DELETE 来指定触发器在执行 DELETE 操作前就触发

AS

DECLARE @customerId char(10)

－－定义变量@customerId 来保存将要删除的客户编号

SELECT @customerId＝CID FROM DELETED

——从 DELETED 系统临时表中获取将要删除的客户编号
IF (SELECT COUNT(*) FROM TB_Buy WHERE CID=@customerId)>0
——判断购买记录表 TB_Buy 中是否存在该客户的购买记录
　　PRINT '不能删除客户信息'
ELSE
BEGIN
　　DELETE FROM TB_Customer WHERE CID=@customerId
　　PRINT '成功删除客户信息'
END
GO

> **说明**：在代码中使用了"INSTEAD OF"来代替"AFTER"，表示在执行操作前就对触发器进行触发。这里在删除客户信息之前就对数据库的数据完整性进行验证，如果在购买记录表中存在该客户，则不允许删除；如果不存在则将客户信息删除。

> **思考**：如果将 INSTEAD OF DELETE 换成 AFTER DELETE 将会出现什么结果？

> **提示**：通常情况下，当用户执行 DELETE 语句时，SQL Server 从表中删除对应的记录。但是，这种行为在给表添加了 DELETE 触发器之后会有所不同。因为当激活 DELETE 触发器时，从受影响的表中删除的记录将被存放到一个特殊的 DELETED 临时表中，保留已被删除的数据的一个副本。因此，可以从 DELETED 临时表中再取出被删除的数据。

(2) 创建触发器。执行(1)中的代码就可以创建名为 tg_DeleteCustomer 的触发器，同样可以在"对象资源管理器"中看到它。

(3) 执行触发器。为了能够触发 tg_DeleteCustomer 触发器，在查询编辑器中编写如下代码来对客户表中的数据进行删除：

USE DB_CRM
GO
DELETE TB_Customer WHERE CID='CR001'

当购买记录表中存在客户"CR001"的购买记录时，会在消息栏中看到"不能删除客户信息"的提示，表示客户"CR001"的数据并未被删除。

而如果将要删除的客户编号设为"CR009"时，则会在消息栏中看到"成功删除客户信息"的提示，同时客户"CR009"的数据已被删除。

5.3.3　课堂实践与检查

1. 课堂实践

(1) 按照任务实施过程的要求完成任务并检查结果。

(2) 创建触发器，当商品表有数据删除时，根据订购表来判断数据完整性并给出相应的提示。要求：对商品表执行商品信息删除时，判断订购表中是否存在该商品的信息。如果存在，则不删除商品信息，并给出不允许删除的提示信息；如果不存在，则删除商品信息，并给出删除成功的信息。

2. 检查与问题讨论

(1) 检查课堂实践的完成情况，并对过程中发现的问题进行讨论。

(2) 讨论在数据库编程中使用触发器所带来的好处。

(3) 总结讨论触发器创建、修改以及删除的方法。

(4) 总结讨论触发器的可能使用场合。

5.3.4 知识完善与拓展

1. 触发器的种类

在 SQL Server 中，按触发事件的不同分为 DML 触发器和 DDL 触发器。其中，DML 触发器是指数据库服务器中发生数据操作语言(DML)事件时要执行的操作。通常所说的 DML 触发器主要包括三种：INSERT 触发器、UPDATE 触发器、DELETE 触发器。DDL 触发器是指当服务器或者数据库中发生数据定义语言（DDL）事件时将被调用，例如 CREATE、ALTER、DROP 开头的语句，会激发 DDL 触发器。

2. 触发器的使用

(1) 触发器的创建

可以使用 CREATE TRIGGER 命令来创建触发器，详细语法如下：

CREATE TRIGGER trigger_name ON { table | view }
[WITH ENCRYPTION]
{{ { FOR | AFTER | INSTEAD OF } { [DELETE][,][INSERT] [,] [UPDATE] }
[WITH APPEND]
[NOT FOR REPLICATION]
AS
[{ IF UPDATE（column）[{ AND | OR } UPDATE（column）][...n]| IF (COLUMNS_UPDATED ( )
{ bitwise_operator } updated_bitmask){ comparison_operator } column_bitmask [,...n]}]
sql_statement} }

其中：

trigger_name：是触发器的名称。

table | view：是在其上执行触发器的表或视图，有时称为触发器表或触发器视图。

WITH ENCRYPTION：使用 WITH ENCRYPTION 可防止将触发器作为 SQL Server 复制的一部分发布。

AFTER：指定触发器只有在触发 SQL 语句中指定的所有操作都已成功执行后才激发。如果仅指定 FOR 关键字，则 AFTER 是默认设置。

INSTEAD OF：指定执行触发器而不是执行触发 SQL 语句，从而替代触发语句的操作。

{ [DELETE] [,] [INSERT] [,] [UPDATE] }：指定在表或视图上执行哪些数据更新语句时将激活触发器的关键字。必须至少指定一个选项。在触发器定义中允许使用以任意顺序组合的这些关键字。如果指定的选项多于一个，需用逗号分隔这些选项。对于 INSTEAD OF 触发器，不允许在具有 ON DELETE 级联操作引用关系的表上使用 DELETE 选项。同样，也不允许在具有 ON UPDATE 级联操作引用关系的表上使用 UPDATE 选项。

WITH APPEND：指定应该添加现有类型的其他触发器。

NOT FOR REPLICATION：表示当复制进程更改触发器涉及的表时，不应执行该触发器。

AS：是触发器要执行的操作。

sql_statement：是触发器的条件和操作。触发器条件指定其他准则，以确定 DELETE、INSERT 或 UPDATE 语句是否导致执行触发器操作。

当对表进行 DELETE、INSERT 或 UPDATE 操作时，T-SQL 语句中指定的触发器操作将生效。

除了使用 CREATE TRIGGER 命令外，触发器的新建也可以在资源管理器中进行，展开要对其使用触发器的表"tb_Reader"，在"触发器"文件夹上右击，选择"新建触发器"，则同样可以通过模板来创建触发器。

> **提示：**
> ①触发器是对象，必须具有数据库中的唯一名称。
> ②触发器是基于对表数据更新的一个动作或一组动作创建的。一般一个触发器可以响应几个动作（INSERT、UPDATE 或 DELETE）。一个触发器不能放置到多个表上。
> ③在没删除原有的触发器之前，不能创建另一个同名的触发器。但是可以创建另外一个触发器，执行同样的动作。

> **职业素养——独立思考、专注执着**
> 计算机病毒通常以时间为触发条件，也利用系统漏洞，或击键和鼠标时触发，我们时刻要做好病毒防护工作。

(2) 触发器的修改

可使用 ALTER TRIGGER 命令修改触发器，具体语法如下：

ALTER TRIGGER trigger_name ON ｛表|视图｝
｛FOR |AFTER|INSTER OF｝｛[DELETE],[INSERT],[UPDATE]｝
[WITH ENCRYPTION]
AS
[IF update(列名)［and｜or update(列名)］]
sql_statement

(3) 触发器的删除

可使用 DROP TRIGGER 命令来删除触发器，语法如下：

DROP TRIGGER tigger_name

也可以使用"对象资源管理器"来对触发器进行修改和删除。

任务 5.4 事务控制与并发处理

5.4.1 任务描述与必需知识

1. 任务描述

(1) 事务的应用。设计事务对业务员和工作任务的添加进行控制，如果业务员信息能成功添加则添加相应的工作任务，如果业务员信息不能成功添加则不添加相应的工作任务，如果工作任务不能成功添加则业务员信息也不添加。

(2) 设置事务隔离级别。编写事务获取指定业务员的岗位级别信息，并设置其隔离级别为 REPEATBLE READ，以防止事务发生"非重复读"。

2. 任务必需知识

(1) 事务

事务（Transaction）是指包含一系列操作的单个逻辑工作单元，其主要作用是确保数据操作执行的完整性，避免数据操作到一半未完成而导致数据的完整性破坏。也就是说，包含在事务中的数据操作要么完整地执行，要么完全不执行。一个逻辑工作单元要成为事务，需要满足如下四个属性：

①原子性。事务必须是原子性的工作单元,对于其数据操作,要么全部执行,要么全部不执行。

②一致性。事务完成时,必须使所有的数据都保持一致状态。在相关数据库中,所有规则都必须应用于事务的修改,以保持所有数据的完整性。

③隔离性。由并发事务所做的修改必须与其他并发事务所做的修改隔离,也称为可串行性。

④持久性。事务执行完成后,其操作结果对于数据的影响应该是永久的。事务成功提交后,就不能再次回滚到提交前的状态了。

事务可分为显示事务和隐式事务。其中显示事务可以通过 BEGIN TRANSACTION、COMMINT TRANSACTION、COMMIT WORK、ROLLBACK TRANSACTION 或 ROLLBACK WORK 事务处理语句定义。而隐式事务需要使用 SET IMPLICIT_TRANSACTIONS ON 语句将隐式事务模式设置为打开。在打开了隐式事务的设置开关时,执行下一条语句时自动启动一个新事务,并且每关闭一个事务时,执行下一条语句又会启动一个新事务,直到关闭了隐式事务的设置开关。

(2)事务的并发

事务的并发性问题主要体现在丢失或覆盖更新、未确认的相关性（脏读）、不一致的分析（非重复读）和幻象读,这些是影响事务完整性的主要因素。如果没有锁定且多个用户同时访问一个数据库,则当事务同时使用相同的数据时就可能会发生上述几种并发性问题。

事务具有隔离性,因此事务中所使用的数据必须和其他的事务进行隔离,在同一时间可以有很多事务正在处理数据,但是每个数据在同一时刻只能有一个事务进行操作。将数据锁定可以防止其他事务影响当前事务操作的数据,但是这样一来,使用该数据的其他事务就必须要排队等待,从而影响数据库的使用效率。事务的隔离级别就是用来设置事务在读取数据时的隔离状态,从而提高数据并发使用效率的一种手段。事务的隔离级别由低到高可以分为以下级别。

①Read Uncommitted：不隔离数据,即使在事务正在使用数据的同时,其他事务也能同时修改或删除该数据。

②Read Committed：不允许读取没有提交的数据,这是 SQL Server 默认的隔离级别,由于事务还没有 COMMIT,所以数据被修改的可能性还很大。

③Repeatable Read：在事务中锁定读取的数据不让其他程序修改和删除,如此可以保证在事务中每次读取到的数据是一致的。其他事务可以在该数据表中新增数据。

④Serializable：将事务所要用到的数据表全部锁定,不允许其他事务添加、修改和删除数据。使用该事务并发性最低,要读取同一数据的事务必须排队等待。

在 SQL Server 中,可以使用 SET TRANSACTION ISOLATION LEVEL 语句来设置事务的隔离级别。

5.4.2　任务实施与思考

1.事务的应用

要求：编写事务对业务员和工作任务的添加进行控制,在添加业务员信息的同时添加相应的工作任务,如果业务员信息不能成功添加则工作任务也不添加,如果工作任务不能成功添加则业务员信息也不添加。

(1)设计事务。在 SQL Server 中新建查询并编写相应的 T-SQL 代码,代码如下:
USE DB_CRM
——开始事务
BEGIN TRANSACTION
——添加业务员
INSERT INTO TB_Salesman VALUES('SM005','陈名','男','D002','五级')
——判断是否存在操作错误
IF @@ERROR>0
GOTO TRANROOLBACK
——添加工作任务
INSERT INTO TB_Task VALUES('TS0011','SM005',30,260000,'2013','否')
——判断是否存在操作错误
IF @@ERROR>0
GOTO TRANROOLBACK
TRANROOLBACK:
IF @@ERROR>0
　　ROLLBACK TRANSACTION　　——回滚事务
ELSE
　　COMMIT TRANSACTION
GO

提示:在每个操作之后,都要检查一下@@ERROR 的值。因为@@ERROR 只对当前操作有效,当进行第二个操作时,@@ERROR 的值就会被第二个操作的值取代。

(2)执行事务。执行上述事务,如果添加业务员的 INSERT 语句中的业务员编号已经在业务表中存在,则消息栏中会显示执行失败的提示,而且两个 INSERT 语句将不会对数据产生影响。如果添加业务员的 INSERT 语句中的业务员编号不存在,则消息栏中会显示记录受影响的提示,并且两个 INSERT 语句将会对数据产生影响。

思考:如果第一个 INSERT 语句执行成功,而第二个 INSERT 语句执行出错,将会出现怎样的结果? 为什么?

2.设置事务隔离级别

要求:编写事务获取指定业务员的岗位级别信息,并设置其隔离级别为 REPEATABLE READ,以防止事务发生"非重复读"。

(1)设计事务。在 SQL Server 中新建查询并编写用来查询业务员岗位级别的 T-SQL 代码,代码如下:
——设置隔离级别为 REPEATABLE READ
SET TRANSACTION ISOLATION LEVEL REPEATABLE READ
BEGIN TRANSACTION
——查询编号为 SM001 的业务员的岗位级别
SELECT SPostID FROM TB_Salesman WHERE SID='SM001'
——等待 10 秒钟后做第二次查询
WAITFOR DELAY '00:00:10'
——再次查询编号为 SM001 的业务员的岗位级别
SELECT SPostID FROM TB_Salesman WHERE SID='SM001'
COMMIT TRANSACTION

💡 提示:这里用两次查询来模拟事务的并发,并使用 WAITFOR DELAY 语句在两次查询之间设定间隔。

(2)设计事务。再次在 SQL Server 中新建查询并编写修改业务员岗位级别的 T-SQL 代码,代码如下:

BEGIN TRANSACTION
――修改编号为 SM001 的岗位级别为六级
UPDATE TB_Salesman SET SPostID='六级' WHERE SID='SM001'
COMMIT TRANSACTION

(3)执行事务。首先执行第一个查询业务员岗位级别的事务,然后执行第二个修改业务员岗位级别的事务。两个事务执行完成后,可以看到如图 5-6 所示的执行结果。

图 5-6 事务执行结果

💭 思考:如果将这里的事务级别从 REPEATABLE READ 改成 READ COMMITTED 会出现什么结果?为什么?

👉 **职业素养——追求卓越,攻坚克难**

2020 年 11 月 11 日零点零分 26 秒,天猫双 11 订单创建峰值达 58.3 万笔/秒,但是,消费者体验如丝般顺滑。正因阿里人追求卓越、攻坚克难的精神,解决了高并发、大流量的问题,成功扛住全球最大规模的流量洪峰。

5.4.3 课堂实践与检查

1. 课堂实践

(1)按照任务实施过程的要求完成任务并检查结果。

(2)编写一个事务。在添加一条客户信息的同时添加一条客户信用评分信息,如果客户信息不能成功添加则客户信用评分信息也不添加,如果信用评分信息不能成功添加则客户信息也不添加。

2. 检查与问题讨论

(1)检查课堂实践的完成情况,并对过程中发现的问题进行讨论。
(2)讨论事务的作用和运作机制。
(3)讨论如何应用事务的并发性控制。
(4)总结讨论事务的特点以及可能的使用场合。

5.4.4 知识完善与拓展

1. 事务的执行模式

事务的执行有三种模式:

(1)显式事务。显式事务可以明显地定义事务的开始和事务的结束。显式事务以"BEGIN TRAN"语句开始,并以"COMMIT TRAN"或"ROLLBACK TRAN"语句结束显式事务。

(2)自动提交事务。自动提交事务是 SQL Server Database Engine 的默认事务方式。每一个 T-SQL 语句就可以看成是一个自动提交的事务。比如在执行 DELETE 操作时,数据表中可能会有多条记录被删除,但是只要其中有一条记录无法删除,那么所有的删除记录也会回滚到未执行删除操作前的状态。

(3)隐式事务。隐式事务的意思是系统将在提交或回滚当前事务后自动启动新的事务,而不需要再次定义事务的开始,只需要提交或回滚每个事务就可以了。当执行"SET IMPLICIT_TRANSACTIONS ON"语句后,SQL Server 将会进入隐式事务模式,并在执行"SET IMPLICIT_TRANSACTIONS OFF"语句后才会结束隐式模式。

2. 事务处理语句

(1)BEGIN TRANSACTION 语句

该语句用于启动一个事务,标志着事务的开始。具体语法如下:

　BEGIN　TRAN［SACTION］［transaction_name｜@tran_name_variable［WITH　MARK ['description']］］

其中:

transaction_name:事务的名称。

@tran_name_variable:用户定义的、含有有效事务名称的变量名称。

WITH MARK['description']:指定在日志中标记事务,description 是描述该标记的字符串。

(2)COMMIT TRANSACTION 语句

用于提交一个事务,标志着事务的结束。具体语法如下:

COMMIT［TRAN［SACTION］］［transaction_name｜@tran_name_variable］

其中:

transaction_name:前面由 BEGIN TRANSACTION 指定的事务名称。

@tran_name_variable:用户定义的、含有有效事务名称的变量名称。

> **提　示**:SQL Server 中有一个全局变量@@TRANCOUNT,用来保存当前用户连接的活动事务数。如果@@TRANCOUNT 的值为 1,使用 COMMIT TRANSACTION 则会使数据修改提交到数据库,并释放连接占用的资源,同时将@@TRANCOUNT 值减少为 0。

(3)COMMIT WORK 语句

用于标志事务的结束。具体语法如下:

COMMIT［WORK］

该语句的功能与 COMMIT TRANSACTION 相同,但 COMMIT TRANSACTION 可以接受用户定义的事务名称。

(4)ROLLBACK TRANSACTION 语句

用于将事务回滚到事务的起点或事务内的某个保存点。具体语法如下:

ROLLBACK［TRAN［SACTION］］［transaction_name｜@tran_name_variable｜savepoint_name｜@savepoint_variable］

其中:

transaction_name:前面由 BEGIN TRANSACTION 指定的事务名称。

@tran_name_variable:用户定义的、含有有效事务名称的变量名称。

savepoint_name:事务中由 SAVE TRANSACTION 语句定义的保存点,当回滚只影响事务的一部分时可以使用保存点。

@savepoint_variable：用户定义的、含有有效保存点名称的变量名称。

(5) ROLLBACK WORK 语句

用于将事务回滚到事务的起点。具体语法如下：

ROLLBACK [WORK]

该语句的功能与 ROLLBACK TRANSACTION 相同，但 ROLLBACK TRANSACTION 可以接受用户定义的事务名称。

(6) SAVE TRANSACTION 语句

用于在事务内设置保存点。具体语法如下：

SAVE TRAN[SACTION] {savepoint_name | @savepoint_variable}

其中：

savepoint_name：保存点的名称。

@savepoint_variable：用户定义的、含有有效保存点名称的变量名称。

3. 事务的并发性问题

并发性是指多个进程或者程序同时对数据进行处理的性质。对并发性的开发有两种，一种是乐观并发性控制，另一种是悲观并发性控制。

乐观并发性控制。该看法是假设数据在读取和写入时发生冲突的机会很小，因此没有必要在事务中长时间地锁定数据，只有在更新数据时采取锁定数据，并检查是否发生冲突。

悲观并发性控制。该看法是假设数据在读取和写入时发生冲突的机会很大，或者是对数据的正确性要求很高，所以在事务中会持续锁定要使用的数据，直到事务结束为止。

事务的并发问题主要体现在如下几个方面：

(1) 丢失更新

当两个或多个事务选择同一行，然后基于最初选定的值更新该行时，就会发生丢失更新问题。每个事务都不知道其他事务的存在。最后的更新将重写由其他事务所做的更新，这样就会导致数据丢失。

(2) 未确认的相关性（脏读）

如果一个事务读取了另外一个事务尚未提交的更新，则称为脏读。

(3) 不一致的分析（非重复读）

当事务多次访问同一行数据，并且每次读取的数据不同时，将会发生不一致分析问题。不一致的分析与未确认的相关性类似，因为其他事务也正在更新该数据。然而，在不一致的分析中，事务所读取的数据是由进行了更改的事务提交的。

(4) 幻象读

幻象读和不一致的分析有些相似，当一个事务的更新结果影响另一个事务时，将会发生幻象读问题。事务第一次读的行范围显示出其中一行已不复存在于第二次读或后续读中，因为该行已被其他事务删除。同样，由于其他事务的插入操作，事务的第二次或后续读显示有一行已存在于原始读中。

4. 锁

SQL Server 使用锁来进行并发性控制，锁（LOCK）的作用是将数据临时锁定，只提供给一个进程或程序使用，并防止其他进程或程序修改和读取。在事务的执行过程中，SQL Server 会自动将要修改的数据进行锁定，以便在事务提交失败时可以进行回滚，所以在事务执行过程中，这些记录不会被其他进程或程序修改。

SQL Server 可以根据不同层次的数据资源进行锁定。由于锁定的对象不同,锁定的范围也不一样。SQL Server 中可以锁定的对象见表 5-13。

表 5-13　　　　　　　　　　　　　　　　锁定对象

锁定对象	描　　述
RID	以记录为锁定的单位
KEY	以设置为索引的字段作为锁定的单位
PAGE	以数据库中数据页或索引页作为锁定的单位
EXTENT	以一组连续的页作为锁定的单位
HOBT	以堆或 B-tree 作为锁定的单位
FILE	以数据库文件作为锁定的单位
APPLICATION	以应用程序专用的资源作为锁定的单位
METADATA	以元数据作为锁定的单位
ALLOCATION_UNIT	以分配单元作为锁定的单位
DATABASE	以整个数据库作为锁定的单位

锁定的对象层次越低,数据使用的并发性就越高。例如,只对行进行锁定,只要修改的不是同一条记录,则所在的数据表还是可以供多个进程或程序使用。如果锁定的是数据库,那么只有一个进程可以使用,其他进程或程序都只能排队。在 SQL Server 中,还可以对锁定的对象使用不同的锁定模式,锁定模式可以确定并发事务访问数据的方式。SQL Server 可以支持的锁定模式见表 5-14。

表 5-14　　　　　　　　　　　　　　　　锁定模式

锁定模式	作　　用
共享锁	用于不更改或不更新数据的读取操作
更新锁	用于可更新的数据中,防止当多个事务在读取、锁定以及随后可能进行的数据更新时发生死锁
排他锁	用于数据修改操作,确保不会同时对同一数据进行不同的更新
意向锁	用于建立锁的层次结构,通常有两种用途,防止其他事务使较低级别锁无效的方式修改较高级别资源
架构锁	用于在执行依赖于表架构的操作时使用,分为架构修改锁和架构稳定性锁两种类型
大容量更新锁	用于在向表进行大容量数据复制且指定了 tablock 提示时使用
键范围锁	用于在使用可序列化事务隔离级别时保护查询读取的行的范围,确保再次运行查询时其他事务无法插入符合可序列表事务的查询的行

在多个任务中,如果每个人都锁定了自己的资源,却又在等待其他事务释放资源,此时就会造成死锁(Deadlock)。比如,事务 A 和事务 B 是正在并发执行的两个事务,事务 A 锁定了表 1 的所有数据,同时请求使用表 2 里的数据,而事务 B 锁定了表 2 里面的所有数据,同时请求使用表 1 里的数据。两个事务都在等待对方释放资源,因此造成了一个死循环,这就形成了死锁。此时,除非某个外部程序来结束其中一个事务,否则这两个事务就会无限期地等待下去。

SQL Server 通过死锁监视器来进行死锁的处理,当监视器监测到两个或多个事务之间存在这种循环的依赖关系,将会在这多个死锁的事务之间寻找一个"牺牲者",终止其事务并返回一个错误,然后释放资源给其他事务。

综合训练 5　HR 人力资源管理数据库编程

1. 实训目的与要求

（1）掌握数据库编程的一般方法。
（2）掌握存储过程的设计和使用方法。
（3）掌握触发器的设计和使用方法。
（4）培养基础的业务逻辑分析能力和数据库编程能力。

2. 实训内容与过程

（1）使用 T-SQL 语句创建一个存储过程 proc1，这个存储过程实现添加员工信息，并保存成 proc1.sql 脚本文件。

（2）使用 T-SQL 语句创建一个存储过程 proc2，这个存储过程实现更新工资信息，并保存成 proc2.sql 脚本文件。

（3）使用 T-SQL 语句创建一个存储过程 proc3，这个存储过程实现删除指定员工号的信息，并保存成 proc3.sql 脚本文件。

（4）使用 T-SQL 语句创建一个带输入参数的存储过程 proc4，这个输入参数是"培训证书名称"，实现查询具有某个"培训证书"的员工编号、姓名、年龄、学历、所在部门、职位及参加培训项目名称、参加时间等信息，并保存成 proc4.sql 脚本文件。请执行存储过程，查询具有"助理电子商务师"证书的员工信息。

（5）使用 T-SQL 语句创建名为 trigger1 的触发器，它将实现计算应发工资和实发工资，并保存成 trigger1.sql 脚本文件。

知识提升

专业英语

编程：Programming　　　　　　　存储过程：Stored Procedures
触发器：Trigger　　　　　　　　　事务：Transaction
并发：Complicating　　　　　　　锁：Lock
函数：Function
ACID：指数据库事务正确执行的四个基本要素的缩写。包含：原子性（Atomicity）、一致性（Consistency）、隔离性（Isolation）、持久性（Durability）。一个支持事务（Transaction）的数据库系统，必须具有这四种特性，否则在事务过程（Transaction processing）当中无法保证数据的正确性，交易过程极可能达不到交易方的要求

考证天地

1. 考点归纳

根据新版《数据库系统工程师考试大纲》（2020 年 12 月清华大学出版社出版发行），涉及考点包括存储过程、触发器、事务以及并发控制等方面。

（1）存储过程

存储过程是将常用的或很复杂的工作，预先用 SQL 语句写好并用一个指定的名称存储起来的代码序列，那么以后需要数据库提供与已定义好的存储过程的功能相同的服务时，只需调

用 EXECUTE,即可自动完成命令。

(2) 触发器

触发器是一种特殊类型的存储过程,它是通过事件触发而执行的。主要特点是,当被声明的事件发生时触发器被激活;触发器激活后不会立即执行,而是先测试触发条件;如果触发条件满足,则由 DBMS 执行与该触发器相连的动作。

(3) 事务

事务是一个操作序列,这些操作要么都做,要么都不做,它是数据库环境中不可分割的逻辑工作单位。事务的四个特性 ACID,即原子性、一致性、隔离性、永久性。

(4) 并发控制

并发操作带来的问题是数据的不一致性,有三种:丢失更新、不可重复读、读脏数据。主要原因是事务的并发操作破坏了事务的隔离性。并发控制的主要技术是封锁,有两种封锁类型:排他锁(又称为 X 锁或写锁),共享锁(又称为 S 锁或读锁)。排他锁:特征是独占性;共享锁:特征是共享可读,在锁释放前该数据对象不可写。三级封锁协议:一级封锁协议是指事务在修改数据前对其加 X 锁,直到事务结束才释放,这样就解决了丢失更新的问题;二级封锁协议是指在一级封锁协议的基础上,事务 T 在读取数据 R 之前先对其加 S 锁,读完后立即释放 S 锁,这样就解决了读脏数据的问题;三级封锁协议是指在一级封锁协议的基础上,事务 T 在读取数据 R 之前先对其加 S 锁,直到事务结束时释放 S 锁,三级封锁协议能够解决丢失更新、读脏数据、不可重复读这三个问题。

2. 真题解析

真题 1:关于存储过程的描述,错误的是(　　)。

A. 存储过程可以屏蔽表的细节,起到安全作用

B. 存储过程可以简化用户的操作

C. 存储过程可以提高系统的执行效率

D. 存储过程属于客户端程序

[分析]　在数据库管理系统中设置存储过程的目的是屏蔽表的细节,简化用户操作,提高系统执行效率,同时可以起到安全作用。答案 D。

真题 2:阅读下列说明和后面的问题,将解答填入答题纸的对应栏内。

[说明]

天津市某银行信息系统的数据库部分关系模型如下所示:

客户(客户号,姓名,性别,地址,邮编,电话)

账户(账户号,客户号,开户支行号,余额)

支行(支行号,支行名称,城市,资产总额)

交易(交易号,账户号,业务金额,交易日期)

其中,业务金额为正值表示客户向账户存款;为负值表示取款。

[问题]

对于每笔金额超过 10 万元的交易,其对应账户标记属性值加 1,给出触发器实现的方案。

CREATE TRIGGER 交易_触发器(m)ON 交易

REFERENCING NEW ROW AS 新交易

FOR EACH ROW

WHEN(n)

BEGIN ATOMIC
UPDATE 账户 SET 账户标记＝账户标记＋1
WHERE (o);
COMMIT WORK;
END

［解析］

创建触发器可通过 CREATE TRIGGER 语句实现,问题要求考生掌握该语句的基本语法结构。按照问题要求,在交易关系中插入一条记录时触发器应自动执行,故需要创建基于 INSERT 类型的触发器,其触发条件是新插入交易记录的金额属性值＞100000.00;最后添加表连接条件。完整的触发器实现方案如下:

CREATE TRIGGER　交易触发器 AFTER INSERT ON 交易
REFERENCING NEW ROW AS 新交易
FOR EACH ROW
WHEN 新交易.金额＞100000.00
BEGIN ATOMIC
UPDATE 账户 SET 账户标记＝账户标记＋1
WHERE 账户.账户号＝新交易.账户号;
COMMIT WORK;
END

问题探究

(1)使用存储过程有哪些注意事项?

①使用 SET NOCOUNT ON。默认情况下,存储过程将返回过程中每个语句影响的行数。如果不需要在应用程序中使用该信息(大多数应用程序并不需要),请在存储过程中使用 SET NOCOUNT ON 语句以终止该行为。根据存储过程中包含的影响行的语句数量,将删除客户端和服务器之间的一个或多个往返过程。尽管这不是大问题,但它可以对高流量应用程序的性能产生负面影响。

②不要使用 sp_prefix,因为 sp_prefix 是为系统存储过程保留的。数据库引擎将始终首先在主数据库中查找具有此前缀的存储过程。这意味着当引擎首先检查主数据库,然后检查存储过程实际所在的数据库时,将需要较长的时间才能完成检查过程。而且,如果碰巧存在一个名称相同的系统存储过程,则这个过程根本不会得到处理。

③尽量少用可选参数。在频繁使用可选参数之前,请仔细考虑。通过执行额外的工作会很轻易地影响性能,为此根据为任意指定执行输入的参数集合,这些工作是不需要的。可以通过对每种可能的参数组合使用条件编码来解决此问题,但这相当费时并会增大出错的概率。

④在可能的情况下使用 OUTPUT 参数。通过使用 OUTPUT 参数返回标量数据,可以略微提高速度并节省少量的处理功率。在应用程序需要返回单个值的情况下,请尝试此方法,而不要将结果集具体化。在适当的情况下,也可以使用 OUTPUT 参数返回光标,但是我们将在后续章节中介绍光标处理与基于集合的处理在理论上的分歧。

⑤提供返回值。使用存储过程的返回值,将处理状态信息返回给进行调用的应用程序。在您的开发组中,将一组返回值及其含义标准化,并一致地使用这些值,这会使得处理调用应用程序中的错误更加容易,并向最终用户提供有关问题的有用信息。

⑥首先使用DDL,然后使用DML。将DML语句放在数据定义语言(DDL)语句之后执行(此时DML将引用DDL修改的任意对象)时,SQL Server将重新编译存储过程。出现这种情况,是由于为了给DML创建计划,SQL Server需要考虑由DDL对该对象所做的更改。如果留意存储过程开头的所有DDL,则它只需重新编译一次。如果将DDL和DML语句混合使用,则将强制存储过程多次进行重新编译,这将对性能造成负面影响。

(2)使用触发器有哪些注意事项?

①AFTER触发器只能用于数据表中,INSTEAD OF触发器可以用于数据表和视图上,但两种触发器都不可以建立在临时表上。

②一个数据表可以有多个触发器,但是一个触发器只能对应一个表。

③在同一个数据表中,对每个操作(如INSERT、UPDATE、DELETE)而言可以建立多个AFTER触发器,但INSTEAD OF触发器针对每个操作只能建立一个。

④如果针对某个操作既设置了AFTER触发器又设置了INSTEAD OF触发器,那么INSTEAD OF触发器一定会激活,而AFTER触发器就不一定会激活了。

⑤TRUNCATE TABLE语句虽然类似于DELETE语句可以删除记录,但是它不能激活DELETE类型的触发器,因为TRUNCATE TABLE语句是不记入日志的。

⑥WRITETEXT语句不能触发INSERT和UPDATE类型的触发器。

⑦不同的SQL语句,可以触发同一个触发器,如INSERT和UPDATE语句可以激活同一个触发器。

技术前沿

SQL Server的每个版本在T-SQL命令方面都会有些新的变化,这些变化会让数据库编程变得更加轻松,比如在SQL Server 2012中就增加了这样一些T-SQL命令:

(1)WITH RESULT SETS

SQL Server 2012引入EXECUTE语句中的WITH RESULT SETS子句,可以重新定义从存储过程中返回结果的字段名和数据类型。

WITH RESULT SETS子句解决了困扰数据库编程的许多问题,编写存储过程作为业务逻辑一部分的用户都遇到过这样的问题:列名往往是不能改变的,假定创建了一个存储过程,返回几列数据,都有指定的名称和数据类型。虽然每次运行存储过程时,都只能获得那些名称和数据类型的结果。但如果修改存储过程,修改输出,就有可能出现与其他组件不兼容的情况(包括SQL Server内部的和外部的组件)。

有很多种方法可以解决这个问题:例如,创建并行存储过程,返回新格式的结果,然后逐步把所有逻辑迁移到新存储过程中来。然而在迁移期间,一般需要维护两套存储过程。

WITH RESULT SETS的出现解决了这一问题,它可以支持调用存储过程时,通过使用指令重新定义存储过程的结果集名称和类型,比如:

EXEC myStoredProcedure 123

假如上面命令正常会返回int类型列,名称是Result_Code。由于业务逻辑的变化,需要让列名称改为ResultCode(可以采取的做法是:实行一个标准,规定列如何命名,且不允许出现下划线)。不需要修改存储过程本身,只需要修改存储过程的调用之处,比如:

EXEC myStoredProcedure 123
WITH RESULT SETS
([ResultCode] int NOT NULL)

还有一个方法,可以使用WITH RESULT SETS返回多个结果集:

```
EXEC myStoredProcedure 123
WITH RESULT SETS
(
    ([ResultCode] int NOT NULL),([Result_Code] int NOT NULL)
)
```

这个命令会给客户端返回两个结果集——第一个结果集是"新格式"的,第二个结果集是"原来的格式"。这样就可以让客户端选择哪一个结果集更适合使用,并且都是同一个命令返回来的。

(2) THROW

SQL Server 中的错误处理通常是通过 RAISERROR 命令实现的。然而,RAISERREOR 有几个限制:它只能返回"sys. messages"中定义的错误码,尽管可以使用大于 50000 的错误码来创建自定义错误类型(默认是 50000,但是可以指定其他编码)。也就是说,这对于处理系统级错误是最有用的,但是对于具体涉及自定义数据库的错误就不是很合适了。新命令 THROW 支持错误捕获操作,这样可以更好地适合 T-SQL 用户的应用。如果把它与 RAISERROR 命令进行比较,就可以看到它们彼此的特点:

①RAISERROR 不管什么时候调用,总是产生新的异常,所以在例程执行期间任何之前生成的异常(例如,一些 CATCH 块之外的异常)都会抛弃。THROW 可以重新抛出原异常,触发"CATCH"代码块,所以它可以提供该错误的更多上下文信息。

②RAISERROR 用来产生应用级的和系统级的错误代码。THROW 只产生应用级的错误(错误码大于或等于 50000 的那部分)。

③如果使用错误码 50000 或者更大的错误码编号,RAISERROR 只能传递自定义错误消息,而 THROW 支持传入任何想要的错误文本。

④RAISERROR 支持标记替代,THROW 不支持。

⑤RAISERROR 支持任何安全级别的错误,THROW 只支持安全级别 16 的错误。

总而言之,设计 THROW 命令主要是给 T-SQL 脚本和存储过程在需要返回自定义错误时用的,这些错误是为编程人员创建的应用程序专门自定义的。

本章小结

1. 数据库编程:变量的定义和使用、流程控制语句、系统函数等。
2. 存储过程:存储过程的设计、存储过程的创建、存储过程的执行等。
3. 触发器:触发器的设计、触发器的创建、触发器的触发等。
4. 事务:事务的设计、事务的提交、事务的回滚。
5. 并发:事务的执行模式、事务的隔离级别、锁机制等。

思考习题

一、选择题

1. 事务的性质中,关于原子性(atomicity)的描述正确的是(　　)。

A. 指数据库的内容不出现矛盾的状态

B. 若事务正常结束,即使发生故障,更新结果也不会从数据库中消失

C. 事务中的所有操作要么都执行,要么都不执行

D. 若多个事务同时进行,与顺序实现的处理结果是一致的

2. 使用 DECLARE 申明一个局部变量@m,则下列能对@m 进行赋值的语句是( )。

A. @m=100　　　　　　　　　　B. SET @m=100

C. SELECT @m=100　　　　　　　D. DECLARE @m=100

3. 以下关于 SQL 函数的说法正确的是( )。

A. 单行函数每次传入一行列值,返回一行返回值

B. 多行函数每次传入一行列值,返回多行返回值

C. SELECT SYSDATE() FROM DUAL;语句执行后得到当前的日期时间

D. to_date 函数是传入一个描述当前时间点到一个既定时间的毫秒数值,返回一个日期型数据

4. 下列函数中用于将字符转换为 ASCII 码的函数是( )。

A. CHAR()　　　B. ASCII()　　　C. NCHAR()　　　D. UNICODE()

5. 可用于返回今天属于哪个月份的 T-SQL 语句是( )。

A. SELECT DATEDIFF(mm,GetDate())

B. SELECT DATEPART(month,GetDate())

C. SELECT DATEDIFF(n,GetDate())

D. SELECT DATENAME(dw,GetDate())

6. 下列常量中不属于字符串常量的是( )。

A. ′小明′　　　B. ′what′′s this′　　　C. ″小强″　　　D. ″what′s your name″

7. 有下述 T-SQL 语句

DECLARE @sub varchar(10)

SET @sub=′aaa′

SELECT @sub=SUBSTRING(′HELLO SQL Server′,3,3)

PRINT @sub

则程序执行后的现实结果为( )。

A. 程序报错　　　B. ′aaa′　　　C. ′LLO′　　　D. ′LO′

8. 下列关于触发器的描述,正确的是( )。

A. 一个触发器只能定义在一个表中

B. 一个触发器能定义在多个表中

C. 一个表上只能有一种类型的触发器

D. 一个表上可以有多种不同类型的触发器

9. 下列关于存储过程的描述不正确的是( )。

A. 存储过程能增强代码的重用性

B. 存储过程可以提高运行速度

C. 存储过程可以提高系统安全

D. 存储过程不能被直接调用

10. 下列字符串函数中可用于返回子字符串的是( )。

A. LEFT()　　　B. REPLACE()　　　C. RIGHT()　　　D. SUBSTRING()

二、填空题

1. T-SQL 中的整数类型包括_____、_____、_____、_____。
2. T-SQL 流程控制语句中 CASE 语句分为_____和_____两种。
3. T-SQL 中的变量分为_____和_____两种。
4. 使用全局变量_____可返回当前服务器的数目。
5. _____和_____运算符可用于对 datetime 及 smalldatetime 类型的值执行算术运算。
6. 函数_____用于以标准格式返回当前系统的日期和时间。
7. 根据常量的类型不同，可分为字符串常量、二进制常量、_____、_____、_____、_____。
8. SQL Server 中的运算符可以分为算术运算符、_____、_____、_____、_____、_____、一元运算符。
9. SQL Server 提供了大量的系统函数，常用的有聚合函数、_____、_____、_____等。
10. 结束事务包括_____和_____。

三、简答题

1. 简述 T-SQL 中局部变量和全局变量各自的使用原则。
2. 简述运算符的类型和优先顺序。
3. 简述常用的流程控制语句的类型和功能。
4. 简述在数据库编程中使用存储过程有哪些好处。
5. 简述事务中包含的四种重要属性分别是什么。
6. 已知有数据库表(products)如图 5-7 所示。

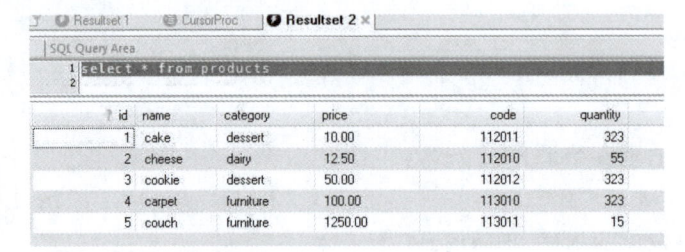

图 5-7　数据库表(products)

请综合运用存储过程和游标，获取库存量(quantity)小于 100 的产品的代码 code。

第 6 章

数据库管理

数据库管理包括安全管理和数据库日常维护。

数据库的安全性是指保护数据库以防止不合法的使用所造成的数据泄漏、更改或破坏。系统安全保护措施是否有效是数据库系统的主要指标之一。安全是数据引擎的关键特性之一，保护企业免受各种威胁，尤其是数据库，它们存储着企业的宝贵信息。

数据库日常维护工作是系统管理员的重要职责。其内容主要包括以下几个部分：备份数据库、备份事务日志、备份数据库及其日志间的相互作用、监视系统运行状况、及时处理系统错误、灾难恢复与管理、保证系统数据安全、周期更改用户口令等。

本章主要介绍数据库用户管理、权限分配、数据库备份与恢复、数据转换和复制等方面的知识、技能及方法。

教学目标

- 了解 SQL Server 2012 的安全机制。
- 掌握 SQL Server 登录和用户管理。
- 掌握 SQL Server 角色及权限管理。
- 掌握 SQL Server 中数据库备份和还原的方法。
- 掌握数据库导入/导出的方法。
- 掌握数据库复制的方法。

教学任务

【任务 6.1】登录与用户管理

【任务 6.2】角色与权限管理

【任务 6.3】数据库备份

【任务 6.4】数据库恢复

【任务 6.5】数据库导入/导出与复制

任务 6.1　登录与用户管理

6.1.1　任务描述与必需知识

1. 任务描述

（1）身份验证模式设置。设置 SQL Server 的验证模式，使其能够进行 SQL Server 身份验证。

(2)登录名创建。在 SQL Server 中创建新的登录名并设置密码。

(3)数据库用户添加。在 CRM 客户关系管理数据库中添加新的数据库用户并关联登录名。

(4)T-SQL 管理登录帐户和数据库用户。使用 T-SQL 语句创建登录帐户和数据库用户。

2. 任务必需知识

(1)数据库安全:数据库安全一般包含两个方面,第一,系统运行安全,比如由于安全设置不合理导致网络不法分子通过互联网、局域网等手段入侵数据库系统对数据进行破坏;第二,系统信息安全,系统安全通常受到的威胁有黑客对数据库入侵,并盗取想要的资料。数据库系统的安全特性主要是针对数据而言的,包括数据独立性、数据安全性、数据完整性、并发控制、故障恢复等几个方面。

(2)SQL Server 身份验证模式:身份验证模式是指 SQL Server 如何处理用户名和密码,SQL Server 提供了两种验证模式,Windows 身份验证模式和混合验证模式。

①Windows 身份验证模式。Windows 身份验证模式是指当用户通过 Windows 用户帐户进行连接时,SQL Server 使用 Windows 操作系统中的信息验证登录名和密码,用户不必重复提交登录名和密码。当数据库仅在内部访问时,使用 Windows 身份验证模式可以获得最佳工作效率。

②混合验证模式。使用混合身份验证模式,可以同时使用 Windows 身份验证和 SQL Server 身份验证。当要使用 SQL Server 登录名连接数据库时,则必须将服务器身份验证设置为 SQL Server 和 Windows 身份验证模式。一般在用于外部的远程访问,比如程序开发中的数据库访问。

(3)登录名:登录名是存放在服务器上的一个实体,使用登录名可以进入服务器,但是不能访问服务器中的数据库资源。比如"sa"就是 SQL Server 自带的一个登录名。

(4)数据库用户名:用户名是一个或多个登录名在数据库中的映射,通过对用户名进行授权后,可以为登录名提供数据库的访问权限。比如"dbo"就是 SQL Server 自带的一个数据库用户名,当使用"sa"进行登录后就可以以"dbo"用户的身份进行数据库资源访问。

(5)创建 SQL Server 登录名基本语句格式:

CREATE LOGIN 登录名

(6)修改登录名。使用 ALTER LOGIN 语句可以修改登录名的密码和用户名,基本语句格式:

ALTER LOGIN　登录名

WITH <修改项>[,...n]

(7)创建 SQL Server 数据库用户基本语句格式:

CREATE USER　数据库用户名 [{FOR|FROM}

{

　　LOGIN　登录名

}

| WITHOUT LOGIN

]

6.1.2　任务实施与思考

1. 身份验证模式设置

要求:将 SQL Server 的身份验证模式设置为混合验证模式。

(1)打开服务器属性窗口。在"对象资源管理器"中,鼠标右击当前连接对象,在如图6-1所示的弹出菜单中选择"属性",即可打开如图6-2所示的服务器属性窗口。

图6-1 服务器属性

图6-2 服务器属性

(2)设置身份验证模式。在服务器属性窗口中,选择左边标签中的"安全性",即可看到"服务器身份验证"选择项,选择"SQL Server 和 Windows 身份验证模式"后单击"确定"按钮,即可完成对身份验证模式的设置,如图6-3所示。

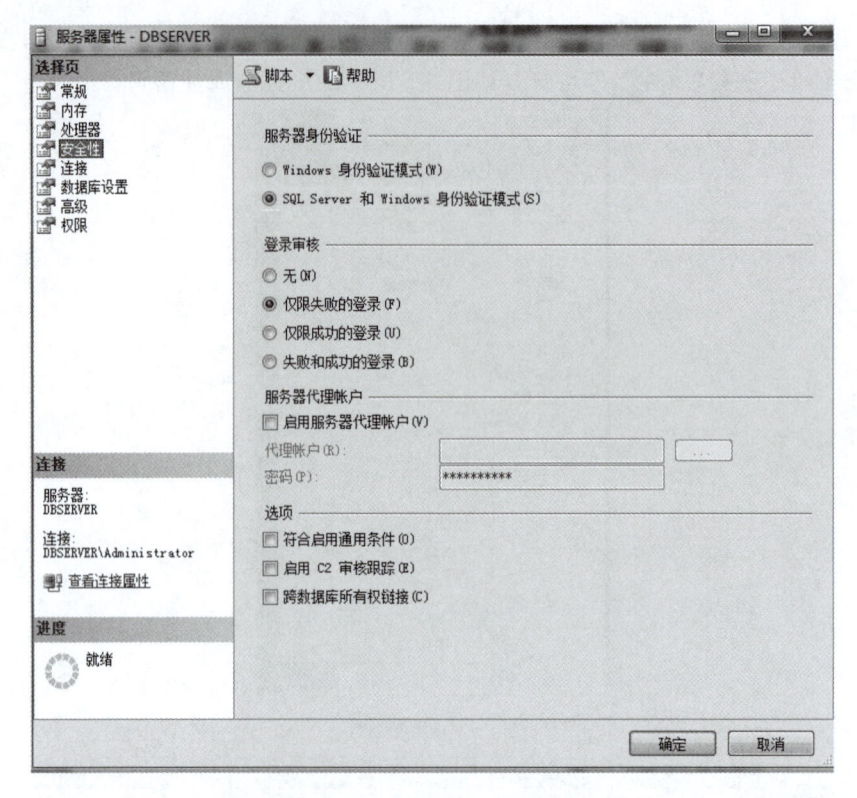

图 6-3 设置身份验证模式

💡 **提示**：要使服务生效，设置完毕后，需要重新启动服务，如图 6-4 所示。

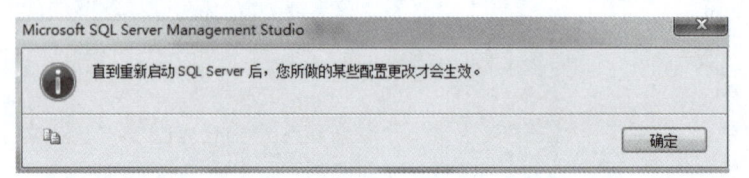

图 6-4 重新启动服务器

通过上述两个步骤就可以完成 SQL Server 身份验证模式的设置，在登录时就可以采用 SQL Server 身份验证来进行登录。

💡 **思考**：如何使用 SQL Server 的"sa"登录名重新登录数据库？比较两种身份验证方式有什么区别。

2. 登录名创建

要求：在 SQL Server 中创建新的登录名"admin"，并设置其密码也为"admin"。

（1）打开"登录名-新建"窗口。在"对象资源管理"中展开"安全性"文件夹，并用鼠标右击其中的"登录名"文件夹，在如图 6-5 所示的菜单中选择"新建登录名"后即可打开如图 6-6 所示的"登录名-新建"窗口。

（2）新建 SQL Server 登录名。在"登录名-新建"窗口中选择"SQL Server 身份验证"，在"登录名"文本框中输入登录名"admin"，并在"密码"以及"确认密码"中都输入"admin"。取消"强制实施密码策略"后，单击"确定"按钮即可实现新登录名创建，如图 6-7 所示。创建后就可以在"对象资源管理器"中看到名为"admin"的登录名。

图 6-5 "新建登录名"选项　　　　图 6-6 "登录名-新建"窗口

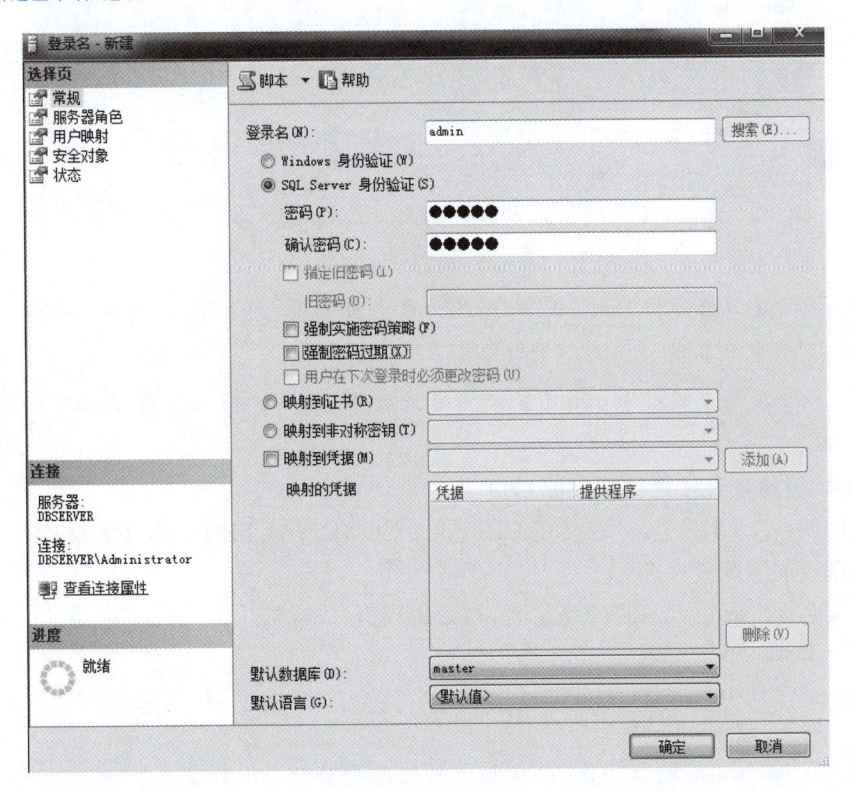

图 6-7 新建登录名

> **提示**：由于新建登录名的默认数据库是 master 数据库，没有其他数据库的访问权限。因此，使用 admin 登录名登录后并不能访问 DB_CRM 数据库。

💡 **思考**：使用新创建的"admin"登录名重新登录数据库，比较使用"admin"登录名和使用"sa"登录名有什么区别。

3. 数据库用户添加

要求：为 CRM 客户关系管理数据库添加新的数据库用户"李明"，并设置其关联的登录名为"admin"。

(1)打开"数据库用户-新建"窗口。在"对象资源管理器"中展开 CRM 客户关系管理数据库"DB_CRM"，展开"安全性"文件夹后，用鼠标右击"用户"文件夹，在弹出的菜单中选择"新建用户"后即可打开"数据库用户-新建"窗口。

(2)新建数据库用户。打开"数据库用户-新建"窗口后，在"用户名"文本框中输入"李明"，并选择其登录名为"admin"。单击"确定"按钮，完成数据库用户的新建，如图 6-8 所示。添加完成后，在 CRM 客户关系管理数据库的用户中就可以看到名为"李明"的用户。而且，使用"admin"登录名登录数据库后就可以使用用户"李明"对 CRM 客户关系管理数据库进行访问了。

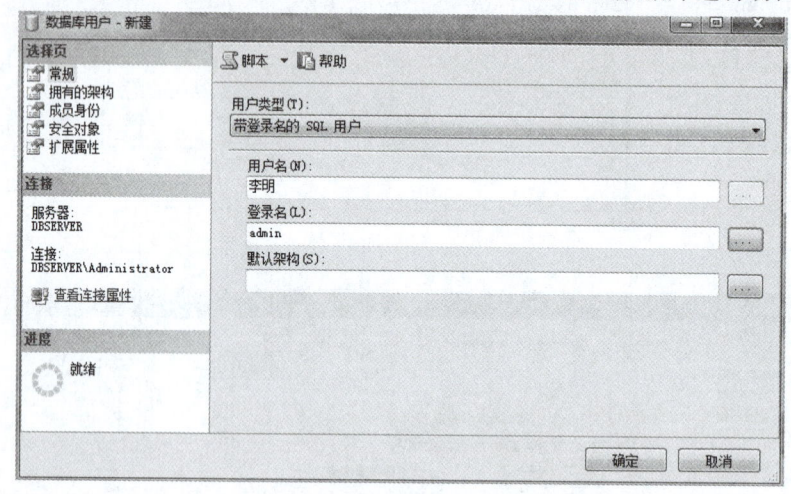

图 6-8　新建数据库用户

💡 **提示**：新建数据库用户时，在"数据库角色成员身份"列表框中，可以选择数据库角色，如果不选择，则角色默认为 public 角色。

💡 **思考**：使用新创建的"admin"登录名登录数据库后，能否进行数据库用户的添加和删除呢？为什么？

4. T-SQL 管理登录帐户和数据库用户

在 SQL Server 2012 中，可以使用 CREATE LOGIN、ALTER LOGIN 和 DROP LOGIN 语句创建、修改和删除登录名。

(1)创建名为"NewAdmin"的登录名，初始密码为"66666"
CREATE LOGIN NewAdmin
WITH PASSWORD='66666'
GO

将名为"NewAdmin"的登录密码由"66666"修改为"888888"：
ALTER LOGIN NewAdmin
WITH PASSWORD='888888'
GO

(2)创建 Windows 用户的登录名 DBAdmin(对应 Windows 用户为 DBAdmin)

```
CREATE LOGIN [mac－pc\DBAdmin] FROM WINDOWS
GO
```

提示:

①DBAdmin 必须是创建好的 Windows 用户,mac-pc 在这里指的是当前计算机名。

②通过 FROM WINDOWS 指定创建 Windows 用户登录名。

(3)删除登录名"NewAdmin"

```
DROP LOGIN NewAdmin
GO
```

(4)使用 T-SQL 管理数据库用户

要求创建与登录名"NewAdmin"关联的 DB_CRM 数据库用户,数据库用户名为"李军"。

```
USE DB_CRM
GO
CREATE USER　李军
FOR LOGIN NewAdmin
GO
```

思考:如何创建与登录名"NewAdmin"同名的 DB_CRM 数据库用户?

可使用如下语句:

```
USE DB_CRM
GO
CREATE USER NewAdmin
GO
```

该语句即在 DB_CRM 中创建名为 NewAdmin 的数据库用户。

(5)将数据库用户"李军"的名称修改为"李强"

```
USE DB_CRM
GO
ALTER USER 李军 WITH NAME＝李强
```

(6)查看当前数据库中的数据库用户信息

```
EXEC sp_helpuser
GO
```

执行效果如图 6-9 所示。

	UserName	RoleName	LoginName	DefDBName	DefSchema...	UserID	SID
1	dbo	db_owner	mac-PC\mac	master	dbo	1	0x0105000000000000
2	guest	public	NULL	NULL	guest	2	0x00
3	INFORMATION_SCHEMA	public	NULL	NULL	NULL	3	NULL
4	sys	public	NULL	NULL	NULL	4	NULL
5	李明	public	admin	master	dbo	5	0x84F11E4D2CB946
6	李强	public	NewAdmin	master	dbo	6	0x316B98504C55CB

图 6-9　当前数据库用户

提示:sp_helpuser 是系统存储过程,执行它即可查询当前数据库用户信息。

(7)从 DB_CRM 数据库中删除所建数据库用户"李强"

```
USE DB_CRM
GO
DROP USER 李强
GO
```

6.1.3 课堂实践与检查

1. 课堂实践

（1）按照任务实施过程的要求完成各子任务并检查实施结果。

（2）在 SQL Server 中创建新的登录名。要求：设置登录名称为"CRM 管理员 1"；设置登录密码为"123456"。

（3）在 DB_CRM 客户关系管理数据库中添加用户。要求：设置数据库用户名为"DBAdmin1"；指定该用户的登录帐户为"CRM 管理员 1"。

（4）使用 T-SQL 语句创建新的登录名。要求：设置登录名称为"CRM 管理员 2"；设置登录密码为"123456"。

（5）使用 T-SQL 修改"CRM 管理员 2"登录密码为"555666"。

（6）使用 T-SQL 语句创建与登录名"CRM 管理员 2"对应的数据库用户"DBAdmin2"。

2. 检查与问题讨论

（1）任务完成情况检查评价。根据任务描述与要求，小组成员相互检查，提出存在的问题，根据问题进行小组讨论。

（2）讨论 Windows 验证模式和 SQL Server 验证模式有什么区别，各自的适用范围是什么。

（3）总结讨论数据库用户名和 SQL Server 登录名有什么区别和联系。

6.1.4 知识完善与拓展

SQL Serve 2012 安全架构

SQL Server 2012 整个安全体系结构从顺序上可以分为认证和授权两个部分，其安全机制可以分为五个层级。

（1）客户机安全机制

（2）网络传输安全机制

（3）实例级别安全机制

（4）数据库级别安全机制

（5）对象级别安全机制

这些层级由高到低，所有的层级之间相互联系，用户只有通过了高一层的安全验证，才能继续访问数据库中低一层的内容。

SQL Server 2012 提供了安全机制，可利用"登堂入室"形象地比喻数据库的安全性管理，如图 6-10 所示。服务器好比一栋办公大楼，楼内有许多房间（数据库），每个房间中放着不少的文件（数据库对象：表\视图\过程\函数\字段等）。比如，要查看客户文件（访问数据库对象），则必须经过以下几个步骤：

（1）通路——计算机连接

要到达办公大楼（数据库服务器），必须要有通路，也就是说搜索登录到安装 SQL Server 服务器的计算机。客户机和服务器之间数据的传输必然要经过网络，SQL Server 2012 支持采用 SSL（安全套接字层）的 TCP/IP 协议来对数据进行加密传输，以有效避免黑客对数据的截获，这属于网络的传输安全。

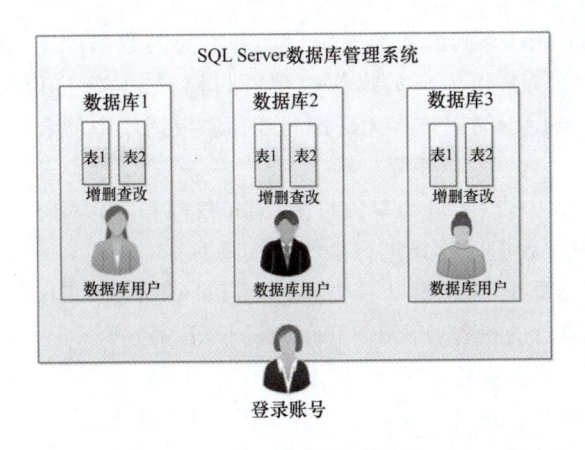

图 6-10　数据库安全性管理

(2) 登堂——登录服务器

用户到达办公大楼前,必须要有一把能够打开大门的钥匙,才可以进入,用户要访问 SQL Server 2012 服务器,必须提供一个合法的登录名和密码,才能登录 SQL Server 2012 服务器。

(3) 入室——访问数据库查看文件

进入办公大楼后,还必须有一把进入房间(数据库)的钥匙才能进入房间。也就是说,用户使用登录名和密码登录服务器后,并不意味着能够访问服务器上的数据库,只能将登录名映射成指定的数据库的用户,才能访问指定的数据库。

(4) 查看文件——访问数据库对象

用户只允许查看允许的文件,比如只有会计才允许查看客户报表。用户登录服务器的最终目的是查看或修改数据库中指定的数据对象,如数据表、报表等,在 SQL Server 2012 中可以指定不同的登录名对同一数据库中的数据对象具有不同的访问权限,也就是说,有的用户拥有查看权限,有的用户则拥有查看和修改权限。

> **社会责任——数据伦理(数据安全)**
> 2020 年 2 月 16 日,体育连锁巨头迪卡侬发生大范围数据泄露,起因为 1.23 亿条记录被保存在一个并不安全的数据库中。

任务 6.2　权限与角色管理

6.2.1　任务描述与必需知识

1. 任务描述

(1) SSMS 设置用户权限。通过 SSMS 实现对 CRM 客户关系管理数据库用户进行权限设置。

(2) T-SQL 分配权限。通过 T-SQL,实现对 CRM 客户关系管理数据库用户进行权限设置。

(3) 角色设置。通过 SSMS 和 T-SQL 创建角色,实现把具有相同访问权限的登录帐户进行集中管理。

2. 任务必需知识

(1) 用户权限:用户权限是指使用和操作数据库对象的权力,用户权限指明了用户可以获得哪些数据库对象的使用权以及用户能够对这些对象执行何种操作。在 SQL Server 中可以通过设置表属性、设置角色等方法来实现权限的设置。

在 SQL Server 2012 中,不同的数据库用户具有不同的数据库访问权限。用户要对某数据库进行访问操作时,必须获得相应的操作权限,即得到数据库管理系统的操作权限授权。SQL Server 2012 中未被授予的用户将无法访问或存取数据库中的数据。

(2)权限的种类

在 SQL Server 2012 中,权限分为对象权限、语句权限和隐含权限。

①对象权限。用户对数据库对象进行操作的权限。
- 针对表和视图的操作:SELECT、INSERT、UPDATE 和 DELETE 语句。
- 针对表和视图的行的操作:INSERT 和 DELETE 语句。
- 针对表和视图的列的操作:INSERT 和 UPDATE 语句。
- 针对存储过程和用户定义的函数的操作:EXECUTE 语句。

②语句权限。用于创建数据库或者数据库中对象涉及的操作权限。

语句权限指是否允许执行特定的语句,如:CREATE DATABASE、CREATE DEFAULT、CREATE FUNCTION、CREATE PROCEDURE、CREATE RULE、CREATE TABLE、CREATE VIEW、BACKUP DATABASE、BACKUP LOG。

③隐含权限。是指系统定义而不需要授权就有的权限,相当于一种内置权限。隐含权限能由系统预定义的固定成员或者数据库对象所执行的活动,包括固定服务器角色成员、固定数据库角色成员和数据库对象所有者所拥有的权限。

(3)角色管理:为了保证数据库的安全性,逐个设置用户的权限,方法较直观和方便,然而一旦数据库的用户数很多,设置权限的工作将会变得烦琐复杂。在 SQL Server 中通过为角色设置权限解决此类问题。

角色的概念类似于 Windows 操作系统的"组"的概念。在 SQL Server 2012 中角色分为三类:服务器角色、数据库角色和应用程序角色,只要把用户直接设置为某个角色的成员,那么该用户就继承这个角色的权限了。

(4)T-SQL 命令管理权限

可以采用 T-SQL 语句来进行权限管理。

①授予权限。使用 GRANT 语句进行授权活动,其语法为:

GRANT {ALL|statement[,...n]}

TO security_account[,...n]

其中:

ALL 表示授予所有可以应用的权限。

statement 表示可以授予权限的命令,如:CREATE DATABASE。

security_account 定义授予权限的用户。

②撤销权限。使用 REVOKE 语句撤销权限,其语法为:

REVOKE {ALL|statement[,...n]}

FROM security_account[,...n]

③拒绝权限。在授予了用户对象权限后,数据库管理员可以根据实际情况在不撤销用户访问权限的情况下,拒绝用户访问数据库对象。拒绝对象权限的语法为:

DENY {ALL|statement[,...n]}

TO security_account[,...n]

6.2.2 任务实施与思考

1. SSMS 设置用户权限

(1)指定服务器权限

要求:指定登录名"admin"具有创建数据库的权限。

具体操作步骤如下:

①在"对象资源管理器"窗口中右击服务器 DBSERVER(不同的计算机显示不同的服务器名),在弹出的快捷菜单中单击"属性"选项,如图 6-11 所示。

②打开"服务器属性-DBSERVER"窗口,在窗口左侧的"选择页"列表中选择"权限"选项,在"登录名或角色"列表框中选择要设置权限的对象 admin,在"admin 的权限"列表框中的"授予"列进行选择,如图 6-12 所示。

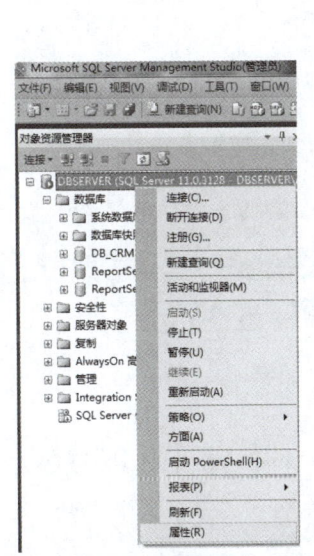

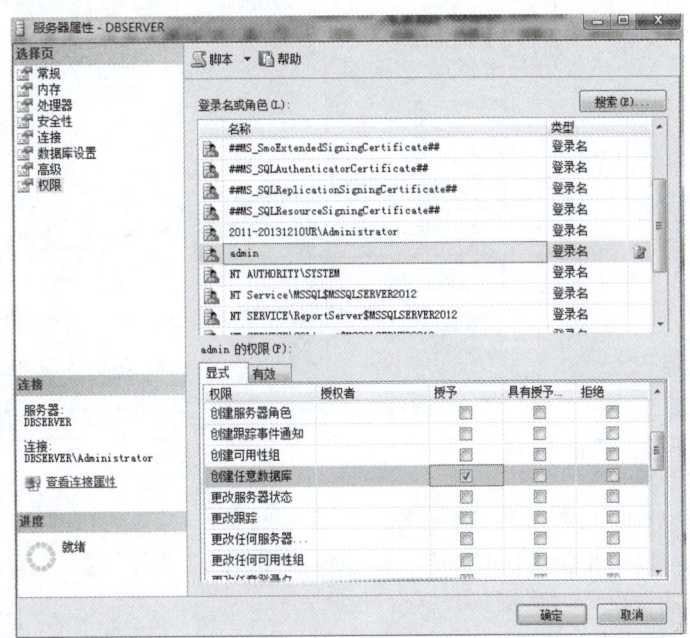

图 6-11 选择"属性"选项

图 6-12 设置服务器权限

③完成后单击"确定"按钮。

图 6-12 所示的解析如下:

登录名或角色:被设置权限的对象。

有效权限:当前选择登录名或角色的权限。

授权者:当前登录至 SQL Server 服务器的登录名。

权限:所有当前登录名可设置的权限。

授予:表示授予权限。

具有授予权限:表示授予选中对象的权限可再授予其他登录名。

拒绝:禁止使用。

"授予""具有授予权限"和"拒绝"这三个选项有连带关系,选中"拒绝"选项就自动取消选中"授予"及"具有授予权限"选项;若选中"具有授予权限"选项,则取消选中"拒绝"选项并自动选择"授予"选项。

(2) 设置数据库权限

要求:指定 DB_CRM 数据库中的用户名"李明"具有创建表和视图的权限。

具体操作步骤如下:

①在"对象资源管理器"中右击数据库 DB_CRM,在弹出的快捷菜单中选择"属性"选项。

②打开"数据库属性-DB_CRM"窗口,在窗口左侧"选择页"列表中选择"权限"选项。在"用户或角色"列表中选择要设置权限的对象"李明",在"李明的权限"列表中进行授权设置,选择授予"创建表"和"创建视图"的权限。如图 6-13 所示。

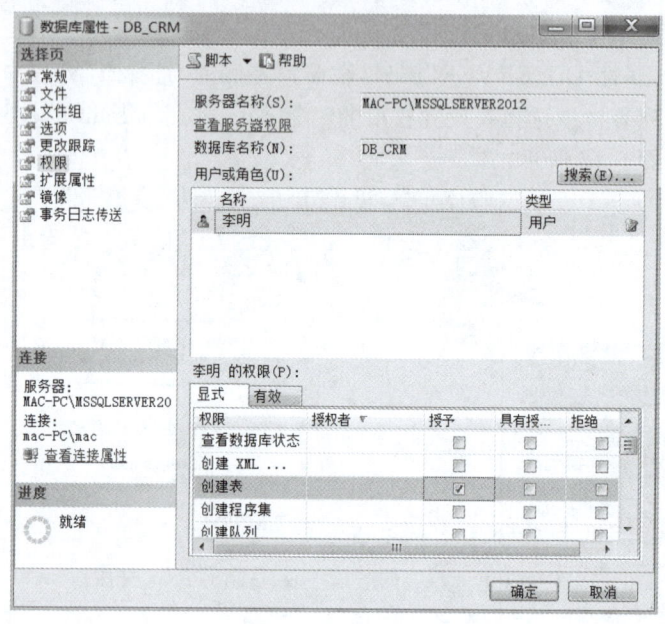

图 6-13　设置数据库权限

(3) 设置数据库对象权限

要求:指定 DB_CRM 数据库中的用户名"李明"在 TB_Customer 表上具有"选择"和"插入"的权限,无"更新"和"删除"权限。

具体操作步骤如下:

①在"对象资源管理器"中展开 DB_CRM"表"结点。

②右击 TB_Customer 表,在弹出的快捷菜单中选择"属性"选项。

③打开"表属性-TB_Customer"窗口,在窗口左侧的"选择页"列表中选择"权限"选项。

④单击"搜索"按钮,打开"选择用户或角色"对话框,单击"浏览"按钮,打开"查找对象"对话框,选中"李明"用户名,然后返回"表属性-TB_Customer"窗口。

⑤在"表属性-TB_Customer"窗口中,在"用户或角色"列表中选择要设置权限的对象"李明",在"李明的权限"列表中进行授权设置,授予"选择"和"插入"的权限,拒绝"更新"和"删除"权限,如图 6-14 所示。

(4) 设置用户权限

对 CRM 客户关系管理数据库用户进行权限设置,让用户"李明"能够对 CRM 客户关系管理数据库拥有所有操作的权限。

①打开用户设置窗口。在"对象资源管理器"中右击数据库用户"李明",在弹出的快捷菜单中选择"属性"后打开"数据库用户-李明"窗口。

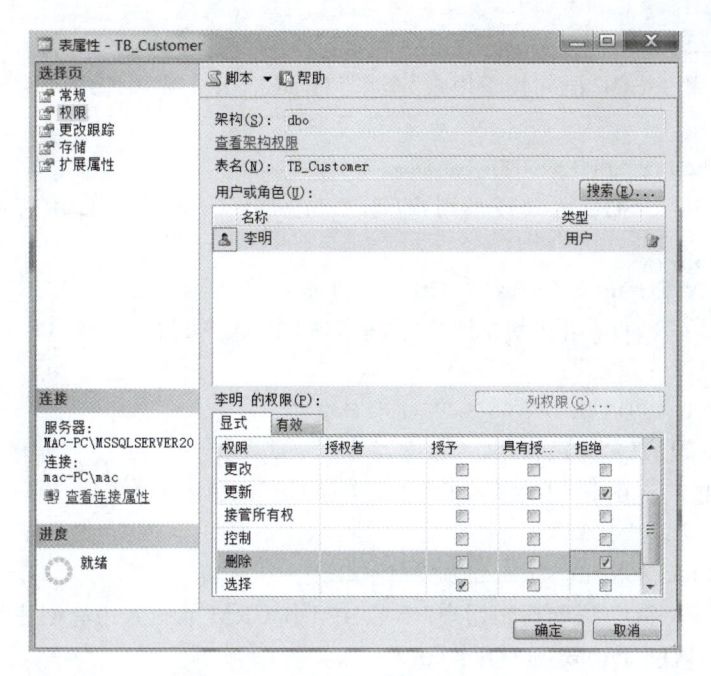

图 6-14　设置对象权限

②设置用户权限。选择"数据库用户-李明"窗口左边的"安全对象"标签,单击"搜索"按钮后打开"添加对象"对话框。在对话框中选择"属于该架构的所有对象",并在下拉列表中选择 db_owner 架构,如图 6-15 所示。这时,用户"李明"就具备了 db_owner(数据库所有者)的权限,可以对 DB_CRM 数据库进行完全控制。

图 6-15　"添加对象"对话框

◆ 提示:其实还可以通过设置数据库对象访问权限或者用户角色的方式来设置用户的权限,这两种方式将在后面的技术知识中讲解。

2. T-SQL 分配权限

(1)要求：使用 T-SQL 语句授予用户"李军"对 DB_CRM 数据库中 TB_Salesman 查询和添加权限。

GRANT SELECT,INSERT ON TB_Salesman TO 李军

(2)要求：使用 T-SQL 语句授予用户"李军"在 DB_CRM 数据库中有创建表和视图的权限。

GRANT CREATE TABLE,CREATE VIEW TO 李军

(3)要求：使用 T-SQL 语句禁止用户"李军"对 DB_CRM 数据库中 TB_Salesman 表更新和删除权限。

DENY DELETE,UPDATE ON TB_Salesman TO 李军

(4)使用 T-SQL 语句撤销权限

①要求：使用 T-SQL 语句撤销用户"李军"对 DB_CRM 数据库中 TB_Salesman 的添加权限。

REVOKE INSERT ON TB_Salesman FROM 李军

②要求：使用 T-SQL 语句撤销用户"李军"在 DB_CRM 数据库中有创建表的权限。

REVOKE CREATE TABLE FROM 李军

3. 角色设置

要求：使用 SQL Server Management Studio 创建数据库角色"行政管理员"，该数据库角色具有对业务员表、业务员任务表、部门表、岗位等级表所有操作的权限，并且把"李明"和"李军"用户归类为"行政管理员"角色。

具体操作步骤如下：

(1)启动 SQL Server Management Studio。

(2)在"对象资源管理器"窗口中展开"数据库"→"DB_CRM"→"安全性"→"角色"→"数据库角色"结点。

(3)右击"数据库角色"结点，在弹出的快捷菜单中选择"新建数据库角色"选项，打开"数据库角色-新建"窗口，在角色名称中输入"行政管理员"，如图 6-16 所示。

图 6-16 "数据库角色-新建"窗口

(4)输入新建数据库角色名称，选择所有者，单击"添加"按钮选择该数据库角色的成员，最

后单击"确定"按钮即可。

(5)单击"选择页"的"安全对象",单击"搜索"按钮,在弹出的"添加对象"对话框中选择"特定类型的所有对象",确定后选择对象类型为"表",如图 6-17 所示。

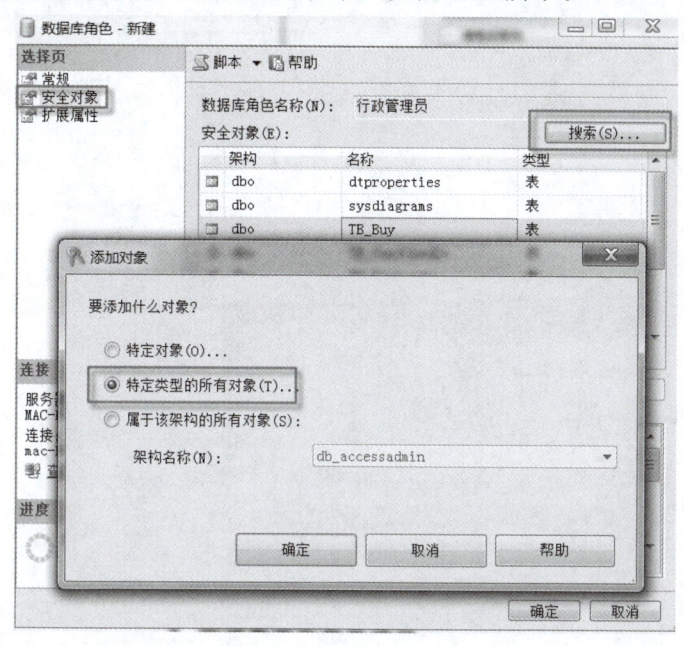

图 6-17 选择表对象

(6)在安全对象中分别选中 TB_Salesman、TB_Task、TB_Department、TB_PostGrade 表对象,分别在其表的权限中选择授权"接管所有权",如图 6-18 所示。

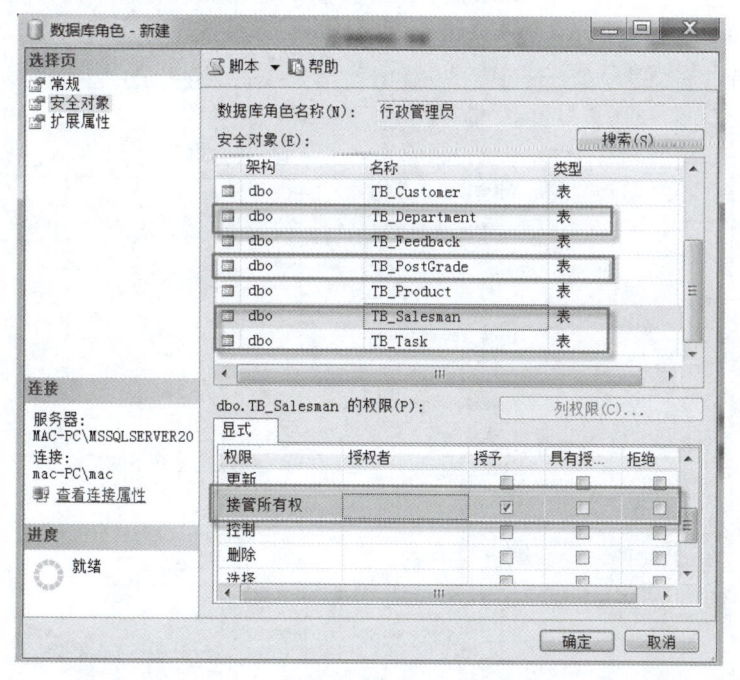

图 6-18 分配权限

(7)返回"常规"窗口,在此角色成员中单击"添加"按钮,在弹出的"选择数据库用户或角色"对话框中,单击"浏览"按钮,在弹出的对话框中选择"李明"和"李军"两个用户,如图 6-19 所示。

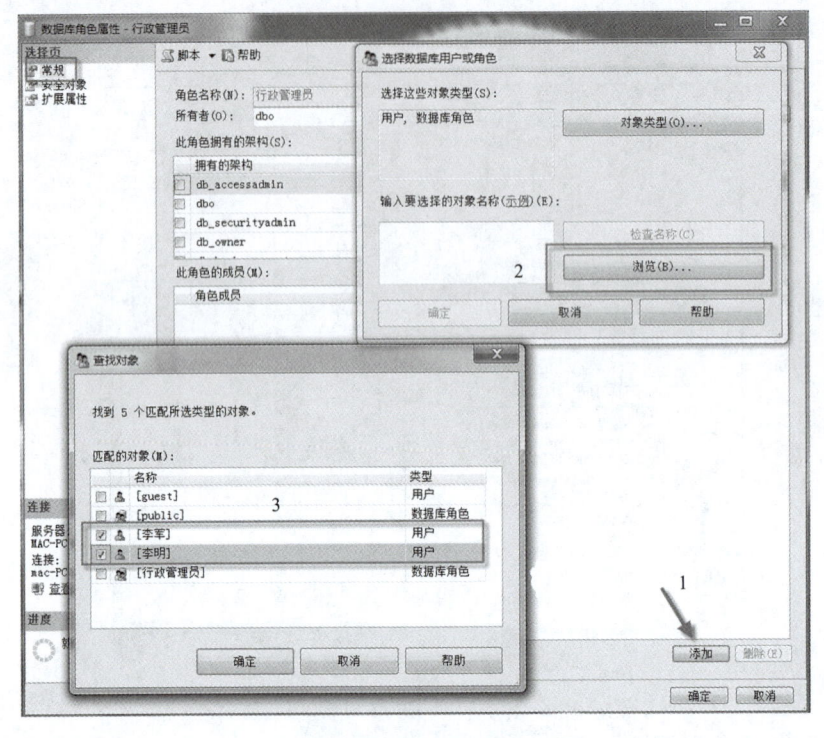

图 6-19 选择角色成员

添加完毕,如图 6-20 所示,"李明"和"李军"两个用户就成为"行政管理员"的角色成员,并继承该数据库角色对业务员表、业务员任务表、部门表、岗位等级表所有操作的权限。

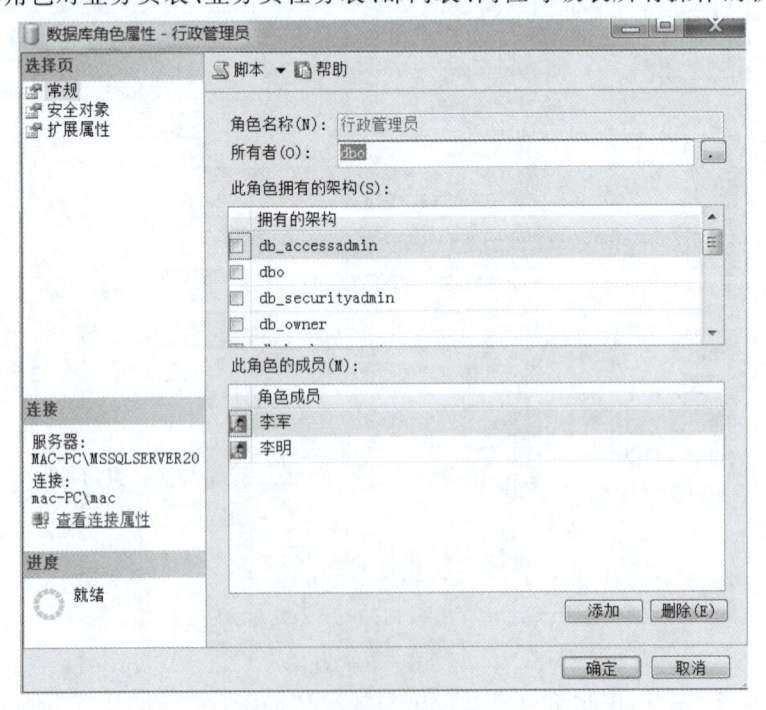

图 6-20 数据库角色管理

6.2.3 课堂实践与检查

1. 课堂实践

(1)按照任务实施过程的要求完成各子任务并检查实施结果。

(2)对用户"DBAdmin1"进行权限设置。要求:使其在 DB_CRM 中有创建表和视图的权限;使其对产品表和订购表的访问权限为只读。

(3)使用 T-SQL 语句对用户"DBAdmin2"进行权限设置,授权它可以创建视图,对客户信用评分档案表只有只读权限,对客户反馈信息表有查询、更新和添加的权限,对该表没有删除的权限。

(4)使用 T-SQL 语句撤销用户"DBAdmin2"对客户反馈信息表更新和添加的权限。

(5)创建"销售管理员"角色,拥有对商品表、客户表、订购表所有操作的权限,并且把 DBAdmin1 用户归类为该数据库角色成员。

2. 检查与问题讨论

(1)任务完成情况检查评价。根据任务描述与要求,小组成员相互检查,提出存在的问题,根据问题进行小组讨论。

(2)总结讨论数据库角色的作用是什么,有什么好处?

(3)什么是授权的主体?

> **社会责任——数据伦理(数据隐私)**
> 2013 年,国内某酒店 2000 万入住信息遭泄露,主要原因是该酒店未能制定严格的数据管理权限。

6.2.4 知识完善与拓展

SQL Server 2012 Database Engine 管理着可以通过权限进行保护的实体的分层集合,这些实体称为安全对象。在安全对象中,最突出的是服务器和数据库,但可以在更细的级别上设置权限。SQL Server 通过验证主体是否已获得适当的权限来控制主体对安全对象执行的操作。如图 6-21 所示显示了数据库引擎与权限层次结果之间的关系。

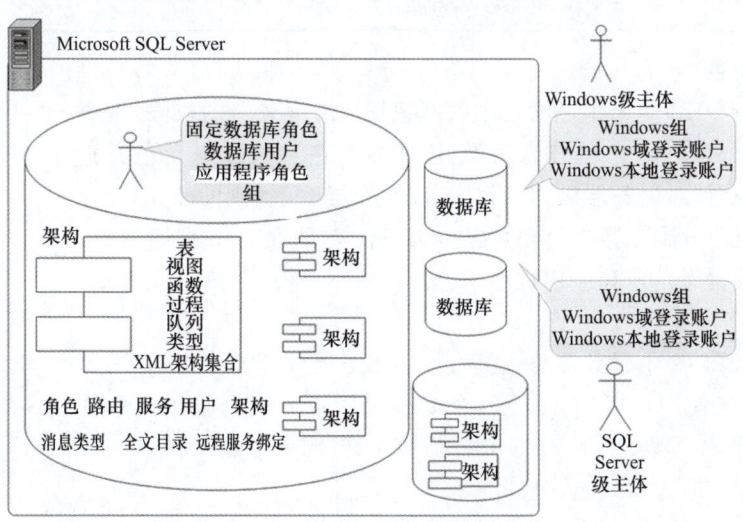

图 6-21 数据库引擎与权限层次结果之间的关系

安全对象是 SQL Server Database Engine 授权系统控制用户对其进行访问的资源。安全对象范围有服务器、数据库、架构和对象类。安全对象主要包括：

（1）服务器包含的安全对象：端点、登录名、数据库。

（2）数据库包含的安全对象：用户、角色、应用程序角色、程序集、消息类型、路由、约定和架构等。

（3）架构包含的安全对象：类型、XML 架构集合和对象。

（4）对象类包含的安全对象：聚合、约束、函数、过程、队列、统计信息、同义词、表和视图。

1. 数据库权限

在 SQL Server 2012 中可设置的权限内容较为复杂，从服务器到对象共有 94 个权限可以授予安全对象。SQL Server 2012 中主要的权限类别见表 6-1。

表 6-1　　　　　　　　　　SQL Server 2012 的主要权限类别

权　限	描　　述
CONTROL	授予类似所有权的能力授予被授权者。被授权者实际上对安全对象具有所定义的所有权限
TAKE OWNERSHIP	允许被授权者获取所授予的安全对象的所有权
VIEW DEFINITION	允许定义视图。如果用户具有该权限，就利用表或函数定义视图
CREATE	允许创建对象
ALTER	允许创建（CREATE）、更改（ALTER）或删除（DELETE）受保护的对象及其下层所有的对象
SELECT	允许"看"数据。如果用户具有该权限，就可以在授权的表或视图上运行 SELECT 语句
INSERT	允许插入新行
UPDATE	允许修改表中现有的数据，但不允许添加或删除表中的行。当用户在某一列上获得这个权限时，只能修改该列的数据
DELETE	允许删除数据行
REFERENCE	允许插入行，这里被插入的表具有外键约束，参照了用户 SELECT 权限的另一张表
EXECUTE	允许执行一个特定存储过程

2. 数据库角色

SQL Server 2012 使用角色来集中管理数据库或服务器的权限，按照角色的使用范围，可以将角色分为两类：服务器角色和数据库角色。其中，服务器角色是针对服务器级别的权限分配，数据库角色则是针对某个具体数据库的权限分配。数据库角色又分为三种类型：固定数据库角色、用户自定义的数据库角色和应用程序角色。

（1）固定服务器角色

SQL Server 2012 中服务器角色具有授予服务器管理的能力，是不允许被修改的，只能使用，可以将一个登录名或者用户分配到服务器角色中。在 SQL Server Management Studio 的"对象资源管理器"窗口中，可以查看所有的固定服务器角色，如图 6-22 所示。

图 6-22　服务器角色

SQL Server 2012 中的固定服务器角色见表 6-2。

表 6-2　　　　　　　　　　　　　　固定服务器角色

服务器角色	功　　能
bulkadmin	这个服务器角色的成员可以运行 bulk insert 语句,允许从文本文件中将数据导入 SQL Server 2012 数据库
dbcreator	这个服务器角色的成员可以创建、修改、删除和还原任何数据库
diskadmin	这个服务器角色的成员用于管理磁盘文件
processadmin	SQL Server 2012 能够多任务化,可以通过执行多个进程做多件事情
public	每个 SQL Server 登录名都属于 public 服务器角色。如果未向某个服务器主体授予或拒绝对某个安全对象的特定权限,该用户将继承授予该对象的 public 角色的权限。只有在希望所有用户都能使用该对象时,才在该对象上分配 public 权限
securityadmin	这个服务器角色的成员将管理登录名及其属性
serveradmin	这个服务器角色的成员可以更改服务器范围的配置选项和关闭服务器
setupadmin	这个服务器角色的成员能增加、删除和配置连接服务器,并能控制启动进程
sysadmin	这个服务器角色的成员有权在 SQL Server 2012 中执行任何任务,通常情况下,这个角色仅适合数据库管理员(DBA)

(2)固定数据库角色

固定数据库角色是在数据库级别定义的系统用户组,并存在于每个数据库中,提供对数据库常用操作的权限。固定数据库角色本身不能被添加、修改和删除。在 SQL Server Management Studio 的"对象资源管理器"中,可以查看所有的固定数据库角色,如图 6-23 所示。

SQL Server 2012 中的固定数据库角色见表 6-3。

图 6-23　数据库角色

表 6-3　　　　　　　　　　　　　　固定数据库角色

固定数据库角色	功　　能
db_accessadmin	该数据库角色的成员有权通过添加或删除用户来指定谁可以访问数据库
db_backupoperator	该数据库角色的成员可以备份数据库
db_datareader	该数据库角色的成员可以读取所有用户表中的所有数据
db_datawriter	该数据库角色的成员可以在所有用户表中添加、修改和删除数据
db_ddladmin	该数据库角色的成员可以在数据库中运行任何数据定义语言(DDL)命令,允许创建、修改或删除数据库对象,而不必浏览里面的数据
db_denydatareader	该数据库角色的成员不能读取数据库内用户表中的任何数据,但可以执行架构修改(如添加列)
db_denydatawriter	该数据库角色的成员不能添加、修改或删除数据库内用户表中的任何数据
db_owner	该数据库角色的成员可以进行所有数据库角色的活动,以及数据库中的其他维护和配置活动。该数据库角色的权限跨越所有其他的固定数据库角色
db_securityadmin	该数据库角色的成员可以修改角色成员身份和管理权限
public	在 SQL Server 2012 中,每个数据库用户都属于 public 数据库角色。如果未向某个用户授予或者拒绝对安全对象的特定权限时,则该用户将继承授予该安全对象的 public 角色的权限

数据库角色还有用户自定义数据库角色和应用程序角色,这里不做具体阐述。

205

任务 6.3　数据库备份

6.3.1　任务描述与必需知识

1. 任务描述

(1) 数据库完整备份。对 CRM 客户关系管理数据库进行完整备份。

(2) 数据库差异备份。对 CRM 客户关系管理数据库进行差异备份。

(3) 数据库事务日志备份。对 CRM 客户关系管理数据库进行事务日志备份。

(4) T-SQL 实现备份。使用 T-SQL 语句备份 CRM 客户关系管理数据库。

2. 任务必需知识

数据库完整备份：数据库备份是指通过一定的手段来制作数据库结构、对象以及数据的拷贝，以便在数据库发生损坏时能够对数据库进行修复。其中，数据库完整备份是指对整个数据库，包括所有的对象、系统表以及数据进行备份。一般情况下，数据库完整备份用作对可快速备份的小数据库进行备份，或者作为大型数据库的初始备份。

差异备份仅记录自上次完整备份后更改过的数据。差异备份比完整备份更小、更快，可以简化频繁的备份操作，减小数据丢失的风险。

事务日志备份是指备份数据库事务日志的变化过程。当执行数据库完整备份之后，可以执行事务日志备份。

使用 T-SQL 备份数据库的基本语句格式如下：

BACKUP DATABASE　数据库名

TO　备份设备[,...n]

使用 T-SQL 备份数据库到一个备份文件中：

BACKUP DATABASE　数据库名

TO DISK＝'备份文件路径(包括.BAK 后缀名)'

备份一个事务日志的基本语句格式如下：

BACKUP LOG　数据库名

TO　备份设备[,...n]

6.3.2　任务实施与思考

1. 数据库完整备份

要求：创建数据库备份设备，使用完整备份将 CRM 客户关系管理数据库备份到备份设备中。

(1) 创建数据库备份设备。在"对象资源管理器"中，展开"服务器对象"文件夹，右击"备份设备"文件夹，在弹出的菜单中选择"新建备份设备"即可打开"备份设备-BK_CRM"窗口。在"设备名称"文本框中输入"BK_CRM"，并选择文件路径为"D:\DBbackup"(需要先在计算机的 D 盘上创建 DBbackup 文件夹)，文件名为"BK_CRM.bak"。如图 6-24 所示。

(2) 进行完整备份。在"对象资源管理器"中，右击 CRM 客户关系管理数据库"DB_CRM"，在弹出的菜单中选择"任务"→"备份"，打开"备份数据库-DB_CRM"窗口。选择备份类型为"完整"，删除系统自定义的备份目标。单击"添加"按钮，选择备份设备为"BK_CRM"，如图 6-25 所示。在"选择备份目标"对话框上单击"确定"按钮后回到"备份数据库-DB_CRM"窗口，如图 6-26 所示。

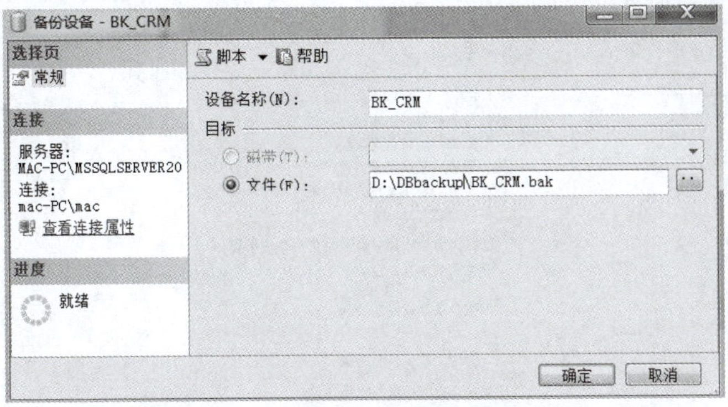

图 6-24 新建备份设备

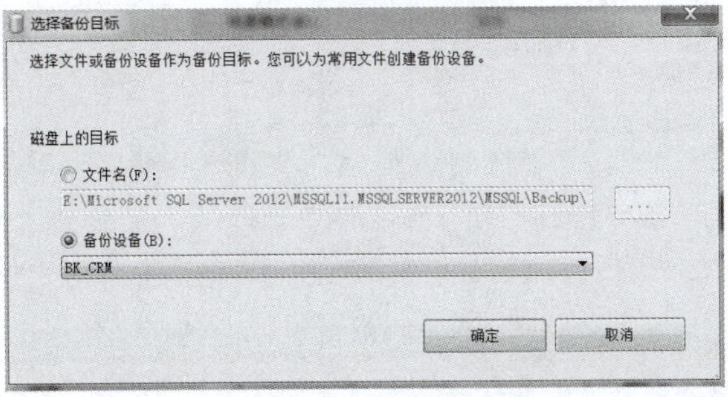

图 6-25 选择备份目标

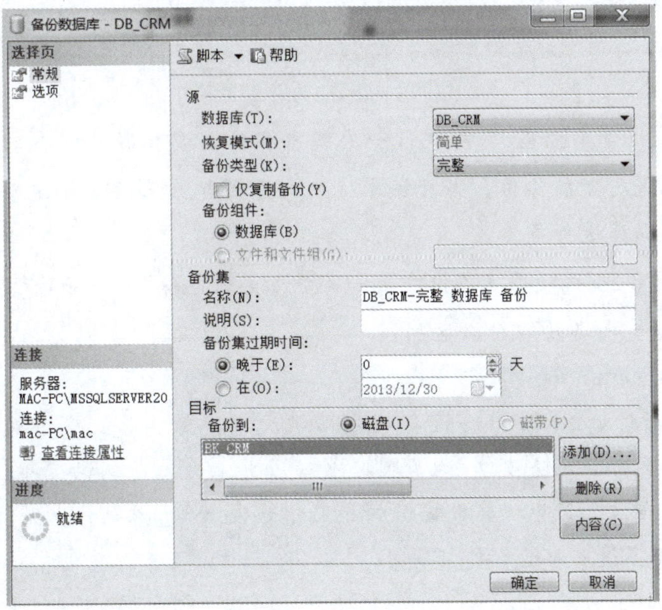

图 6-26 备份数据库

单击"选项"选择页,对备份选项进行设置。选中"覆盖所有现有备份集"单选按钮,这样系统创建备份时将初始化备份设备并覆盖原有备份内容。然后选中"完成后验证备份"复选框,可以在备份完成后与当前数据库进行比对,如图 6-27 所示。

单击"确定"按钮后即开始进行数据库备份,备份完成后将会弹出如图 6-28 所示的提示框。

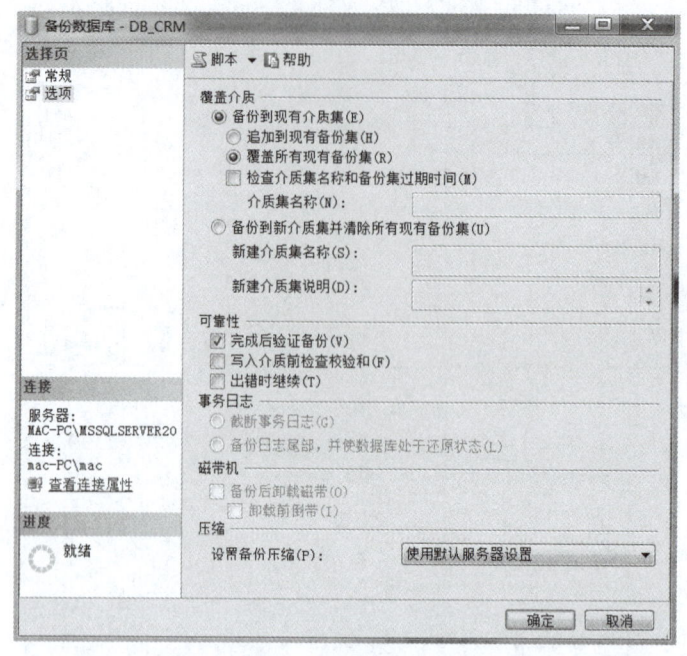

图 6-27　设置备份选项

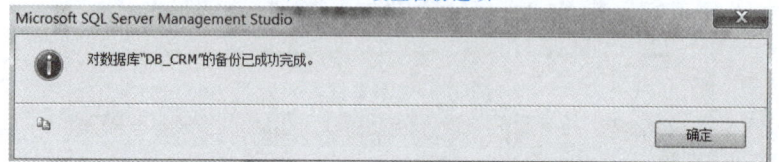

图 6-28　备份完成

💡 **提示**：当数据量十分庞大时，执行一次完整备份需要耗费非常多的时间和存储空间，因此不建议频繁地进行完整备份。当数据库从上次备份起只修改了一定量的数据时，可以采用差异备份来对数据库进行备份。

💭 **思考**：在图 6-26 的数据库备份中有一个"仅复制备份"的选项，试采用这种方式进行备份，并比较和普通完整备份有什么区别？

👉 **社会责任——数据伦理（数据安全）**

2021 年，法国斯特拉斯堡的 OVH 数据中心被大火烧毁。导致多个数据中心无法服务，部分客户数据完全丢失且无法恢复，这是数据中心历史上史无前例的灾难性事件。此事提醒各种规模的企业都应该重新审视其数据保护和灾难恢复计划，以确保其应用程序不受停机影响，并保护相关数据不受破坏。

2. 差异备份

要求：创建 CRM 客户关系管理数据库 DB_CRM 的差异备份。

分析：差异备份只记录自上次完整备份后更改过的数据。差异备份比完整备份小而且备份速度快，便于经常备份，以降低丢失数据的风险。在上面操作中已经为 CRM 客户关系管理数据库 DB_CRM 创建了完整备份，为了体现差异备份，在业务员表 TB_Salesman 中增加一个业务员，如图 6-29 所示。

图 6-29　添加记录后的业务员表数据

创建差异备份的操作步骤如下：

(1)在"对象资源管理器"窗口中展开"数据库"结点，右击 DB_CRM 结点，从弹出的快捷菜单中选择"任务"→"备份"选项，打开"备份数据库-DB_CRM"窗口。

(2)在"备份数据库-DB_CRM"窗口中，在"数据库"下拉列表中选择 DB_CRM 选项，在"备份类型"下拉列表中选择"差异"选项，在"备份组件"区域选中"数据库"单选项，在备份的"目标"区域，指定备份到备份文件 D:\DBbackup\BK_CRM_Diff.bak，如图 6-30 所示。单击"确定"按钮，执行备份数据库的操作。

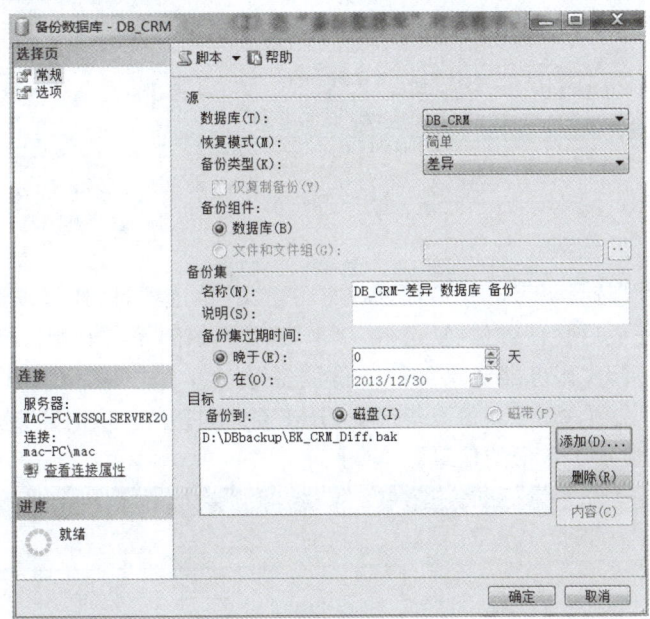

图 6-30　数据库差异备份设置

◆ **说明**：差异备份文件比完整备份文件小，因为它仅备份自上次完整备份后更改过的数据。

3. 事务日志备份

事务日志是指备份数据库事务日志的变化过程。当执行完整数据库备份之后，可以执行事务日志备份。

要求：创建 CRM 客户关系管理数据库 DB_CRM 的事务日志备份。

具体操作步骤如下：

(1)在"对象资源管理器"窗口中展开"数据库"结点，右击 DB_CRM 结点，从弹出的快捷菜单中选择"任务"→"备份"选项，打开"备份数据库-DB_CRM"窗口。

(2)打开"常规"选择页，在"数据库"下拉列表中选择 DB_CRM 选项，在"备份类型"下拉列表中选择"事务日志"选项，在"备份组件"区域选中"数据库"单选项，在"目标"区域系统已经自动选中前面创建的备份设备,其他参数保持不变。

> **提示:** 初次选择"备份类型"是无法看到"事务日志"选项的,需要先右击 DB_CRM 结点,从弹出的快捷菜单中选择"属性",在"数据库属性-DB_CRM"中选择"选项",在打开的界面中选择数据库的恢复模式为"完整",如图 6-31 所示。设置完毕后,备份类型中才会出现"事务日志"类型。

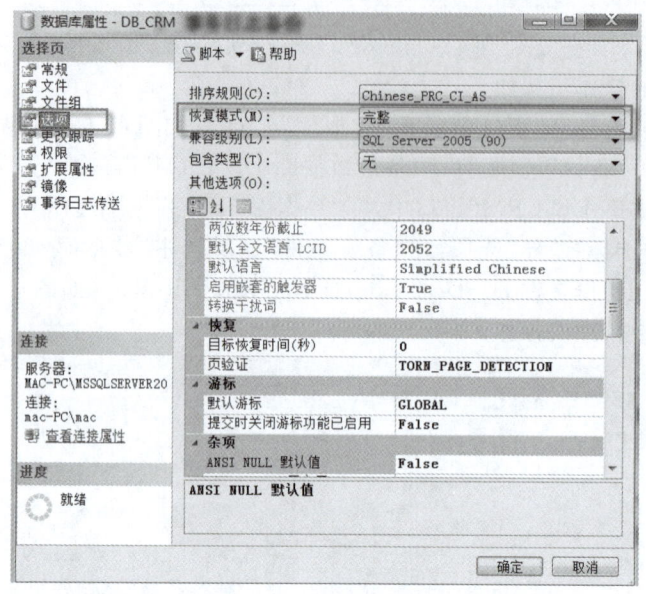

图 6-31 数据库恢复模式

(3)切换到"选项"选择页,选中"追加到现有备份集"单选项,这样可以避免覆盖前面创建的完整备份,选中"完成后验证备份"复选框,单击"确定"按钮,系统开始进行事务日志备份。

(4)验证备份。展开"服务器对象"→"备份设备"结点,右击 BK_CRM 结点,在弹出的快捷菜单中选择"属性"选项,打开"备份设备-BK_CRM"窗口,打开"介质内容"选择页,如图 6-32 所示,在"备份集"区域显示了备份的信息。

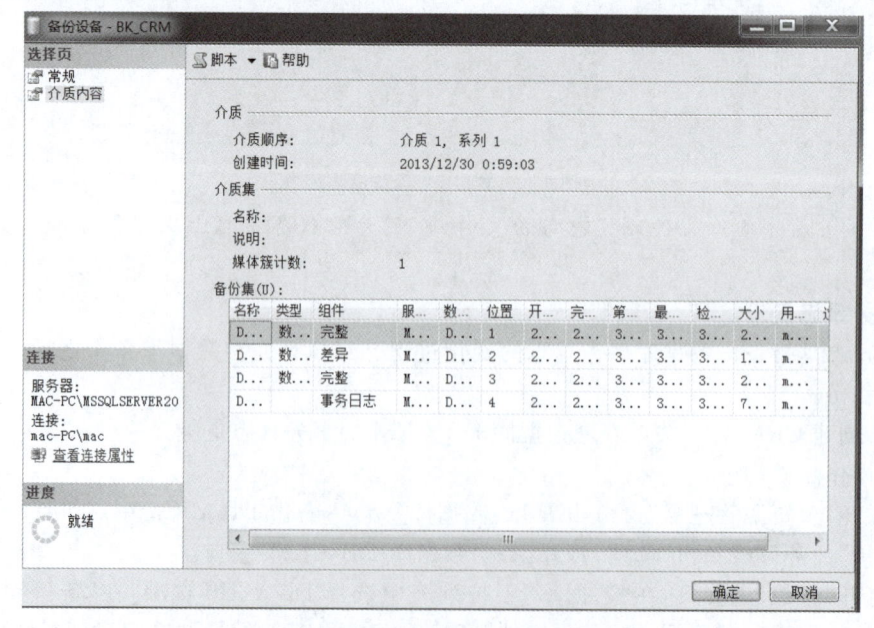

图 6-32 备份设备介质内容

4. T-SQL 实现备份

要求把 DB_CRM 数据库完整备份到 D 盘的 DBbackup 文件夹下,保存的备份文件名为 BK_CRM_New.bak。T-SQL 命令如下:

BACKUP DATABASE DB_CRM TO DISK='D:\DBbackup\BK_CRM_New.bak'

6.3.3 课堂实践与检查

1. 课堂实践

(1)按照任务实施过程的要求完成各子任务并检查实施结果。

(2)创建逻辑名称为 DBbak01 的备份设备,对应的物理文件存放在系统默认路径中。

(3)对 DB_CRM 数据库进行一次完整备份,备份到备份设备 DBbak01 中。

(4)创建逻辑名称为 DBbak02 的备份设备,对应的物理文件存放在 C:\bak 路径中。

(5)对 DB_CRM 数据库进行一次事务日志备份,备份到备份设备 DBbak02 中。

(6)使用 T-SQL 语句对 DB_CRM 进行一次完整备份,备份到 C:\bak,备份文件名为 DBbak03.bak。

2. 检查与问题讨论

(1)任务完成情况检查评价。根据任务描述与要求,小组成员相互检查,提出存在的问题,根据问题进行小组讨论。

(2)讨论进行完整备份和差异备份各自的特点和适用的场合。

(3)总结讨论需要采用怎样的备份措施才能尽可能维护数据库的完整性。

6.3.4 知识完善与拓展

1. 数据备份与数据恢复

数据备份是指将数据库中的数据进行复制后另外存放,以备数据受到破坏时,用它对数据进行修复。数据恢复是指在数据库被意外毁坏时,利用数据库备份恢复到原来的状态。在信息的处理中,保证数据的安全性与完整性是数据库管理员最重要的工作。因数据输入错误导致数据不正确、病毒侵入导致数据被破坏、存放介质的物理损坏导致数据丢失、自然灾害造成数据丢失等,数据库管理员就需要做好充分的数据备份来对数据进行恢复。可以说备份是恢复的保障,恢复是备份的目的。

在 SQL Server 2012 中,用户数据库通常保存企业和个人的重要数据信息,并且经常更改,所以需要经常备份,发现下列四种情况时需要备份数据库。

(1)在创建数据库或者装载数据后,都应该备份数据库。

(2)清理完事务日志之后需要备份数据库。

(3)创建索引之后,应该备份数据库。

(4)执行大容量数据操作之后应当备份数据库。

2. 数据库备份方式

在 SQL Server 2012 系统中,提供四种备份类型:数据库完整备份、数据库差异备份、事务日志备份、文件和文件组备份。

(1)数据库完整备份

数据库完整备份就是备份整个数据库,包括所有的对象、系统表以及数据。与事务日志备份和数据库差异备份相比,数据库完整备份需要的备份空间更多。

(2)数据库差异备份

数据库差异备份是指将从最近一次数据库完整备份以后发生改变的数据进行备份。如果在数据库完整备份后将某一个文件添加到数据库,则下一个差异备份会包括该新文件。数据库差异备份比数据库完整备份小而且备份速度快,因此可以更经常地备份,以减小丢失数据的危险。

(3)事务日志备份

事务日志备份是备份上一次日志备份之后的日志记录,可以利用事务日志备份将数据库恢复到特定的即时点或恢复到故障点。

(4)文件和文件组备份

当一个数据库很大时,对整个数据库进行备份可能需要很多时间,这时可以采用文件和文件组备份,即对数据库中的部分文件或者文件组进行备份。

3. 备份设备

常见的备份设备有三种类型:磁盘备份设备、磁带备份设备和命名管道备份设备。

(1)磁盘备份设备

磁盘备份设备就是存储在硬盘或者其他磁盘媒体上的文件,与常规操作系统文件一样,磁盘备份设备可以定义在数据库服务器的本地磁盘上,也可以定义在通过网络连接的远程磁盘上。

如果磁盘备份设备定义在网络的远程设备上,则应该使用统一命名方式(UNC)来引用该文件,例如:\\Servername\Sharename\Path\File。

(2)磁带备份设备

磁带备份设备与磁盘备份设备的使用方式一样,但是也有区别。磁带备份设备必须直接物理地连接在运行 SQL Server 2012 服务器的计算机上。磁带备份设备不支持远程设备备份。

(3)命名管道备份设备

命名管道备份设备为使用第三方的备份软件和设备提供了一个灵活强大的通道。当用户使用命名管道备份设备进行备份和还原操作时,需要在 BACKUP 或 RESTORE 语句中给出客户端应用程序中使用的命名管道备份设备的名称。

(4)物理设备和逻辑设备

SQL Server 2012 系统使用物理设备名称或者逻辑设备名称标识备份设备。物理设备是通过操作系统使用的路径名称来标识备份设备的,如 C:\Backup\BK_Book.bak。

逻辑设备是物理备份设备的别名,通常比物理备份设备更能简单、有效地描述备份设备的特征。逻辑备份设备名称被永久保存在 SQL Server 的系统表中。

使用逻辑设备的一个优点就是比使用长路径简单。如果准备将一系列备份数据写入相同的路径或者磁带设备,则使用逻辑设备非常有用。逻辑设备对于标识磁带备份设备尤其有用。

任务 6.4 数据库还原

6.4.1 任务描述与必需知识

1. 任务描述

(1)数据库完整还原。使用数据库备份对 CRM 客户关系管理数据库进行完整恢复。

(2)数据库时点还原。使用数据库备份把 CRM 客户关系管理数据库恢复到某一时间点状态。

(3)T-SQL 还原数据库。使用 T-SQL 语句实现 CRM 客户关系管理数据库还原。

2. 任务必需知识

SQL Server 2012 数据库恢复模式分为三种：完整恢复模式、大容量日志恢复模式、简单恢复模式，如图 6-33 所示。

(1)完整恢复模式，为默认恢复模式，它会完整记录下操作数据库的每一个步骤。使用完整恢复模式可以将整个数据库恢复到一个特定的时间点，这个时间点可以是最近一次可用的备份、一个特定的日期和时间或标记的事务。

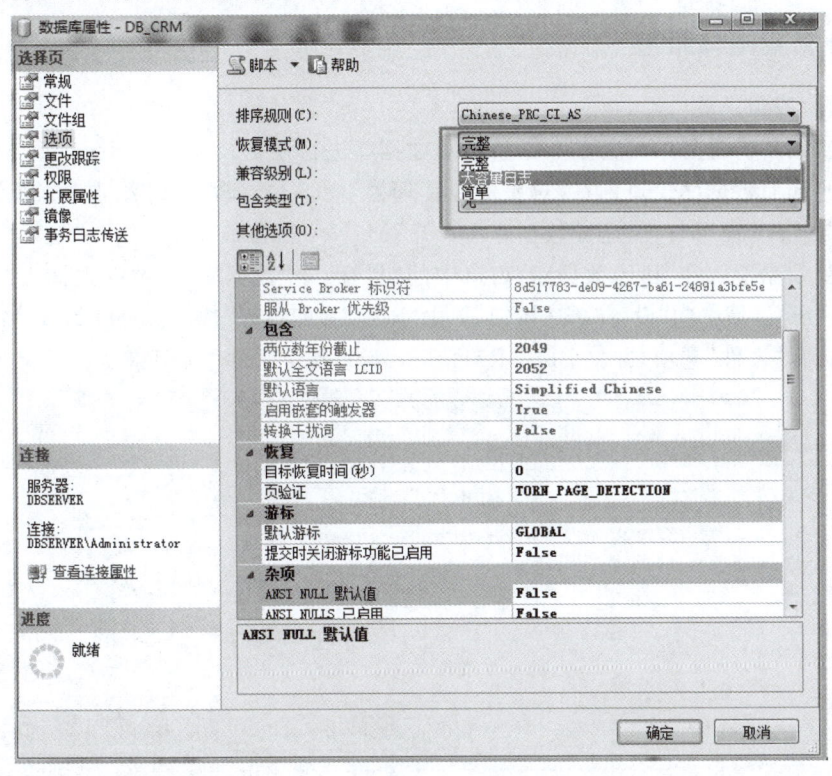

图 6-33 数据库的三种恢复模式

(2)大容量日志恢复模式。简单地说，就是要对大容量操作进行最小日志记录，节省日志文件的空间(如导入数据、批量更新、SELECT INTO 等操作时)。比如一次在数据库中插入数十万条记录时，在完整恢复模式下每一个插入记录的动作都会记录在日志中，使日志文件变得非常大，在大容量日志恢复模式下，只记录必要的操作，不记录所有日志。因此，一般只有在需要进行大量数据操作时才将恢复模式改为大容量日志恢复模式，数据处理完毕之后，马上将恢复模式改回完整恢复模式。

(3)简单恢复模式。在该模式下，数据库会自动把不活动的日志删除，因此简化了备份的还原，但因为没有事务日志备份，所以不能恢复到失败的时间点。通常，此模式只用于对数据库数据安全要求不太高的数据库，并且在该模式下，数据库只能做完整备份和差异备份。如图 6-34 所示。

(4)T-SQL 语句还原数据库。

使用 T-SQL 命令还原数据库的基本语句格式如下：

RESTORE DATABASE 数据库名 FROM 备份设备[，...n]

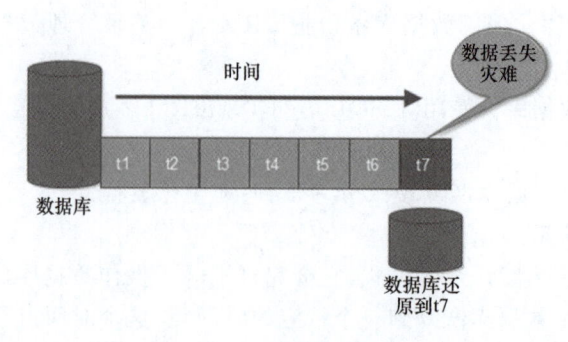

图 6-34 简单恢复模式

6.4.2 任务实施与思考

1. 数据库完整还原

要求：使用备份设备中的完整数据备份对数据库进行恢复。

(1) 打开还原数据库窗口。在"对象资源管理器"中，右击"数据库"结点，在弹出的菜单中选择"还原数据库"即可打开"还原数据库-DB_CRM_New1"窗口。

(2) 恢复数据库。在"还原数据库"窗口中的"目标"→"数据库"文本框内输入"DB_CRM_New1"。在"源"区域选中"设备"单选按钮，单击"浏览"按钮打开"选择备份设备"窗口，如图 6-35 所示，然后选择"文件"选项，并将 BK_CRM_New.bak 备份文件添加进来。

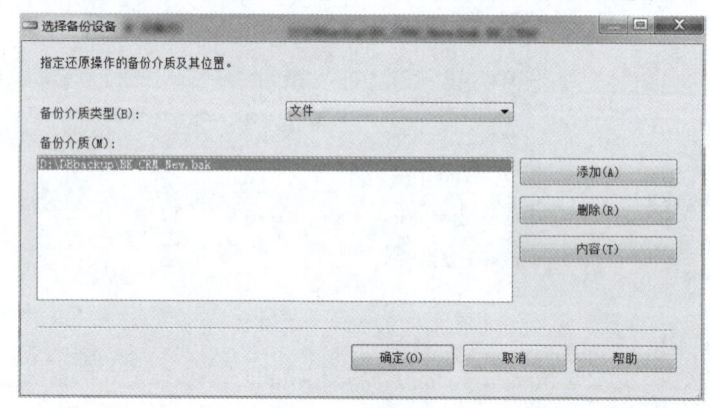

图 6-35 指定还原备份文件

单击"确定"按钮回到"还原数据库-DB_CRM_New1"窗口，在"要还原的备份集"中，选中 DB_CRM 客户关系管理数据库备份前的复选框，如图 6-36 所示。

单击"确定"按钮后即可开始进行数据库恢复，恢复完成后将会弹出如图 6-37 所示的提示框。这时，可以看到"对象资源管理器"中出现了一个名为"DB_CRM_New1"的数据库，如图 6-38 所示。

> 提示：恢复数据前，应当断开准备恢复的数据库的连接，否则不能启动恢复进程。

> 思考：恢复数据库过程中，可能会出现如图 6-39 所示的错误，该如何解决？

错误原因在于恢复数据库的存储路径错误。可以在"还原数据库-DB_CRM_New1"窗口中，选择"文件"选项页，然后在"还原到"文本框中输入数据库数据文件和事务日志文件存放在电脑里的实际路径（上图原因在于此存储路径不存在）。

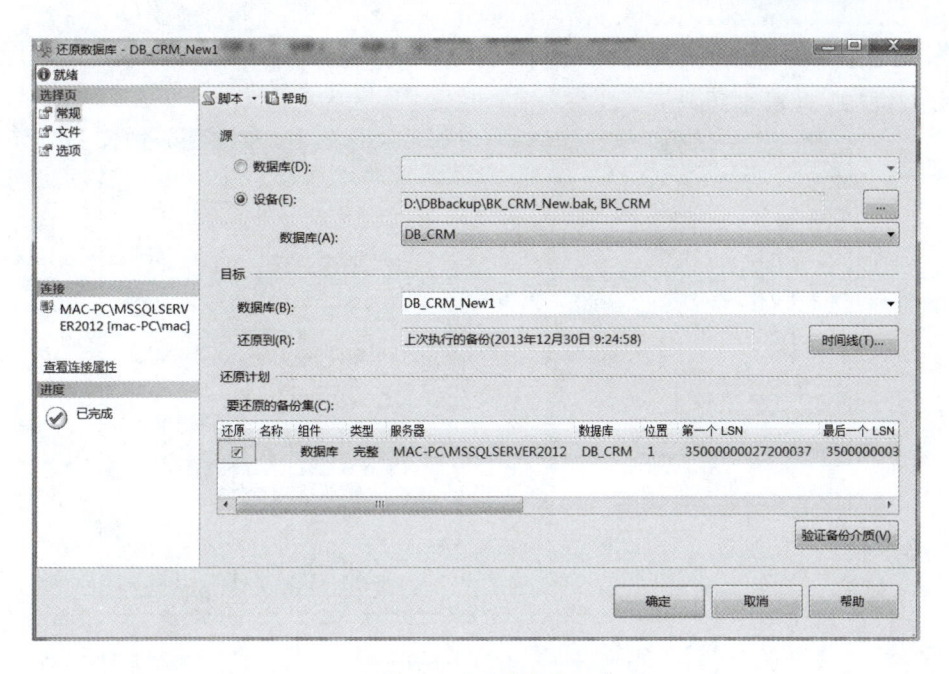

图 6-36　还原数据库

图 6-37　数据库恢复完成

图 6-38　恢复的数据库

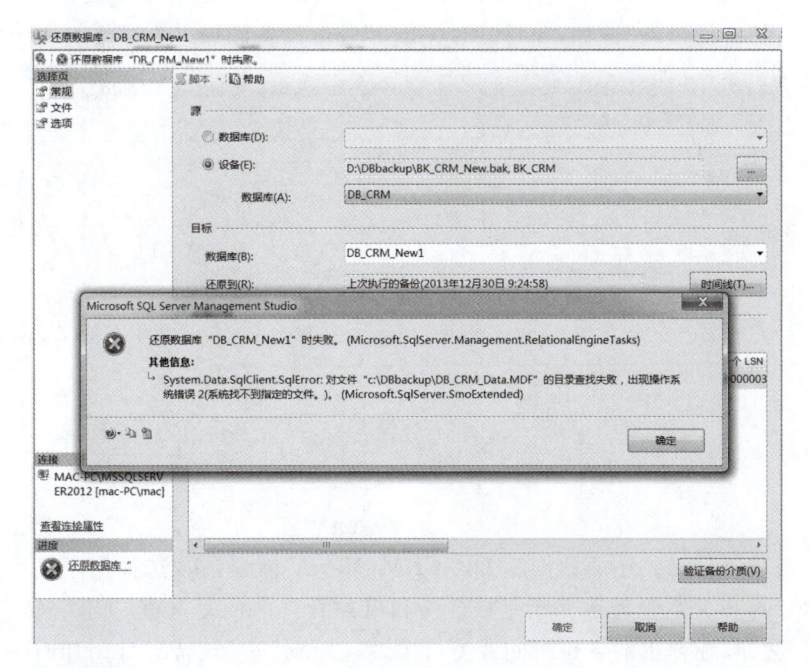

图 6-39　数据库恢复中错误

注意：修改时，数据库数据文件和事务日志文件名和后缀名不需要修改，只需要修改前面的路径即可，如图 6-40 所示。

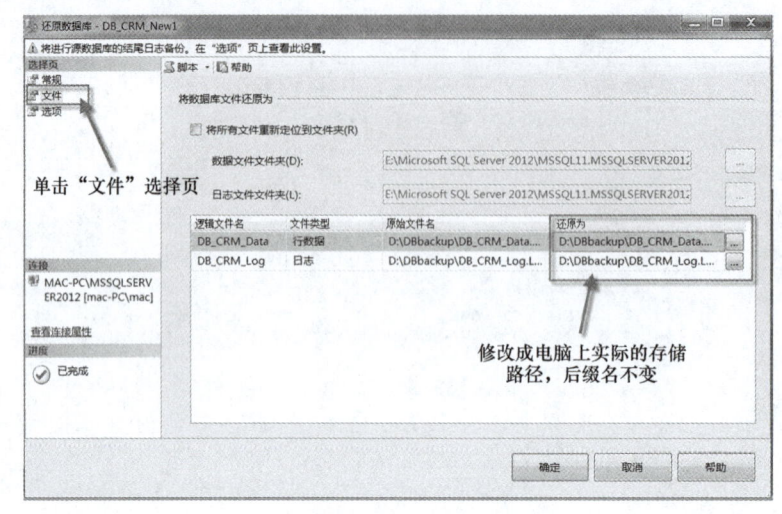

图 6-40　数据库差异备份设置

思考：恢复时能否恢复完整备份之后的数据库修改？为什么？

2. 数据库时点还原

要求：把 CRM 客户关系管理数据库还原到 2013 年 12 月 30 日 9 点 10 分的状态，还原后数据库名为 DB_CRM_New2。

(1) 打开还原数据库窗口。在"对象资源管理器"中，右击"数据库"结点，在弹出的选项中选择"还原数据库"即可打开"还原数据库"窗口。

(2) 恢复数据库。在"还原数据库"窗口中的"目标"→"数据库"文本框内输入"DB_CRM_New2"。在"源"中选中"设备"单选按钮，单击"浏览"按钮打开"选择备份设备"窗口，如图 6-41 所示。然后选择"备份设备"选项，并将"BK_CRM"备份设备添加进来。

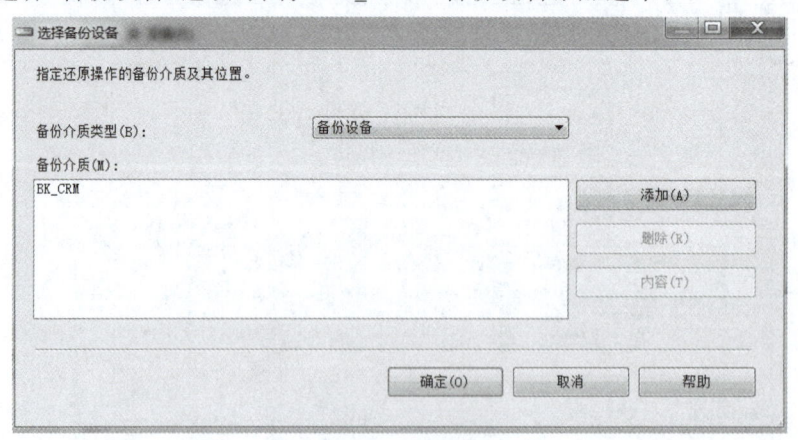

图 6-41　选择备份设备

单击"确定"按钮回到"还原数据库-DB_CRM_New2"窗口，在"选择用于还原的备份集"，选中 DB_CRM 客户关系管理数据库完整备份和事务日志前的复选框，如图 6-42 所示。然后单击"时间线"按钮，在弹出的备份时间线窗口中，"还原到"选择"特定日期和时间"，然后把还原时间设置为"9:10:00",单击"确定"按钮回到"还原数据库-DB_CRM_New2"窗口,再次单击"确定"按钮后即可开始进行数据库恢复,恢复完成后可以看到"对象资源管理器"中出现了一个名为"DB_CRM_New2"的数据库,如图6-43所示。

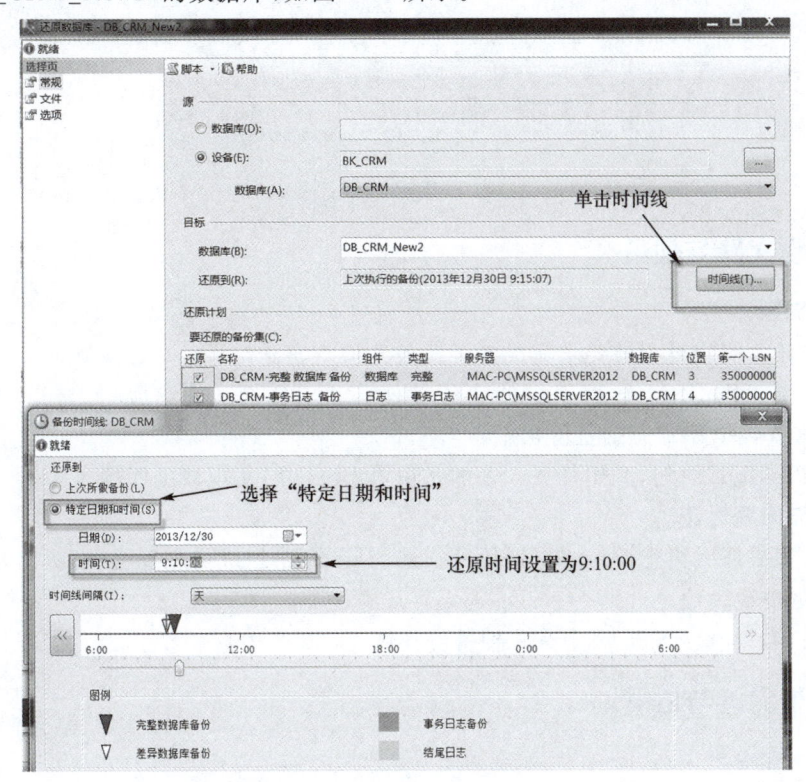

图 6-42 数据库时间点恢复

图 6-43 数据库时间点恢复成功

> **提示**:时间点还原,数据库最晚只能还原到上次执行备份时间的状态,时间点不能超过上次执行备份时间。

3. T-SQL 还原数据库

要求:使用 T-SQL 语句把 D 盘 DBbackup 文件夹下的 BK_CRM.bak 文件还原为数据库"DB_CRM_New3"。

RESTORE DATABASE DB_CRM_New3 FROM DISK='D:\DBbackup\BK_CRM.bak'
GO

该语句执行结果如图 6-44 所示。

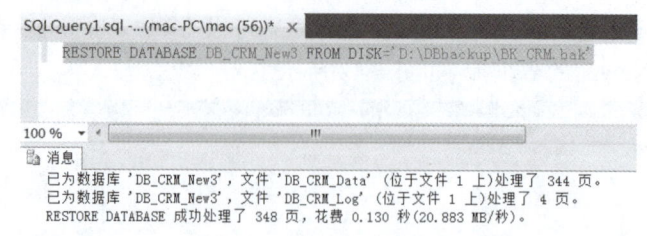

图 6-44　T-SQL 还原数据库

6.4.3　课堂实践与检查

1. 课堂实践

（1）按照任务实施过程的要求完成各子任务并检查实施结果。

（2）先删除 DB_CRM 数据库中的业务员任务表 TB_Task，然后利用任务 6.3 的备份（DBbak01）恢复数据库到完整备份状态。

（3）使用 T-SQL 语句，利用任务 6.3 的备份（DBbak02）实现数据库的事务日志恢复。

2. 检查与问题讨论

（1）任务完成情况检查评价。根据任务描述与要求，小组成员相互检查，提出存在的问题，根据问题进行小组讨论。

（2）讨论 SQL Server 2012 中有几种备份和恢复模式？

6.4.4　知识完善与拓展

1. 数据恢复模式

SQL Server 2012 包括三种恢复模式：简单恢复模式、完整恢复模式和大容量日志恢复模式，每种恢复模式都能够在数据库发生故障时恢复相关的数据。

（1）简单恢复模式

使用简单恢复模式可以将数据库恢复到上一次的备份。其优点在于日志的存储空间较小，能够提供磁盘的可用空间，并且也是最容易实现的模式。使用简单恢复模式的缺点就是无法将数据库还原到具体的某个时间点。

（2）完整恢复模式

完整恢复模式用于需要还原到某个特定时间点的数据库恢复。如果数据库使用完全恢复模式，那么在完成第一次的数据库完整备份之后，所有对数据库所做的修改都记录在事务日志中。日志在检查点自动裁剪，直到第一个数据库完整备份完成。在第一次完整备份之后，可以通过日志备份来释放事务日志中的空间，以保证新的事务可以正常发生。

（3）大容量日志恢复模式

与完整恢复模式相似，大容量日志恢复模式使用数据库和日志备份来恢复数据库。该模式对某些大规模或者大容量数据操作提供最佳性能和最少的日志使用空间。

大容量日志恢复模式允许在大容量操作发生时向事务日志写入更少的信息，不用承担时点恢复的开销，所以加速了大容量操作。

2. 恢复系统数据库

SQL Server 维护一组系统级数据库（称为"系统数据库"），这些数据库对于服务器实例的运行至关重要。

(1)系统数据库的成员

①master 是记录 SQL Server 系统所有系统级信息的数据库。若要还原任何数据库,必须运行 SQL Server 实例。只有在 master 数据库可供访问且至少部分可用时,才能启动 SQL Server 实例。

可以将 master 数据库的恢复模式设置为 FULL 或 BULK_LOGGED。但是,master 数据库不支持 BACKUP LOG。

②msdb 是 SQL Server 代理用来安排警报和作业以及记录操作员信息的数据库。msdb 还包含历史记录表,例如备份和还原历史记录表。

③model 是保存在 SQL Server 实例上为所有数据库创建的模板。

④tempdb 是用于保存临时或中间结果集的工作空间。服务器实例关闭时,将永久删除 tempdb 中的所有数据。

⑤resource 包含 Microsoft SQL Server 2008 或更高版本附带的所有系统对象副本的只读数据库。

(2)还原 master 数据库

可以通过下列两种方式之一将该数据库还原到可用状态。

①从当前数据库备份还原 master

如果可以启动服务器实例,则应能够从数据库完整备份还原 master,否则只能从对 SQL Server 2012 实例创建的备份中还原 master 数据库。

如果创建数据库备份后更改了 master 数据库,则那些更改在还原备份时将丢失。若要恢复这些更改,必须执行可以恢复已丢失更改的语句。例如,自执行备份后创建了一些 SQL Server 登录名,则这些登录名在还原 master 数据库后会丢失。必须使用 SQL Server Management Studio 或创建登录名时使用的原始脚本,重新创建这些登录名。

提示:如果有些数据库已不存在,但在还原的 master 数据库备份中引用了那些数据库,则 SQL Server 可能会由于找不到那些数据库而在启动时报告错误。还原备份后应删除那些数据库。

还原 master 数据库后,SQL Server 实例将自动停止。如果需要进一步修复并希望防止多重连接到服务器,应以单用户模式启动服务器。否则,服务器会以正常方式重新启动。如果决定以单用户模式重新启动服务器,应首先停止所有 SQL Server 服务(服务器实例本身除外),并停止所有 SQL Server 实用工具(如 SQL Server 代理)。

②完全重新生成 master

如果由于 master 严重损坏而无法启动 SQL Server,则必须重新生成 master。接下来,应该还原最新的 master 完整数据库备份,因为重新生成数据库将导致所有数据丢失。

提示:重新生成 master 将重新生成所有系统数据库。重新生成 master、model、msdb 和 tempdb 系统数据库时,将删除这些数据库,然后在其原位置重新创建它们。如果在重新生成语句中指定了新排序规则,则将使用该排序规则设置创建系统数据库。

将 SQL Server 2012 安装介质插入磁盘驱动器中,或者在本地服务器上,从命令提示符处将目录更改为 setup.exe 文件的位置。在服务器上的默认位置为 C:\Program Files\Microsoft SQL Server\110\Setup Bootstrap\Release。

在命令提示符窗口中,输入以下命令。方括号用来指示可选参数,在写程序时不要输入括号。在使用 Windows 7 操作系统且启用了用户帐户控制(UAC)时,运行安装程序需要提升特权,必须以管理员身份运行命令提示符。

Setup/QUIET/ACTION=REBUILDDATABASE /INSTANCENAME=InstanceName/SQLSYSADMINACCOUNTS=accounts/[SAPWD=StrongPassword][/SQLCOLLATION=CollationName]

在安装程序完成系统数据库重新生成后,它将返回到命令提示符,而且不显示任何消息。请检查 Summary.txt 日志文件以验证重新生成过程是否成功完成。此文件位于 C:\Program Files\Microsoft SQL Server\110\Setup Bootstrap\Logs。

重新生成数据库后,可能需要还原 master、model 和 msdb 数据库的最新完整备份。有关详细信息,请参阅备份和还原系统数据库的注意事项。

> **职业素养——遵纪守法**
>
> 2020年,微盟后台数据库遭到公司核心运维人员删除,导致系统崩溃,公司和腾讯云利用备份的数据,经过5天的努力,才基本完成数据的恢复,但合计损失市值9亿港元。对于那位员工,等着的结局却是坐牢和自毁前程。人有"三不朽":立德、立功、立言。人无德不立,德才兼备,方堪大任。

任务 6.5 数据导入/导出与复制

6.5.1 任务描述与必需知识

1. 任务描述

(1)数据导出到 Excel。将 DB_CRM 数据库中客户表的数据导出为"CRMExecl.xls" Excel 文件。

(2)Excel 数据导入。将"CRMExecl.xls"Excel 文件数据导入 DB_CRM_New4 数据库。

(3)数据库复制。将数据库 DB_CRM 复制为 DB_CRM_New5。

2. 任务必需知识

(1)数据库转换

数据库转换是指将 SQL Server 中的数据与其他格式的数据库或数据文件进行数据交换。SQL Server 提供了数据导入/导出工具来实现各种不同格式的数据库之间的数据转换。

数据转换服务是一个功能非常强大的组件,导入和导出提供了把数据从一个数据源转换到另一个数据目的地的方法,该工具可以在异构数据环境中复制数据、复制整个表或者查询结构,并且可以交互式地定义数据转换方式。

(2)数据库复制

①SQL Server 的复制技术基于发布-订阅技术,主要包括三个概念:发布服务器、订阅服务器、分发服务器。

- 发布服务器:提供数据的数据库系统。
- 订阅服务器:接收数据的数据库系统。
- 分发服务器:维护和管理复制的数据库系统。

②复制类型:SQL Server 提供了三种复制技术——快照复制、事务复制、合并复制,在不同程度上提供数据一致性,它们所要求的开销也不同。

- 快照复制:发布服务器→订阅服务器,发布服务器定时更新订阅服务器的数据。
- 事务复制:发布服务器→订阅服务器,借助于事务,对于发布服务器的修改事务会立即被捕捉并传播到分发服务器和订阅服务器,使它们几乎可以处于同一状态。

- 合并复制：发布服务器←→订阅服务器。与前两种方式不同,合并复制可以完成多方向的复制,即它允许发布服务器和订阅服务器都进行数据修改,平等地更新发布。

6.5.2 任务实施与思考

1. 数据导出到 Excel

要求:将 DB_CRM 客户关系管理数据库的客户表(TB_Customer)导出为"CRMExecl.xls"Excel 文件。

具体操作步骤如下:

(1)提前创建好 CRMExecl.xls 的 Excel 文件,在"对象资源管理器"窗口中展开"数据库"结点,右击 DB_CRM 数据库,在弹出的快捷菜单中选择"任务"→"导出数据"选项。

(2)打开"SQL Server 导入和导出向导"窗口,如图 6-45 所示。

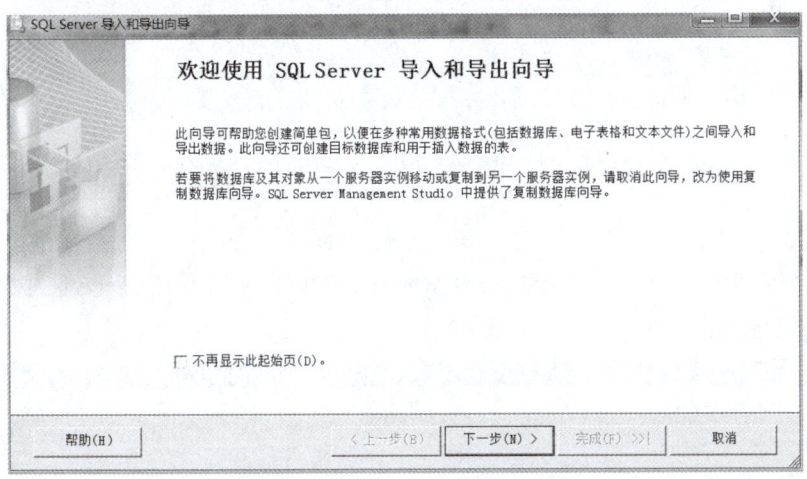

图 6-45 "SQL Server 导入和导出向导"窗口

(3)单击"下一步"按钮,打开选择导出数据的"选择数据源"窗口,在"数据源"下拉列表中选择 SQL Server Native Client 11.0 选项,然后选择"身份验证"方式为"使用 Windows 身份验证","数据库"文本框中输入 DB_CRM,如图 6-46 所示。

图 6-46 "选择数据源"窗口

💠 **说明**：从"数据源"下拉列表框中可选择十八种数据源，不同的数据源类型有不同的窗口内容。根据不同的数据源，需要设置身份验证模式、服务器名称、数据库名称和文件的格式。

(4)单击"下一步"按钮，打开"选择目标"窗口，在"目标"下拉列表中选择 Microsoft Excel 选项，设置 Excel 文件路径，Excel 版本选择"Microsoft Excel 97-2003"，如图 6-47 所示。

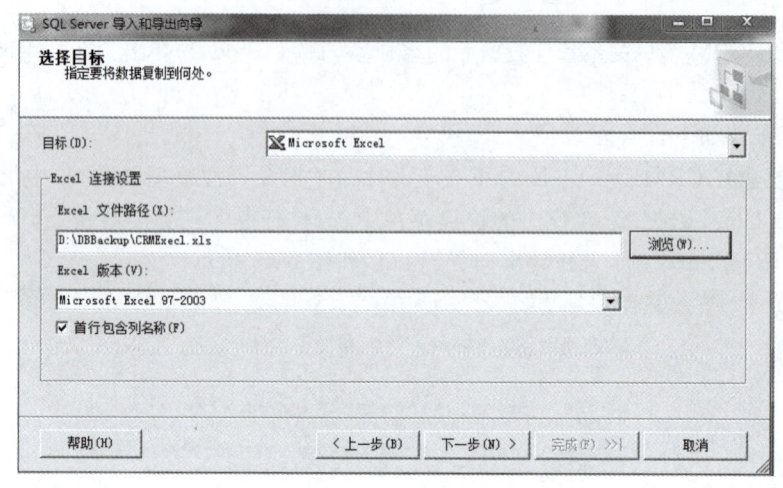

图 6-47 "选择目标"窗口

(5)单击"下一步"按钮，打开"指定表复制或查询"窗口，如图 6-48 所示，选中"复制一个或多个表或视图的数据"单选项。

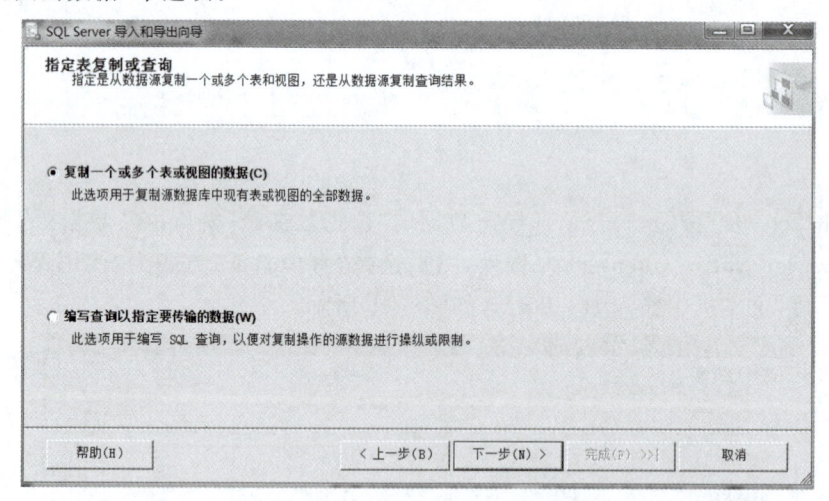

图 6-48 "指定表复制或查询"窗口

(6)单击"下一步"按钮，打开"选择源表和源视图"窗口，如图 6-49 所示，选中表格名称左边的复选框，表示要复制该表格或视图。单击"预览"按钮，预览数据，将会看到如图 6-50 所示的数据。

(7)单击"确定"按钮，打开"完成该向导"窗口，确认导出数据。

(8)单击"完成"按钮，执行数据库导出操作，执行成功后，将会打开"执行成功"窗口，如图 6-51 所示。

(9)打开导出的 Excel 文件，验证导出数据的正确性。

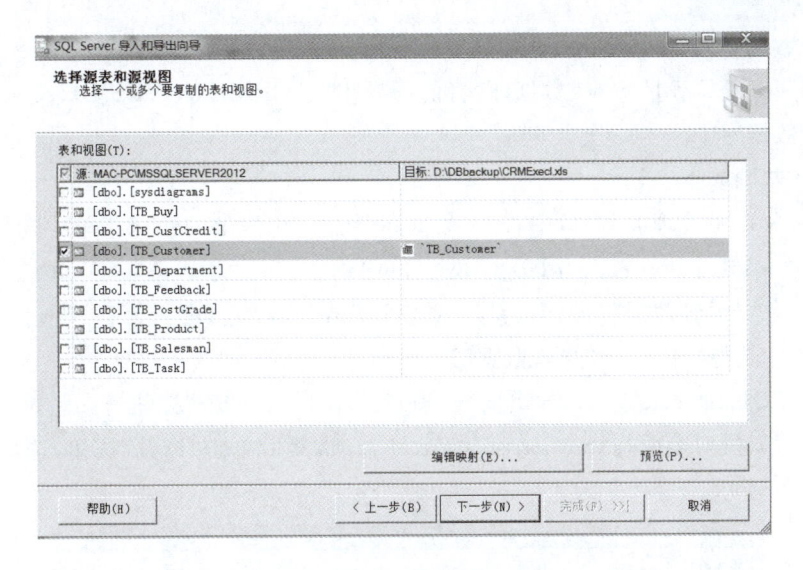

图 6-49 "选择源表和源视图"窗口

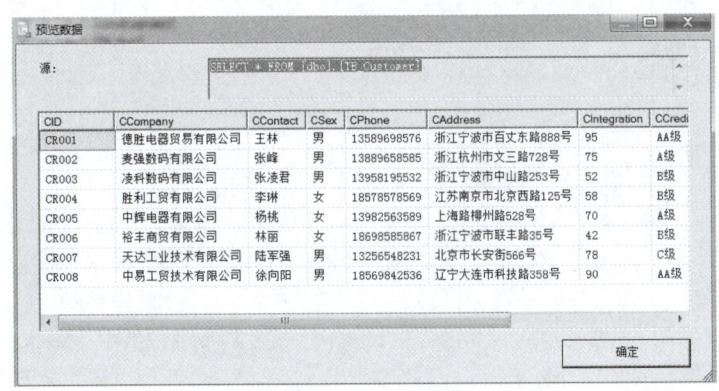

图 6-50 预览数据

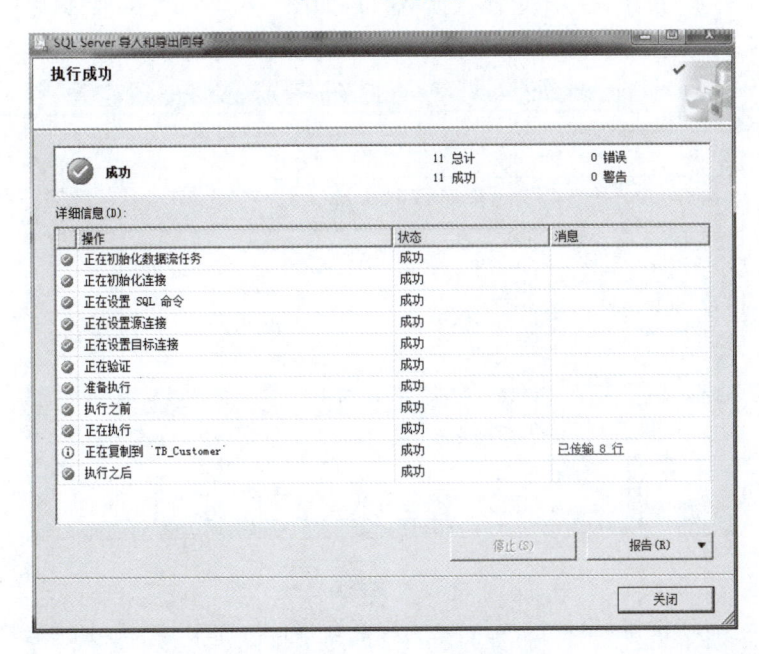

图 6-51 "执行成功"窗口

2. Excel 数据导入

要求：创建 DB_CRM_New4 数据库，将前面导出的"CRMExecl.xls"Excel 文件导入 DB_CRM_New4 数据库中。

具体操作步骤如下：

(1)在"对象资源管理器"窗口中右击"数据库"结点，在弹出的快捷菜单中选择"新建数据库"选项，创建一个数据库，名称为 DB_CRM_New4。

(2)在"对象资源管理器"窗口中，展开"数据库"结点，右击 DB_CRM_New4 数据库，在弹出的快捷菜单中选择"任务"→"导入数据"选项。

(3)打开"SQL Server 导入和导出向导"窗口。单击"下一步"按钮，打开"选择数据源"窗口，在"数据源"下拉列表中选择 Microsoft Excel 选项，然后单击"浏览"按钮，选择 Excel 文件路径，如图 6-52 所示。

图 6-52 选择数据源

(4)单击"下一步"按钮，打开"选择目标"窗口，如图 6-53 所示，在"数据库"下拉列表中选择 DB_CRM_New4 数据库。

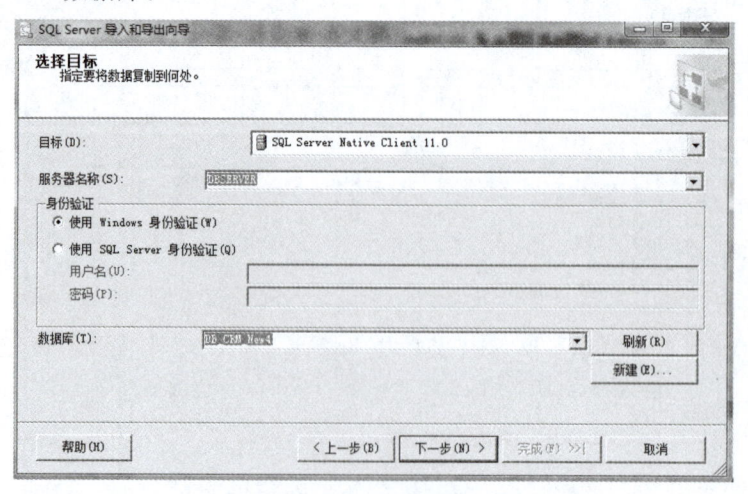

图 6-53 选择目标

(5)单击"下一步"按钮，出现"指定表复制或查询"窗口，选中"复制一个或多个表或视图的数据"单选项。

(6)单击"下一步"按钮,打开"选择源表和源视图"窗口,选择数据表,如图 6-54 所示,单击"预览"按钮,观察数据表是否正确,如果正确,单击"确定"按钮。

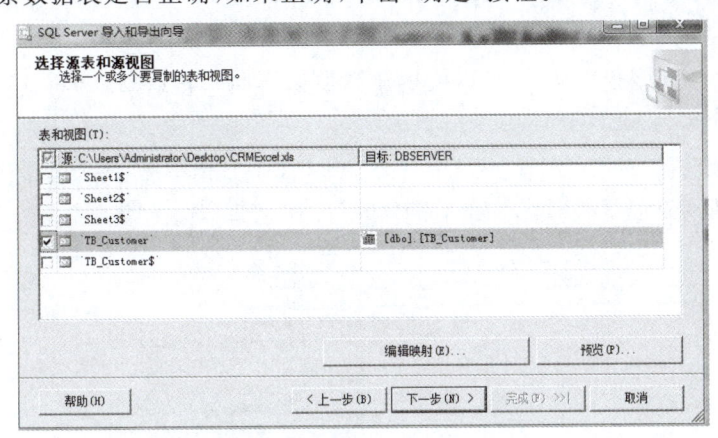

图 6-54　选择源表和源视图

(7)单击"下一步"按钮,打开"保存并执行包"对话框,选中"立即执行"复选框。

(8)单击"下一步"按钮,打开"完成该向导"对话框,验证数据表。

(9)单击"完成"按钮,执行此包,完成数据导入。

(10)打开数据库 DB_CRM_New4,验证数据的正确性,如图 6-55 所示。

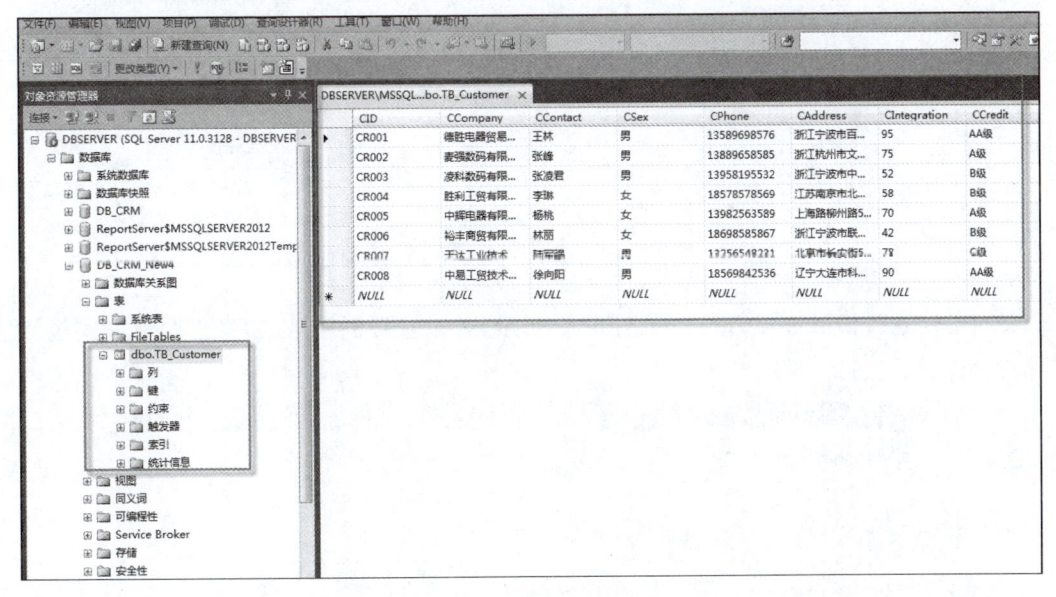

图 6-55　验证数据的正确性

💡 说明:将其他异类数据源导入 SQL Server 2012 中,有可能会出现数据类型不兼容的情况,SQL Server 2012 自动对不识别的数据类型进行转换,转换为 SQL Server 2012 中比较相近的数据类型,如果数据值不能识别,则赋空值 NULL。

3. 数据库复制

要求:在 SQL Server 2012 中使用 SSMS 将数据库 DB_CRM 复制为 DB_CRM_New5。

在 SQL Server 2012 中可以使用复制数据库向导将数据库复制或转移到同一个或另一个服务器中。需注意的是，在使用复制数据库向导之前需要启动 SQL Server 代理服务。启动 SQL Server 代理服务的方法是：在"对象资源管理器"中，右击"SQL Server 代理"，选择"启动"并确认后可启动 SQL Server 代理服务，如图 6-56 所示。

SQL Server 代理服务启动后，可以使用复制数据库向导将数据库 DB_CRM 复制到另外一个服务器，并命名为 DB_CRM_New5。

（1）启动 SSMS，在"对象资源管理器"中右击"DB_CRM"数据结点，依次选择"任务"→"复制数据库"，如图 6-57 所示。或者在"对象资源管理器"中右击"管理"，选择"复制数据库"。

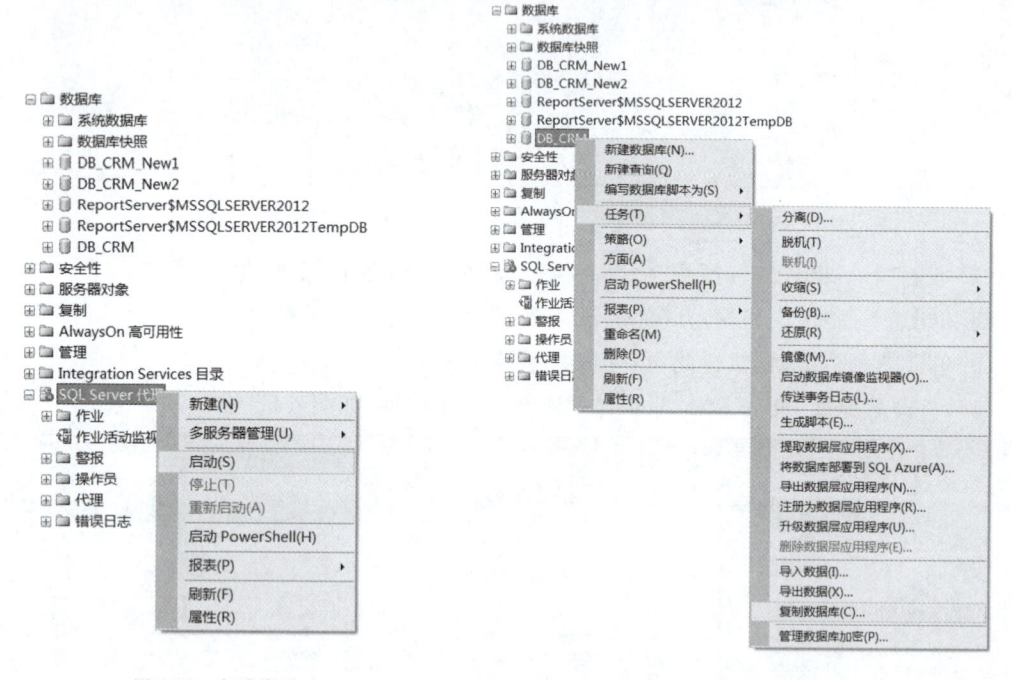

图 6-56　启动代理　　　　　　　　　　图 6-57　选择复制数据库

（2）打开"选择源服务器"窗口，如图 6-58 所示，可以选择源服务器、身份验证方式等。这里保持默认设置。

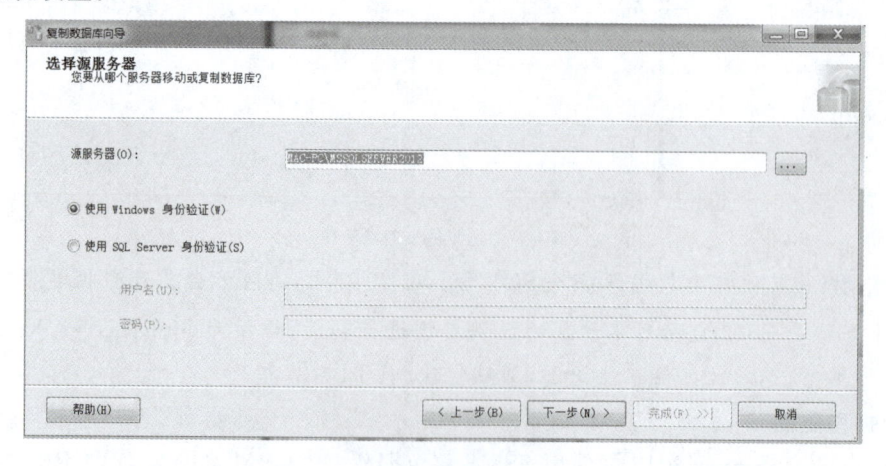

图 6-58　选择源服务器

(3)单击"下一步"按钮,打开"选择目标服务器"窗口,可以选择目标服务器、身份验证方式等,在"目标服务器"中输入服务器名或 IP 地址:192.168.3.4,选择"使用 SQL Server 身份验证",输入目标服务器的用户名:sa,密码:123456,如图 6-59 所示。

图 6-59 目标服务器设置

> **提示**:目标服务器需要预先启用混合登录模式,启用 sa 帐号,并且设置密码为 123456;而且需要开放 1433 端口,启用远程登录,上述步骤才可奏效。启用远程登录请见"技术完善与拓展"。

(4)单击"下一步"按钮,打开"选择传输方法"窗口,可以选择"使用分离和附加方法"或"使用 SQL 管理对象方法",这里保留默认设置,如图 6-60 所示。

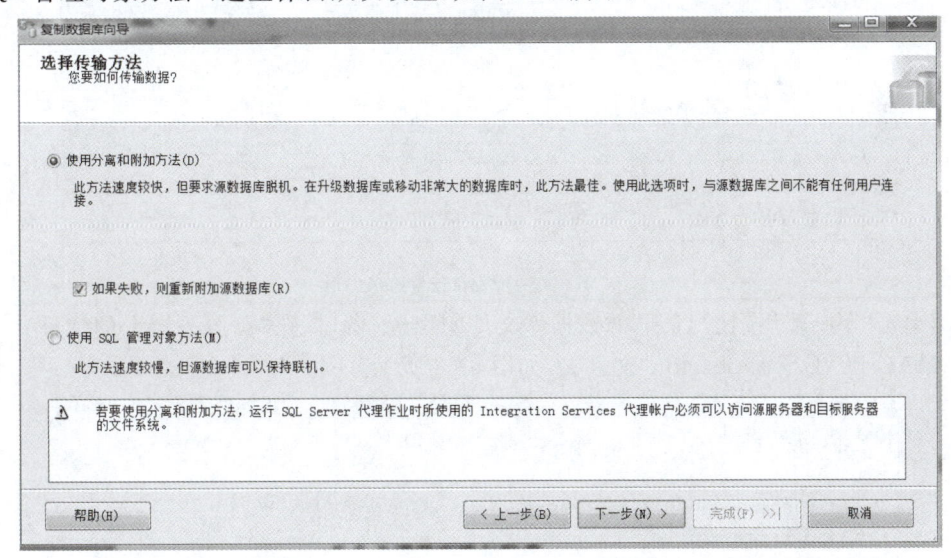

图 6-60 选择传输方法

(5)单击"下一步"按钮,打开"选择数据库"窗口,如图 6-61 所示。如果要复制数据库,则勾选"复制"复选框,如果要移动数据库,则勾选"移动"复选框,这里选择复制 DB_CRM 数据库。

(6)单击"下一步"按钮,打开"配置目标数据库"窗口,如图 6-62 所示。可以指定目标数据库名称为"DB_CRM_New5",并可以修改目标数据库的逻辑文件和日志文件名称。

(7)单击"下一步"按钮,打开"选择服务器对象"窗口,这里保留默认设置。

图 6-61 选择数据库

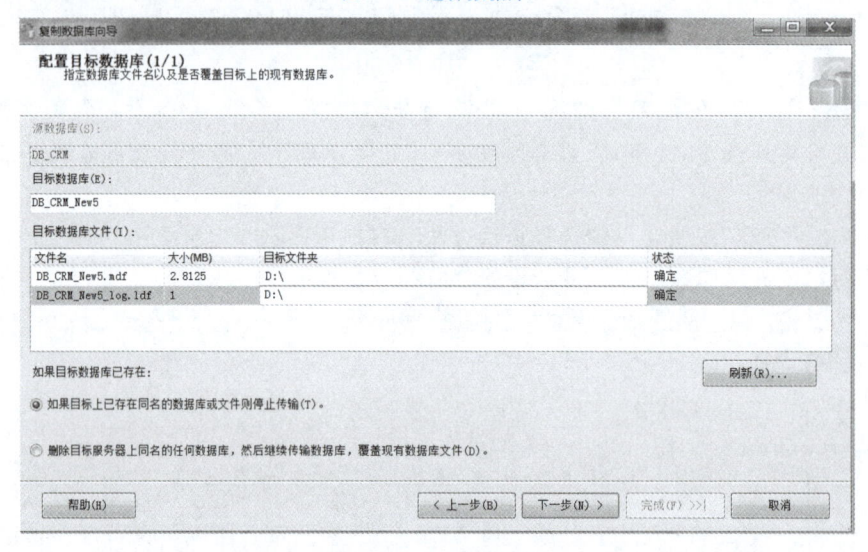

图 6-62 配置目标数据库

(8)单击"下一步"按钮,打开"源数据库文件的位置"窗口,在"源服务器上的文件共享"里选择\\MAC-PC\D＄\DBbackup 文件夹,如图 6-63 所示。

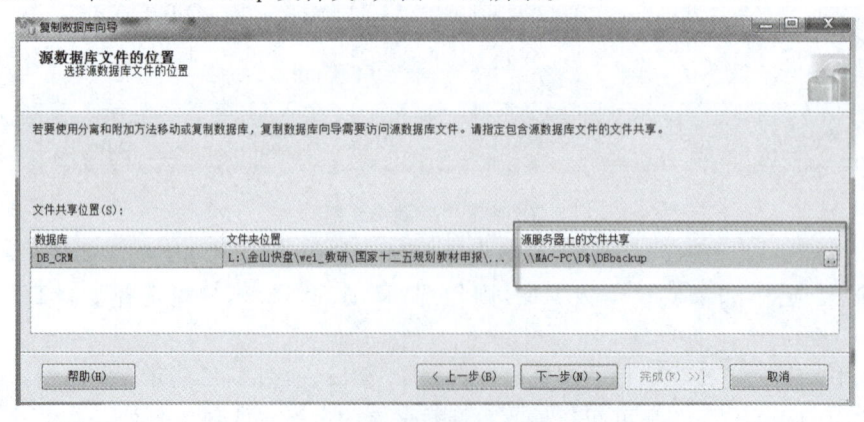

图 6-63 数据库文件的位置

(9)单击"下一步"按钮,选择"立即运行",单击"下一步"按钮,显示配置包信息,如图6-64所示。单击"完成"按钮,打开"正在执行操作"对话框,执行数据库复制操作。

(10)单击"关闭"按钮,完成数据库复制操作。在"对象资源管理器"中可以看到DB_CRM_New5,如图6-65所示。

图6-64 配置包信息   图6-65 复制成功

6.5.3 课堂实践与检查

1. 课堂实践

(1)按照任务实施过程的要求完成各子任务并检查实施结果。

(2)将DB_CRM数据库转换成Access数据库DB_CRM.mdb。

(3)将Excel中的数据导入数据库。要求:使用Excel建立一个用来保存经理信息的表格并填入数据;在CRM客户关系管理数据库中新建表TB_Manager,用来保存经理信息;将Excel中的数据导入DB_CRM库的TB_Manager表中。

2. 检查与问题讨论

(1)任务完成情况检查评价。根据任务描述与要求,小组成员相互检查,提出存在的问题,根据问题进行小组讨论。

(2)讨论如何进行数据库的导入和导出操作。

(3)总结讨论如何进行SQL Server远程登录。

☞ **职业素养——技术精湛**

习近平在首届全国职业技能大赛的贺信中,鼓励青年一代走技能成才、技能报国之路。

6.5.4 知识完善与拓展

1. SQL Server远程访问

(1)登录后,右击服务器,选择"属性"。左侧选择"安全性",选中右侧的"SQL Server和Windows身份验证模式"以启用混合登录模式,然后重新启动服务器。

(2)在服务器属性设置窗口,选择"连接",勾选"允许远程连接此服务器"。

(3)打开 SQL Server 配置管理器,如图 6-66 所示。

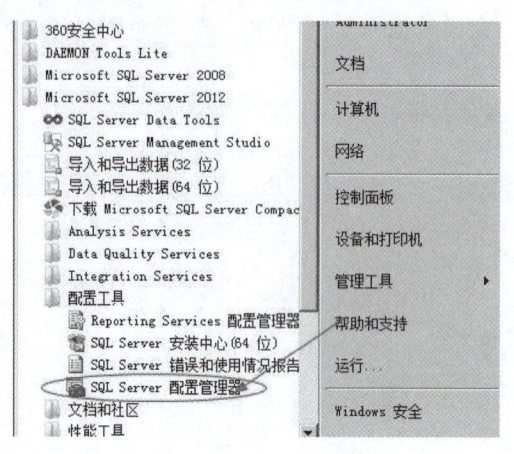

图 6-66　打开配置管理

(4)下面开始配置 SSCM,选中左侧的"SQL Server 服务",确保右侧的"SQL Server"以及"SQL Server Browser"正在运行,如图 6-67 所示。

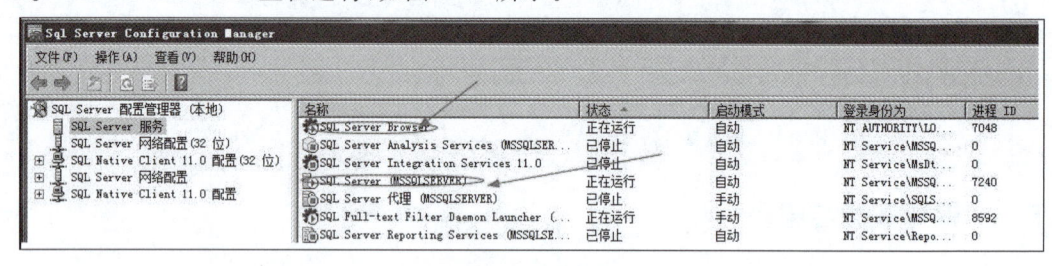

图 6-67　确保服务运行

(5)将"客户端协议"的"TCP/IP"也修改为"已启用",如图 6-68 所示。

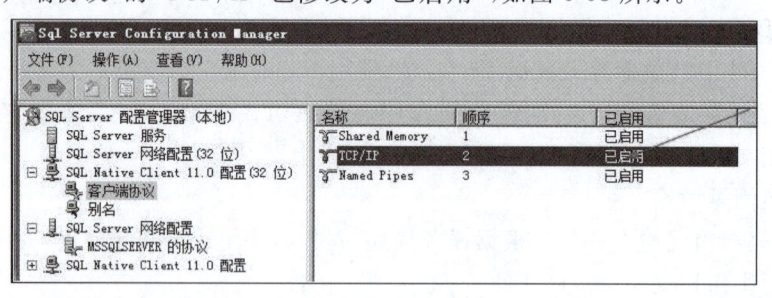

图 6-68　启用 TCP/IP

(6)右击"TCP/IP",选择"属性",打开"TCP/IP 属性"对话框,设置 TCP 的默认端口为"1433",根据事先预定设置默认端口,如图 6-69 所示。

(7)MSSQLSERVER 的协议启用 TCP/IP,如图 6-70 和图 6-71 所示。

(8)配置服务器防火墙。

配置完成,重新启动 SQL Server 2012。但是还是要确认一下防火墙是否允许 SQL Server 通过。

打开防火墙设置。将 SQLServer.exe(C:\Program Files\Microsoft SQL Server\MSSQL11.MSSQLSERVER\MSSQL\Binn)添加到允许的列表中。

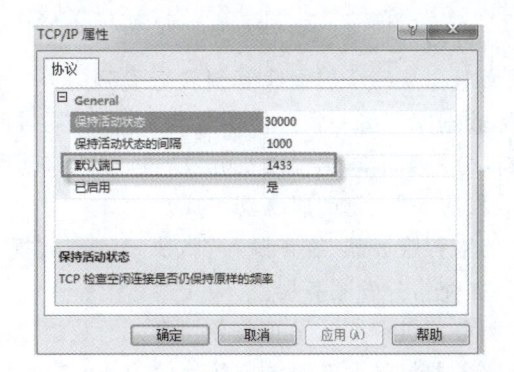

图 6-69 设置默认端口

图 6-70 协议中 TCP/IP 启用

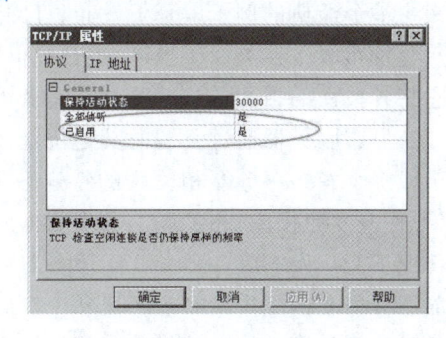

图 6-71 确保启用

也将 C:\Program Files（x86）\Microsoft SQL Server\90\Shared\sqlbrower.exe 添加到防火墙例外中。

要打开 1433 端口，需要打开防火墙"高级设置"，选择"新建规则"，选择规则类型"端口"（要将 SQLServer.exe、sqlbrower.exe 添加到防火墙例外，规则类型选择"程序"），规则应用于"TCP"，特定本地端口为"1433"，其他按默认规则设定。如图 6-72 所示。

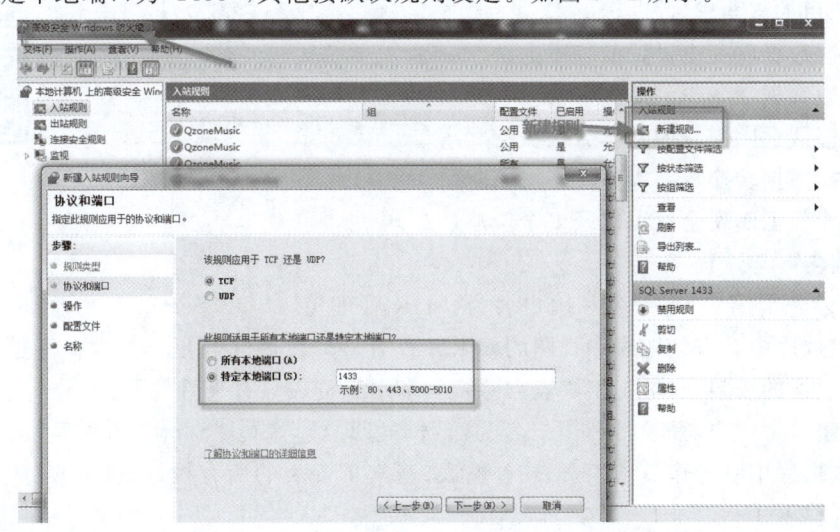

图 6-72 防火墙允许程序和端口通过

2. 数据库复制

企业做大了，就会有分支机构。分公司与总公司之间既统一又独立，这就是业务。技术服务于业务，摆在我们面前的问题是如何让数据既统一又独立？其实 SQL Server 已经为我们提供了很好的解决方案:发布、订阅。

复制是将数据或数据库对象从一个数据库复制和分发到另外一个数据库,并进行数据同步,从而使源数据库和目标数据库保持一致。使用复制,可以在局域网和广域网、拨号连接、无线连接和 Internet 上将数据分发到不同位置以及分发给远程或移动用户。

复制由发布服务器、分发服务器、订阅服务器组成。

(1)发布服务器:数据的来源服务器,维护源数据,决定哪些数据将被分发,检测哪些数据发生了修改,并将这些信息提交给分发服务器。

(2)分发服务器:分发服务器负责把从发布服务器发来的数据传送至订阅服务器。

(3)订阅服务器:订阅服务器就是发布服务器数据的副本,接收维护数据。

举个经典的例子解释下发布、订阅。

发布服务器类似于报社,报社提供报刊的内容并印刷,是数据源;分发服务器相当于邮局,它将各报社的报刊送(分发)到订阅者手中;订阅服务器相当于订阅者,从邮局那里收到报刊。

发布服务器通过复制向其他位置提供数据,分发服务器起着存储区的作用,用于复制与一个或多个发布服务器相关联的特定数据。每个发布服务器都与分发服务器上的单个数据库(称作分发数据库)相关联。分发数据库存储复制状态数据和有关发布的元数据,并且在某些情况下为从发布服务器向订阅服务器移动的数据起着排队的作用。在很多情况下,一个数据库服务器实例充当发布服务器和分发服务器两个角色。这称为"本地分发服务器"。订阅服务器是接收复制数据的数据库实例。一个订阅服务器可以从多个发布服务器接收数据。

发布、分发、订阅可以部署在独立的服务器上面,也可以部署在一台 SQL Server 上面,分开部署可以提高性能。

综合训练 6　HR 人力资源管理数据库管理

1. 实训目的与要求

(1)掌握数据库安全设置的基本方法。
(2)掌握数据库备份的基本方法。
(3)掌握数据库恢复的基本方法。
(4)掌握数据转换的基本方法。
(5)培养数据库安全意识以及安全策略。

2. 实训内容与过程

(1)创建一个用户,登录名和用户名为:"HR 管理员",SQL Server 身份验证。分配给该用户在该数据库中具有创建表和视图的权限并查看、修改、删除和更新该数据库员工表、职位表、部门表数据的权限,对员工工资表、补贴表、基本工资表只有查看权限。

(2)创建一个用户,登录名和用户名为:"财务管理员",SQL Server 身份验证。分配给该用户在该数据库中有操作员工工资表、补贴表、基本工资表的所有权,对员工表、职位表、部门表只有查看权限。

(3)将 DB_HR 数据库备份名为 BK_HR.bak 的备份文件。

(4)利用 T-SQL 语句把"BK_HR.bak"备份文件恢复名为"DB_HR_New"的数据库。

(5)把 DB_HR 数据库中所有表及数据导入"HRExcel.xls"Excel 文件。

(6)讨论:为了更好地保证数据库的完整性,该如何对数据库进行不同类型的备份和恢复。

知识提升

专业英语

备份：Backup   还原：Restore
安全：Safe   认证：Authentication
角色：Role   权限：Authority

考证天地

(1)考点归纳

根据新版《数据库系统工程师考试大纲》(2020年12月清华大学出版社出版发行)，涉及考点为数据库备份。

实现磁带备份数据的功能有两方面的困难：首先，MS SQL Server(以下简称SQL)所提供的数据库的整体备份及恢复功能不能直接满足本系统要求的数据滚动备份。其次，需要解决如何在Web环境下实现磁带数据备份功能。

利用SQL中现有的数据库备份和恢复的命令以及NT中的IDC技术，实现SQL数据库中数据滚动备份到磁带的功能。

①磁带数据备份及恢复的工作过程

为了充分利用SQL中现有的数据库备份与恢复功能，以降低实现磁带数据备份的代价，特地在硬盘上建立了一个与磁带的容量相当的数据库，被称为桥数据库，可方便地实现数据的滚动备份。每次进行磁带备份数据之前，就用此空白数据库恢复桥数据库。空白数据库文件建立后要保存好，不可随便删除。

②磁带数据备份及恢复的实现

在NT中，Web服务器IIS(Internet Information Server)提供了完善的访问SQL的技术IDC。IDC是一个DLL文件(HTTPODBC.DLL)，其实，它通过ODBC接口可访问各种数据库。在具体实现Web页面访问数据库时，需建立两种类型的文件：IDC文件(*.idc)和HTML模板文件(*.htx)。IDC文件用于控制数据库的访问。

(2)真题解析(2007年11月数据库系统工程师上午试题48)

关于备份策略的描述，正确的是(　　)。

A. 静态备份应经常进行

B. 动态备份适合在事务请求频繁时进行

C. 数据更新量小时适合做动态备份

D. 海量备份适合在事务请求频繁时进行

[试题分析]

备份术语如下：

①硬件级问题：选择备份文件用的存储设备和位置。

②软件级问题：选择备份程序并充分挖掘、利用其功能。

③本地备份：在本机硬盘的特定区域备份文件。

④异地备份：将文件备份到与电脑分离的存储介质，如软盘、ZIP磁盘、光盘及存储卡等介

质。这是备份的硬件性问题。

⑤活备份:备份到可擦写存储介质,以便更新和修改。

⑥死备份:备份到不可擦写的存储介质,以防错误删除和别人有意篡改。这还是备份的硬件级问题。

⑦动态备份:利用软件功能定时自动备份指定文件,或文件内容产生变化后随时自动备份。适合在数据量更新量小时做备份,不适合在事务请求频繁时进行备份。

⑧静态备份:为保持文件原貌而进行人工备份,这是本地备份的软件级问题。备份需要时间较长,不应经常进行。

⑨海量备份不适合在事务请求频繁时进行。

试题答案:C

问题探究

(1)帐号和密码保存在哪里?

如果是 SQL Server 的身份验证机制,帐号和密码保存在 master 数据库的 Sysxlogins 数据表中。SQL Server 将用户登录使用的帐号和密码放到该表中进行比较匹配。

如果是 Windows 身份验证,帐号和密码保存在 Windows 操作系统的帐户数据库中,是一个系统文件。

(2)如何使用 sa 帐号?

系统管理员 sa 是为向后兼容而提供的特殊登录帐户。默认情况下,它指派给固定服务器角色 sysadmin,并不能进行更改。

虽然 sa 是内置的管理员登录,但一般不使用该帐户。DBA 应建立自己的系统管理员帐户,添加为 sysadmin 固定服务器角色的成员,并使用自己的帐户来登录。

只有当没有其他方法登录到 SQL Server 服务器(例如,当其他系统管理员不可用或忘记了密码)时才使用 sa。

(3)仅有.BAK 文件如何恢复?

如果要将一个.BAK 文件在别的 SQL Server 服务器上进行恢复,可以按照下列办法进行。

①在恢复数据库的"常规"选择页中选择"还原"→"从设备"单选按钮,单击"选择设备"按钮。

②出现"选择备份设备"界面,单击"添加"按钮将 BAK 文件添加进来。

③选择要恢复的类型后执行即可。

(4)备份和恢复过程中发生中断如何处理?

如果备份或恢复操作被中断(如因电源故障),可以从中断点重新开始备份或恢复操作。这在大型数据库作为自动进程恢复到其他服务器上时很有用。如果该自动进程在恢复操作即将结束时失败,可以尝试从中断点重新开始恢复操作。

①备份中断后的处理

原备份语句如下:

BACKUP DATABASE MyNwind

TO MyNwind_1

重启备份进程的处理语句如下:

BACKUP DATABASE MyNwind

```
TO MyNwind_1
    WITH RESTART
```
②恢复中断后的处理

原恢复语句如下：
```
RESTORE DATABASE MyNwind
    FROM MyNwind_1
GO
```
重启备份进程的处理语句如下：
```
RESTORE DATABASE MyNwind
    FROM MyNwind_1
    WITH RESTART
GO
```

技术前沿

SQL Server 2012 新技术——AlwaysOn 可用性组

SQL Server 2012 中引入了 AlwaysOn 可用性组功能，这是一个提供替代数据库镜像的企业级方案的高可用性和灾难恢复解决方案，可最大限度地提高一组用户数据库对企业的可用性。"可用性组"针对一组离散的用户数据库（称为"可用性数据库"，它们共同实现故障转移）支持故障转移环境。一个可用性组支持一组读写主数据库以及一至四组对应的辅助数据库。可使辅助数据库能进行只读访问和/或某些备份操作。

可用性组在可用性副本级别进行故障转移。故障转移不是由诸如因数据文件丢失而使数据库成为可疑数据库、删除数据库或事务日志损坏等此类数据库问题导致的。

AlwaysOn 可用性组提供了一组丰富的选项来提高数据库的可用性并改进资源使用情况。主要特点如下：

（1）支持最多五个可用性副本。"可用性副本"是可用性组的实例化，此可用性组由特定的 SQL Server 实例承载，该实例维护属于此可用性组的每个可用性数据库的本地副本。每个可用性组支持一个主副本和最多四个辅助副本。

（2）支持替代可用性模式，如下所示：

①异步提交模式。此可用性模式是一种灾难恢复解决方案，适合于可用性副本的分布距离较远的情况。

②同步提交模式。此可用性模式相对于性能而言更强调高可用性和数据保护，为此付出的代价是事务延迟时间增加。一个给定的可用性组可支持最多三个同步提交可用性副本（包括当前主副本）。

（3）支持几种形式的可用性组故障转移：自动故障转移、计划的手动故障转移（通常简称为"手动故障转移"）和强制的手动故障转移（通常简称为"强制故障转移"）。

（4）能够将给定的可用性副本配置为支持以下一种或两种活动辅助功能：

①利用只读连接访问，与副本的只读连接可以在此副本作为辅助副本运行时访问和读取其数据库。

②当副本作为辅助副本运行时，对副本的数据库执行备份操作。

通过使用活动辅助功能，可更好地利用辅助硬件资源，从而提高 IT 效率并降低成本。此外，通过将读意向应用程序和备份作业转移到辅助副本，有助于提高针对主副本的性能。

(5)支持每个可用性组的可用性组侦听器。"可用性组侦听器"是一个服务器名称,客户端可连接到此服务器以访问AlwaysOn可用性组的主副本或辅助副本中的数据库。可用性组侦听器将传入连接定向到主副本或只读辅助副本。侦听器在可用性组故障转移后提供快速应用程序故障转移。

(6)支持灵活的故障转移策略以便更好地控制可用性组故障转移。

(7)支持用于避免页损坏的自动页修复。

(8)支持加密和压缩,这提供了安全且高性能的传输方式。

(9)提供了一组集成的工具来简化部署和管理可用性组,这些工具包括:用于创建和管理可用性组的 Transact-SQL DDL 语句、SQL Server Management Studio 工具、AlwaysOn 面板、对象资源管理器和 PowerShell cmdlet。

本章小结

1. 数据库安全设置:身份验证模式设置、登录名设置、数据库用户设置、权限设置、角色设置;
2. 数据库备份:数据库完整备份、数据库差异备份、事务日志备份。
3. 数据库恢复:数据库完整还原、数据库时点还原、T-SQL 语句还原。
4. 数据库导入/导出、复制:数据库导出为各种数据类型、将数据导入数据库中、复制数据库。

思考习题

一、选择题

1. 下列不是混合身份验证模式的优点的是(　　)。
   A. 创建了 Windows 操作系统上的另外一个安全层次
   B. 支持更大范围的用户
   C. 一个应用程序可以使用多个 SQL Server 登录口令
   D. 一个应用程序只能使用一个 SQL Server 登录口令

2. 如果要对所有的登录名进行数据库访问控制,可采用的方法是(　　)。
   A. 在数据库中增加 guest 用户,并对其进行权限设置
   B. 为每个登录名指定一个用户,并对其进行权限设置
   C. 为每个登录名设置权限
   D. 为每个登录名指定一个用户,为用户指定同一个角色,并对角色进行权限设置

3. 服务器角色中,权限最高的是(　　)。
   A. processadmin　　B. securityadmin　　C. dbcreator　　D. sysadmin

4. 具有最高操作权限的数据库角色是(　　)。
   A. db_securityadmin　　B. ddladmin　　C. public　　D. db_owner

5. 最消耗系统资源的备份方式是(　　)。
   A. 数据库完整备份　　B. 数据库差异备份　　C. 事务日志备份　　D. 文件组备份

6. 下列关于数据库备份的描述,正确的是(　　)。
   A. 数据库备份可用于数据库崩溃时的恢复
   B. 数据库备份可用于将数据从一个服务器转移到另一个服务器

C. 数据库备份可用于记录数据的历史档案

D. 数据库备份可用于转换数据

7. 能将数据库恢复到某个时间点的备份类型是（　　）。

A. 数据库完整备份　　B. 数据库差异备份　　C. 事务日志备份　　D. 文件组备份

8. 下列关于数据库差异备份的描述，错误的是（　　）。

A. 备份自上一次完整备份以来数据库改变的部分

B. 备份自上一次差异备份以来数据库改变的部分

C. 差异备份必须在完整备份的基础上进行

D. 备份自上一次事务日志备份以来数据库改变的部分

9. 下列关于数据库角色的描述，正确的是（　　）。

A. 将具有相同访问需求或权限的用户组织起来，以提高管理效率

B. 将用户添加到 SQL Server 内置的角色中，可以实现不同的管理权限

C. 一个用户只能属于一种角色

D. 以上描述都正确

10. 假设有两个完整数据库备份——09:00 的完整备份 1 和 11:00 的完整备份 2，另外还有三个事务日志备份：09:30 基于完整备份 1 的事务日志备份 1、10:00 基于完整备份 1 的事务日志备份 2 以及 11:30 基于完整备份 2 的事务日志备份 3。如果要将数据库还原到 11:15 的数据库状态，则可以采用（　　）。

A. 完整备份 1＋事务日志备份 3

B. 完整备份 2＋事务日志备份 3

C. 完整备份 1＋事务日志备份 1＋事务日志备份 2＋事务日志备份 3

D. 完整备份 2＋尾部日志

二、填空题

1. SQL Server 2012 的身份验证模式包括：_____ 和 _____ 两种。

2. 按照角色的使用范围，SQL Server 2012 的角色分为：_____ 和 _____。

3. SQL Server 2012 中的固定数据库角色有 Db_owner、_____、_____ 等。

4. 权限的种类包括有：_____、_____ 以及 _____。

5. 用户在数据库中拥有的权限取决于用户帐户的数据库权限和 _____。

6. 数据库备份的类型包括：_____、_____、_____ 以及 _____。

7. SQL Server 2012 的数据恢复模式包括：_____、_____ 以及 _____。

8. _____ 备份可以在简单恢复模式下进行。

9. 使用 _____ 可将外部数据导入 SQL Server 数据库中。

10. 新建数据库用户时，如果不指定数据库角色，则默认角色为 _____。

三、简答题

1. 数据库的安全性包括哪些因素。

2. 简述 SQL Server 两种身份验证模式各自的优点和使用条件。

3. 在数据库中进行权限设置的作用是什么？

4. 数据库备份有几种方式以及各自有什么特点。

5. 简述物理设备备份和逻辑设备备份的内容及区别。

第 7 章

数据库开发

SQL Server 本身并不能用来直接开发应用程序或是作为数据库应用系统来使用。但是 SQL Server 提供了多种数据访问方式，这些方式大致可以分为两类：接口方式和组件方式。这样，各种数据库应用系统就可以通过接口或组件的方式连接到 SQL Server 数据库并对数据库中的数据进行读写，从而实现应用系统中的信息添加、修改、删除以及查询等操作。

本章主要介绍数据库系统开发中的数据库访问技术及数据库系统开发的基本方法。

教学目标

- 了解应用程序访问 SQL Server 的方式。
- 学会 ADO.NET 数据库访问的方法。
- 学会基于 SQL Server 的应用系统开发的基本方法。

教学任务

【任务 7.1】ADO.NET 数据库访问
【任务 7.2】数据库系统实现

任务 7.1 ADO.NET 数据库访问

7.1.1 任务描述与必需知识

1. 任务描述

（1）创建应用程序。在 Visual Studio 中创建客户关系管理系统的应用程序，并创建用于商品信息显示的窗体。

（2）使用 ADO.NET 访问数据库。在应用程序中使用 ADO.NET 访问客户关系管理数据库，并能显示商品数据表的全部内容。

2. 任务必需知识

（1）SQL Server 访问方式

SQL Server 是主从式数据库服务器，因此 SQL Server 本身并不提供用户接口组件用于开发客户端及应用程序。不过 SQL Server 支持多种数据访问方式，不同的客户端及应用程序可使用不同的方式来访问 SQL Server。这些方式大致可以分为两类：接口方式和组件方式。

接口方式定义了客户端与服务器端通信时使用的方法,只要服务器端与客户端都遵守事先设置好的接口定义就可以使用相同的方式来访问不同的数据源。常用的接口有 ODBC 接口和 OLE DB 接口。同时,微软公司还把这些接口包装成 ADO(ActiveX Data Objects)组件,使用这种组件方式可以更方便地让不同的客户端访问。

(2) ADO.NET 简介

ADO.NET 是一种数据访问技术,可以使应用程序连接到数据库,并以各种方式操作存储在其中的数据。该技术基于.NET Framework,与.NET Framework 类库的其余部分高度集成。ADO.NET API 的设计,使得可以从所有面向.NET Framework 的语言中使用该 API,如 Visual Basic、C♯、J♯ 和 Visual C++。ADO.NET 主要通过 Connection、Command、DataAdapter、DataSet 等类来实现数据库的访问。

(3) ADO.NET 的使用

使用 ADO.NET 访问数据库一般可按如下的步骤进行。首先,使用 Connection 对象建立与数据库的连接。然后,使用 Connection 对象的 Open()方法打开连接。最后使用 DataAdapter 执行查询语句,并将结果保存在 DataSet 中。程序就可以从 DataSet 中获取从数据库中读取的数据。

(4) Microsoft Visual Studio

Microsoft Visual Studio(简称 VS)是微软公司的开发工具包系列商品。VS 是一个基本完整的开发工具集,它包括了整个软件生命周期中所需要的大部分工具,如 UML 工具、代码管控工具、集成开发环境(IDE)等。所写的目标代码适用于微软支持的所有平台,包括 Microsoft Windows、Windows Mobile、Windows CE、.NET Framework、.NET Compact Framework、Microsoft Silverlight 和 Windows Phone。

7.1.2 任务实施与思考

1. 创建应用程序

要求:在 Visual Studio 中创建客户关系管理系统的应用程序。

(1)创建项目。启动 Visual Studio 2012,创建一个名称为 CRM 的 Windows 应用程序项目,并设置项目采用的开发语言为 C♯。如图 7-1 所示。

> **提示**:本书中使用的应用程序开发环境为 Visual Studio 2012,其他版本的 Visual Studio 开发工具在使用上略有不同。

(2)创建窗体。在 CRM 项目中,创建一个名称为 Product.cs 的新窗体用于显示商品表中的所有数据。如图 7-2 所示。

(3)放置 DataGridView 控件。在新建的窗体上放置一个 DataGridView 控件,并对控件的大小和位置进行设置。如图 7-3 所示。

(4)设置程序的启动项。对 Program.cs 文件进行修改,将程序的主入口设置为"Product"窗体。代码如下:

```
static void Main()
{
    Application.EnableVisualStyles();
    Application.SetCompatibleTextRenderingDefault(false);
    Application.Run(new Product());
}
```

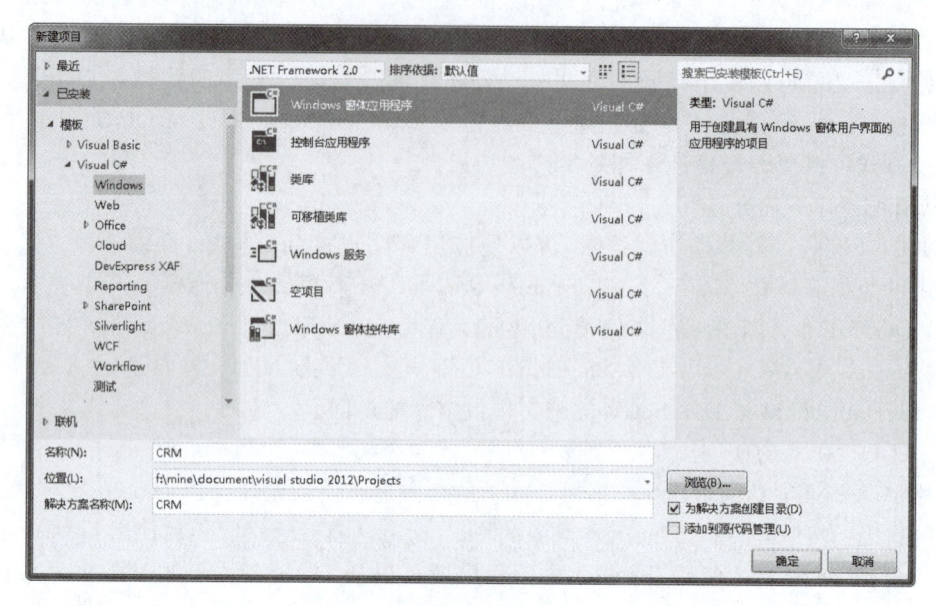

图 7-1　创建应用程序项目

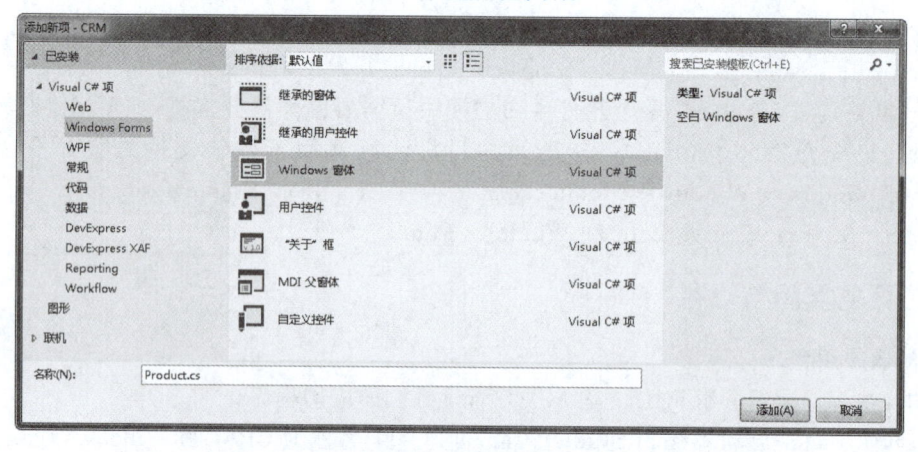

图 7-2　创建新窗体

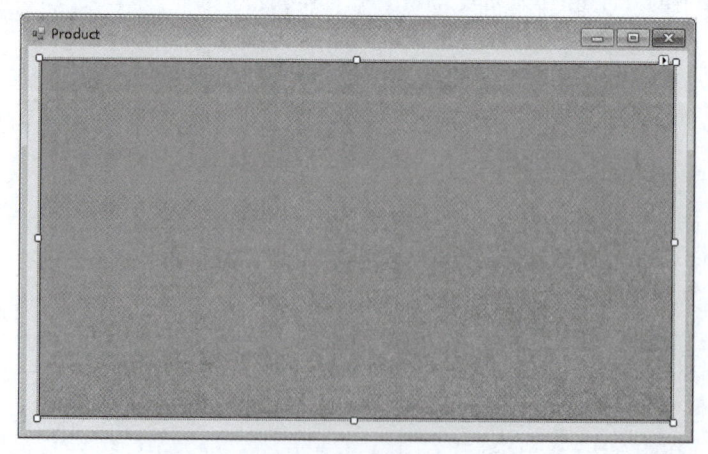

图 7-3　放置 DataGridView 控件

（5）运行应用程序。单击工具栏上的"启动"按钮运行程序，即可看到空白的商品信息显示窗体。

2. 使用 ADO. NET 访问数据库

要求：在应用程序中使用 ADO. NET 访问客户关系管理数据库，并能在商品信息窗体上显示商品数据表的全部内容。

(1)编写 ADO. NET 数据库访问程序。在“Product”窗体的 Load 事件中编写使用 ADO. NET 进行数据库访问的程序，代码如下：

```
//定义数据库连接字符串
string strConn ="Data Source=DBSERVER;Initial Catalog=DB_CRM;Integrated Security=True";
//创建面向 SQL Server 的数据库连接
SqlConnection con =new SqlConnection(strConn);
//打开数据库连接
con. Open();
//定义查询语句
string cmd ="SELECT * from TB_Product";
//创建数据适配器
SqlDataAdapter sda =new SqlDataAdapter(cmd,con);
//定义数据集
DataSet ds =new DataSet();//填充数据集
sda. Fill(ds);
//关闭数据库连接
con. Close();
```

提示：连接数据库连接字符串主要用于设置数据库连接的相关参数。其中：Data Source 表示 SQL Server 数据库服务器的名称；Initial Catalog 表示要访问的数据库的名称；Integrated Security=True 表示当前的验证模式为 Windows 验证，当然也可以指定采用 SQL Server 登录名和密码的形式进行登录。

(2)编写填充数据表格的程序。编写程序将 ADO. NET 访问数据表的结果填充到数据表格 DataGridView 控件中，代码如下：

```
//填充数据
dataGridView1. DataSource =ds. Tables[0];
```

思考：上述代码 ds. Tables[0]中的“0”表示什么意思？

(3)运行程序。单击工具栏上的“启动”按钮运行程序，可以看到“Product”窗体中有如图 7-4 所示的显示结果。

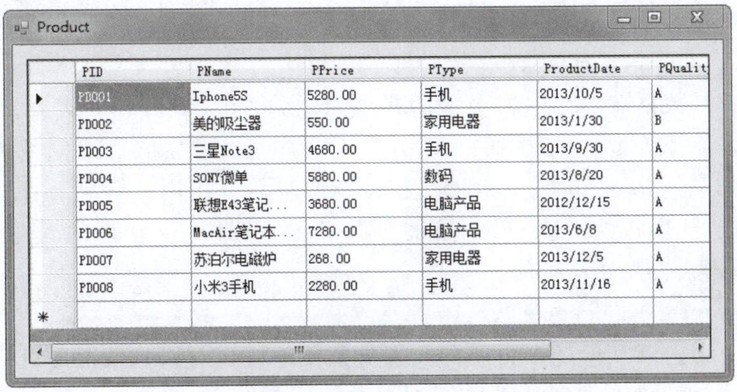

PID	PName	PPrice	PType	ProductDate	PQualit
PD001	Iphone5S	5280.00	手机	2013/10/5	A
PD002	美的吸尘器	550.00	家用电器	2013/1/30	B
PD003	三星Note3	4680.00	手机	2013/9/30	A
PD004	SONY微单	5880.00	数码	2013/8/20	A
PD005	联想E43笔记...	3680.00	电脑产品	2012/12/15	A
PD006	MacAir笔记本...	7280.00	电脑产品	2013/6/8	A
PD007	苏泊尔电磁炉	268.00	家用电器	2013/12/5	A
PD008	小米3手机	2280.00	手机	2013/11/16	A

图 7-4　程序运行结果

7.1.3 课堂实践与检查

1. 课堂实践

（1）按照任务实施过程的要求完成任务并检查结果。
（2）新建客户信息窗体，用来显示所有客户的信息。
（3）新建客户购买记录窗体，用来显示所有客户的购买信息，并按时间倒序排列。

2. 检查与问题讨论

（1）检查课堂实践的完成情况，并对过程中发现的问题进行讨论。
（2）讨论在应用程序中使用 ADO.NET 连接数据库的一般步骤。
（3）结合后面知识完善与拓展中的内容对 SqlConnection、SqlDataAdapter、DataSet 的使用进行讨论。

> ☞ 职业素养——团队合作
>
> 在软件开发领域，非常注重团队合作，据微软统计，Windows Vista 系统是由 25 个研发小组、总共人数超过 1000 名研发人员共同开发完成的。Linux 目前有近 2 万名开发者在共同维护超过 2500 万行的内核代码。

7.1.4 知识完善与拓展

1. ADO.NET 数据库操作类库

ADO.NET 通过自带的类库来实现数据库的连接和操作，主要包括：

（1）Connection

指明数据库服务器、数据库名字、用户名、密码和连接数据库所需要的其他参数。Connection 对象会被 Command 对象使用，这样就能够知道是在哪个数据源上面执行命令。

（2）Command

与数据库建立连接后，就可以用 Command 对象来执行查询、修改、插入、删除等命令；Command 对象常用的方法有 ExecuteReader() 方法、ExecuteScalar() 方法和 ExecuteNonQuery() 方法；插入数据可用 ExecuteNonQuery() 方法来执行插入命令。

（3）DataReader

DataReader 允许开发人员获得从 Command 对象的 SELECT 语句得到的结果。考虑性能的因素，从 DataReader 返回的数据都是快速的且只是"向前"的数据流。这意味着开发人员只能按照一定顺序从数据流中取出数据。这对于速度来说是有好处的，但是如果开发人员需要操作数据，更好的办法是使用 DataSet。

（4）DataSet

DataSet 对象是数据在内存中的表示形式，它包括多个 DataTable 对象，而 DataTable 包含列和行，就像一个普通的数据库中的表。开发人员甚至能够定义表之间的关系来创建主从关系（parent-child relationships）。DataSet 在特定的场景下使用——帮助管理内存中的数据并支持对数据的断开操作的。DataSet 是被所有 Data Providers 使用的对象，因此它并不像 Data Provider 一样需要特别的前缀。

（5）DataAdapter

DataAdapter 通过断开模型来帮助开发人员方便地完成对以上情况的处理。当在一单批次的对数据库的读写操作的持续的改变返回至数据库的时候，DataAdapter 填充（fill）DataSet 对象。DataAdapter 包含对连接对象以及当对数据库进行读取或者写入的时候自动地打开或者关闭连接的引用。另外，DataAdapter 包含对数据的 SELECT、INSERT、UPDATE 和 DELETE 操作的 Command 对象引用。

2. ODBC 数据库操作接口

ODBC(Open DataBase Connectivity)接口是访问关系数据库的公开标准，在 SQL Server 里内置了该接口，通过这个接口，客户端和应用程序可以使用统一的方式访问不同的数据库，例如 SQL Server 和 Oracle 等。可通过如下的步骤来使用 ODBC 接口访问 SQL Server 上的数据源：

(1)打开计算机"控制面板"中的"管理工具"，双击"数据源（ODBC）"图标即可启动如图 7-5 所示的数据源管理器。

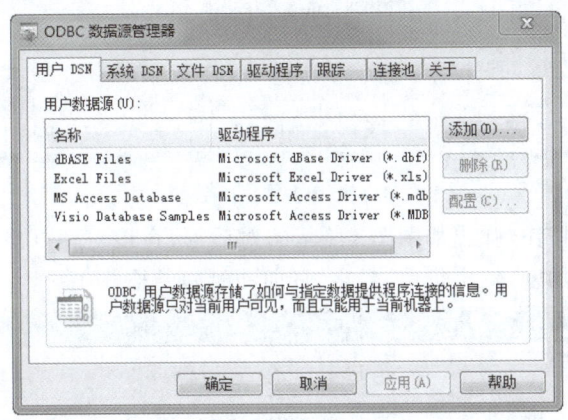

图 7-5　ODBC 数据源管理器

(2)切换到"系统 DSN"选项卡，在选项卡里单击"添加"按钮，启动"创建新数据源"对话框。

(3)在"创建新数据源"对话框中选择"SQL Server"选项，然后单击"完成"按钮，即可启动如图 7-6 所示的 ODBC 数据源创建向导。在对话框中分别指定数据源的名称、描述以及要连接的 SQL Server 数据库服务器。

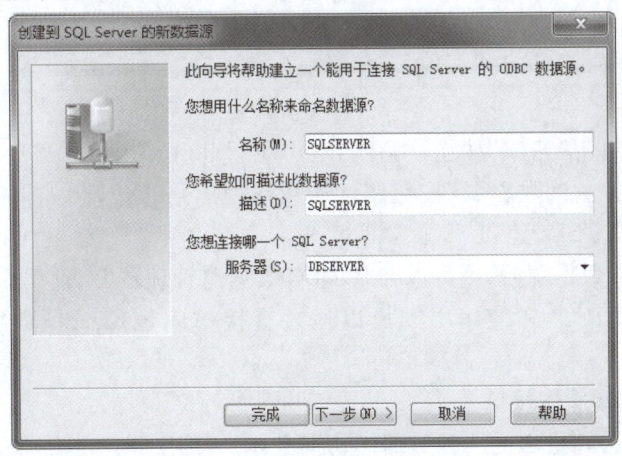

图 7-6　启动创建数据源向导

(4)单击"下一步"按钮，对 SQL Server 的验证登录进行设置，可以选择使用网络登录 ID 的 Windows NT 验证以及使用用户输入登录 ID 和密码的 SQL Server 验证两种方式。这里选择 SQL Server 验证方式，并输入登录 ID 和密码。

(5)完成登录验证方式的相关设置后,单击"下一步"按钮可以进行更改默认的数据、附加数据库文件等操作,如图 7-7 所示。

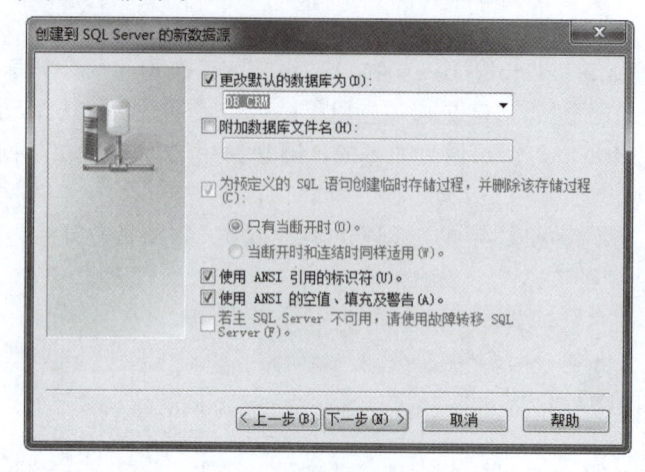

图 7-7 更改默认数据库

(6)单击"下一步"按钮,弹出如图 7-8 所示的对话框,在该对话框里可以更改 SQL Server 系统消息的语言,是否加密,输出货币、数字、日期和时间的格式等。

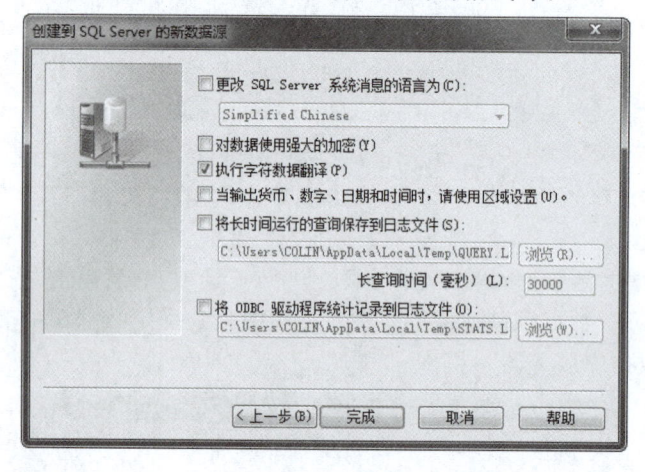

图 7-8 设置数据

(7)设置完毕后单击"完成"按钮,则弹出"ODBC Microsoft SQL Server 安装"对话框,在该对话框中可以单击"测试数据源"按钮测试连接数据源是否成功,如果能够连接成功,单击"确定"按钮完成数据源的新建。

成功添加 ODBC 数据源后,则可以在"ODBC 数据源管理器"对话框中看到刚才添加的系统 DSN"SQLSERVER"。在使用中则可以通过直接访问该 ODBC 数据源来实现对 SQL Server 的访问。

3. OLE DB 数据库操作接口

OLE DB 是微软公司推出的一种数据库访问技术。使用 ODBC 接口只能访问关系型数据库,而使用 OLE DB 接口则可以访问除了关系型数据库以外的更多种类的数据源,比如邮件文件、Exchange Server 和 Activity Directory 中的,并且微软公司将 OLE DB 接口包装成了 OLE DB 服务组件(SQLOLEDB),客户端通过 SQLOLEDB 来访问数据更为方便。

任务 7.2　数据库系统实现

7.2.1　任务描述与必需知识

1. 任务描述

(1)数据库系统功能设计。根据系统需求分析进行系统设计,并完成系统功能结构的划分、业务流程的制定等。

(2)数据库系统功能实现。在系统功能设计的基础上,实现系统功能。

2. 任务必需知识

(1)需求分析

所谓"需求分析",是指对要解决的问题进行详细的分析,弄清楚问题的要求,包括需要输入什么数据,要得到什么结果,最后应输出什么。需求分析是软件生命周期中相当重要的一个环节。由于开发人员熟悉计算机但不熟悉应用领域的业务,而用户熟悉应用领域的业务但不熟悉计算机,因此对于同一个问题,开发人员和用户之间可能存在认识上的差异。需求分析的作用就是通过开发人员与用户之间的广泛沟通,不断地让双方澄清一些模糊的概念,最终形成一个相对一致的需求说明,进而指导之后的设计开发工作。

(2)功能结构图

功能结构图就是按照功能的从属关系画成的图表,图中的每一个框都称为一个功能模块。功能模块可以根据具体情况分得大一点或小一点,分解的最小功能模块可以是一个程序中的每个处理过程,而较大的功能模块则可能是完成某一个任务的一组程序。

(3)业务流程图

业务流程图是一种描述系统内各单位、人员之间业务关系、作业顺序和管理信息流向的图表,可以作为一种系统分析人员都懂的共同语言,利用它可以帮助分析人员找出业务流程中的不合理流向。业务流程图的绘制是按照业务的实际处理步骤和过程进行。业务流程图的图例如图 7-9 所示。

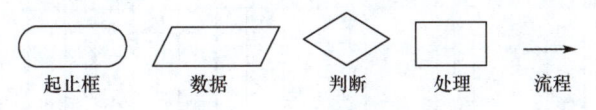

图 7-9　业务流程图的图例

7.2.2　任务实施与思考

1. 数据库系统功能设计

要求:完成系统的需求分析、系统功能结构图以及系统业务流程图。

(1)需求分析。客户关系管理(Customer Relationship Management,CRM)是指通过系统性分析客户详细资料,为企业提供全方位的管理视角,从而改善和提高企业和客户的交流能力,提高客户满意程度,提高企业竞争力的一种手段。随着我国经济的持续增长,企业竞争日趋激烈,客户资源成为企业的宝贵财富。企业客户关系管理系统可以用信息化的手段管理企业客户资源,改善企业营销、销售、售后服务等与客户之间的关系,简洁高效地管理企业的客户资源,记录企业与客户之间的商业活动,这对于现代企业是非常重要的。

主要需求应包括以下三个方面：①客户资料管理。客户资料的增加、修改、查询,信息的不断完善是客户关系管理的基础,这是整个企业客户管理相关人员的共同工作,市场营销、产品销售、技术支持、售后服务等工作人员都有资料查询的需求和完善的责任。②客户信息交流。对于企业客户关系管理来说,信息交流是必不可少的,系统应记录下客户的各项消费活动以及客户对商品的反馈信息等数据。③信息分析能力。对于企业管理者来说,通过客户关系管理系统的数据分析,可以获得最真实的销售报告,消费群体定位、客户增长和流失情况以及相关原因,提供决策参考。

(2)系统功能结构图。根据需求分析的相关内容,对CRM客户关系管理系统的功能进行划分,并画出系统功能结构图。

通过对系统需求的分析,可以对本CRM客户关系管理系统的功能进行如下划分：

公司管理。包括部门管理和岗位级别管理,主要对公司的结构和岗位级别设置等内容进行管理。

商品管理。主要对公司提供的商品进行管理。

业务员管理。包括业务员管理和业务员任务管理,主要对公司业务员的基本信息和工作任务等内容进行管理。

客户管理。包括客户管理和客户信用档案管理,主要对公司客户的基本信息和信用档案信息等内容进行管理。

信息分析。包括客户购买信息和客户反馈信息,主要对客户购买商品的情况进行分析以及对客户对公司商品的反馈信息进行分析。

系统的功能结构如图7-10所示。

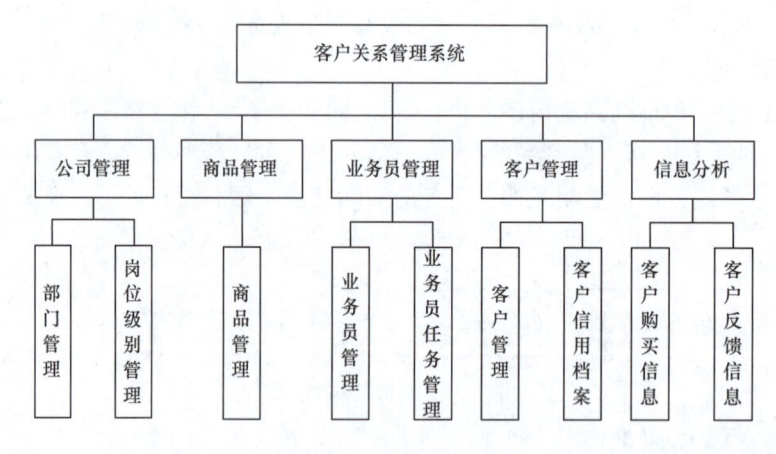

图7-10 系统的功能结构

(3)业务流程图。在系统功能划分的基础上,对系统的业务流程进行分析,并画出系统业务流程图。

根据系统的功能划分和使用流程,对系统的业务流程进行如图7-11所示的设计。

思考：在软件系统设计中,很多关于系统的描述都采用各种各样的图来进行。相对于文字描述,使用图来进行系统描述有哪些好处呢？

2. 数据库系统功能实现

要求：在系统功能设计的基础上,实现系统功能。

(1)MDI父窗体的添加。在任务7.1创建好的应用程序工程CRM中添加MDI父窗体用

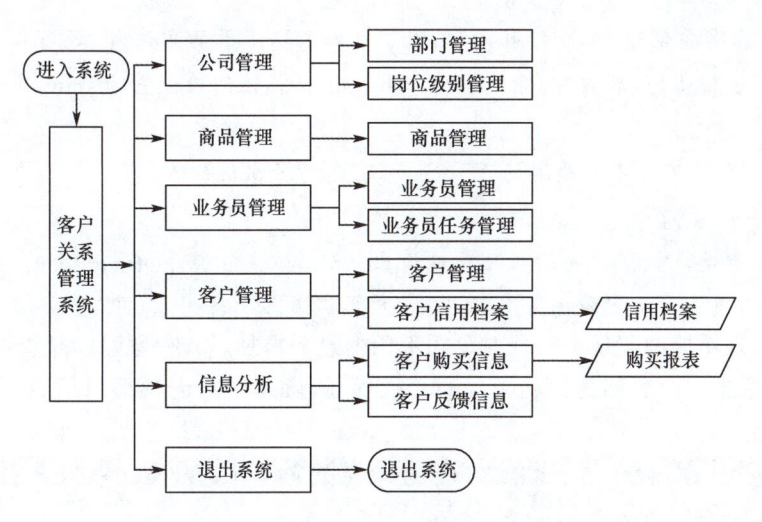

图 7-11　系统业务流程

来作为程序加载的主窗体,其他功能模块都可以通过这个主窗口进行调用。鼠标右击工程,选择"添加"中的"Windows 窗体",弹出"添加新项-CRM"对话框,如图 7-12 所示。

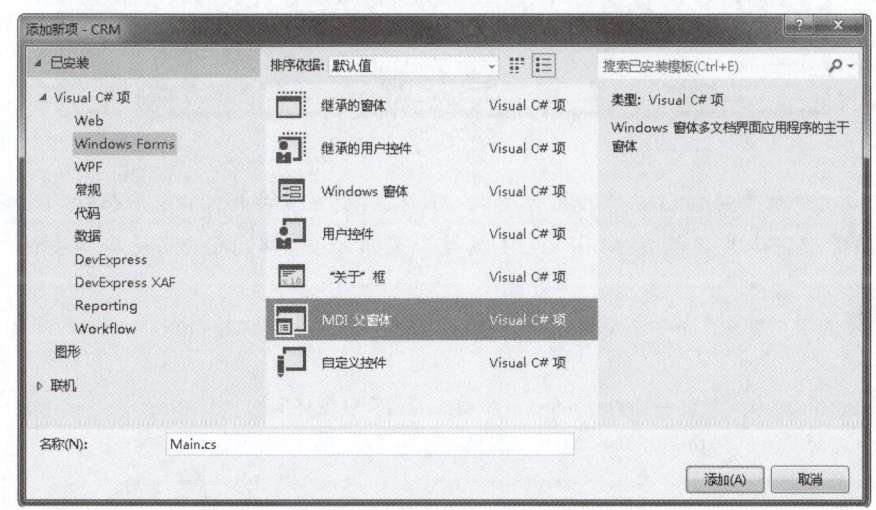

图 7-12　添加新项

展开左边的"Visual C♯项",在左边栏目中选择"Windows Forms"后,可以在右边看到可供选择的新建类型。选择"MDI 父窗体",并指定窗体的名称后,单击"添加"按钮即可完成 MDI 父窗体的添加。

(2) MDI 父窗体的设置。MDI 父窗体添加好后,需要对默认添加的父窗体进行相应的设置,使其能够符合 CRM 客户关系管理系统的设计要求。需要设置的内容主要包括父窗体的标题、菜单和工具等,设置完成后的窗体如图 7-13 所示。

图 7-13　MDI 父窗体设置

> **提示**：在需要创建 MDI 父窗体时，除了可以采取上面的方法外，还可以直接创建一个普通的 Windows 窗体，然后将窗体的 IsMDIContainer 属性的值设置为 true，也可以得到一个 MDI 父窗体。

> **思考**：MDI 父窗体与普通的 Windows 窗体有什么区别？

☞ **社会责任——工程伦理（职业道德）**

> 黑客、病毒都是计算机行业的程序员创造出来的，而这些程序员是违法的，他们缺乏法律意识、工程伦理，因此开发中必须要有底线，具有职业道德。

（3）部门管理功能的实现。实现对公司部门信息的添加、修改、删除以及查询等操作。

在项目中添加一个名称为"Department.cs"的新窗体用来进行部门信息管理，如图 7-14 所示。

图 7-14 部门管理

> **提示**：如果要将部门管理的窗体作为 MDI 父窗体的子窗体，需要在部门管理窗体加载时为部门管理窗体实例指定 MdiParent 属性。菜单栏中"部门管理"菜单单击的对应方法如下：

```
private void 部门管理 ToolStripMenuItem_Click(object sender, EventArgs e)
{
    Department frm = new Department();//创建部门管理窗体实例
    frm.MdiParent = this;//设置 MDI 父窗体
    frm.Show();//显示窗体
}
```

> **思考**：表格加载后默认的表头是数据库的字段名称，这些名称在阅读时并不方便，应如何将其显示为自己定义的表头内容呢？

在部门管理窗体中，分别对添加、修改以及删除按钮的单击事件进行编程，并让每个按钮能够执行相应的 SQL 语句来实现对应的功能。代码如下：

```
public partial class Department : Form
{
    public Department()
    {
        InitializeComponent();
    }
    //定义数据库连接字符串
    static string strConn = "Data Source=DBSERVER;Initial Catalog=DB_CRM;Integrated Security=True";
```

```csharp
//创建面向 SQL Server 的数据库连接
SqlConnection con=new SqlConnection(strConn);
private void Department_Load(object sender,EventArgs e)
{
    loadData();
}
//加载数据的方法
private void loadData()
{
    con.Open();//打开数据库连接
    string cmd ="SELECT * FROM TB_Department";//定义查询语句
    SqlDataAdapter sda =new SqlDataAdapter(cmd,con);//创建数据适配器
    DataSet ds =new DataSet();//定义数据集
    sda.Fill(ds);//填充数据集
    con.Close();//关闭数据库连接
    dgvDepartment.DataSource =ds.Tables[0];//向表格填充数据
}
//删除按钮处理事件
private void btDelete_Click(object sender,EventArgs e)
{
    //获取当前行的记录编号
    string id=dgvDepartment.CurrentRow.Cells["DID"].Value.ToString();
    con.Open();
    SqlCommand cmd =new SqlCommand();//创建 SQL 命令对象
    cmd.Connection=con;//指定数据连接
    cmd.CommandText ="DELETE TB_Department WHERE DID='"+id+"'";
    int rowNum=cmd.ExecuteNonQuery();//获取影响的记录条数
    con.Close();
    if(rowNum>0)
    {
        MessageBox.Show("部门删除成功!");
        loadData();//重新加载表格
    }
}
//修改按钮处理事件
private void btUpdate_Click(object sender,EventArgs e)
{
    //获取当前行的部门编号
    string id =dgvDepartment.CurrentRow.Cells["did"].Value.ToString();
    //获取当前行的部门名称
    string name=dgvDepartment.CurrentRow.Cells["dname"].Value.ToString();
    //获取当前行的部门电话
    string phone=dgvDepartment.CurrentRow.Cells["dphone"].Value.ToString();
    //获取当前行的部门电子邮箱
```

```csharp
    string email=dgvDepartment.CurrentRow.Cells["demail"].Value.ToString();
    con.Open();
    SqlCommand cmd = new SqlCommand();//创建SQL命令对象
    cmd.Connection = con;
    cmd.CommandText ="UPDATE TB_Department SET DName='"+name+"',
    DPhone='"+phone+"',DEmail='"+email+"' WHERE DID='" + id + "'";
    int rowNum = cmd.ExecuteNonQuery();
    con.Close();
    if(rowNum > 0)
    {
        MessageBox.Show("部门修改成功!");
        loadData();//重新加载表格
    }
}

//添加按钮处理事件
private void Insert_Click(object sender,EventArgs e)
{
    //获取当前行的部门编号
    string id = dgvDepartment.CurrentRow.Cells["DID"].Value.ToString();
    //获取当前行的部门名称
    string name = dgvDepartment.CurrentRow.Cells["DName"].Value.ToString();
    //获取当前行的部门电话
    string phone = dgvDepartment.CurrentRow.Cells["DPhone"].Value.ToString();
    //获取当前行的部门电子邮箱
    string email = dgvDepartment.CurrentRow.Cells["DEmail"].Value.ToString();
    con.Open();
    SqlCommand cmd = new SqlCommand();//创建SQL命令对象
    cmd.Connection = con;
    cmd.CommandText ="INSERT INTO TB_Department VALUES('"+id+"','"+name+"','"
    +phone+"','"+email+"')";
    int rowNum = cmd.ExecuteNonQuery();
    con.Close();
    if(rowNum > 0)
    {
        MessageBox.Show("部门添加成功!");
        loadData();//重新加载表格
    }
}
```

提示：在前面的代码中，数据库连接对象con直接作为类的属性进行定义，这样窗体里面的方法都可以直接使用con对象，而不需要各自去创建新的数据库连接。类似地，在窗体加载、数据添加、数据修改以及数据删除操作中，都需要对表格的数据进行更新，于是单独定义loadData()方法，以便在需要的时候直接调用。

💡 **思考**:如果在一条已有的部门记录上单击"添加"按钮,将会发生什么情况?为什么?

(4)业务员管理功能的实现。实现对业务信息的添加、修改、删除以及查询等操作。与前面部门管理功能不同的是,业务员表存在两个外键,即业务员所属的部门编号 SDID 以及业务员所属的岗位级别编号 SPostID,因此在数据的处理上与部门管理有所区别。

在项目中添加一个名称为"Salesman.cs"的新窗体用来进行业务员信息管理,如图 7-15 所示。

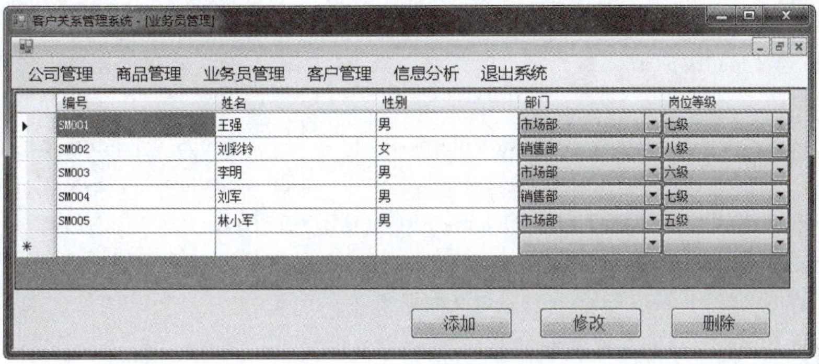

图 7-15 业务员信息管理

💡 **提示**:业务员信息中的部门和岗位等级都是从外键表中获取的,因此在表格中可以使用组合框来显示这两个字段。关于如何设置表格中的列,可参阅本任务的技术拓展与提高部门的相关内容。

在业务员管理窗体中,分别对添加、修改以及删除按钮的单击事件进行编程,并让每个按钮能够执行相应的 SQL 语句来实现对应的功能。代码如下:

```
public partial class Salesman : Form
{
    public Salesman()
    {
        InitializeComponent();
    }
    //定义数据库连接字符串
    static string strConn = "Data Source=DBSERVER;Initial Catalog=DB_CRM;Integrated Security=
                    True";
    //创建面向 SQL Server 的数据库连接
    SqlConnection con = new SqlConnection(strConn);
    private void Department_Load(object sender, EventArgs e)
    {
        loadData();
    }
    //加载数据的方法
    private void loadData()
    {
        con.Open();//打开数据库连接
        string cmd = "SELECT * FROM TB_Salesman";//定义查询语句
        SqlDataAdapter sda = new SqlDataAdapter(cmd, con);//创建数据适配器
```

```csharp
    DataSet ds = new DataSet();//定义数据集
    sda.Fill(ds);//填充数据集
    loadDepartment();//填充部门组合框
    loadPost();//填充岗位级别组合框
    con.Close();//关闭数据库连接
    dgvSalesman.DataSource = ds.Tables[0];//向表格填充数据
}
//加载部门组合框的方法
private void loadDepartment()
{
    DataGridViewComboBoxColumn cbDepartment = dgvSalesman.Columns["department"] as
                                    DataGridViewComboBoxColumn;
    string cmd ="SELECT DID,DName FROM TB_Department";//定义查询语句
    SqlDataAdapter sda = new SqlDataAdapter(cmd,con);//创建数据适配器
    DataSet ds = new DataSet();//定义数据集
    sda.Fill(ds);//填充数据集
    cbDepartment.DisplayMember ="DName";
    cbDepartment.ValueMember ="DID";
    cbDepartment.DataSource =ds.Tables[0];
}
//加载岗位级别组合框的方法
private void loadPost()
{
    DataGridViewComboBoxColumn cbPost=dgvSalesman.Columns["post"] as
                                    DataGridViewComboBoxColumn;
    string cmd ="SELECT PostID FROM TB_PostGrade";//定义查询语句
    SqlDataAdapter sda = new SqlDataAdapter(cmd,con);//创建数据适配器
    DataSet ds = new DataSet();//定义数据集
    sda.Fill(ds);//填充数据集
    cbPost.DisplayMember ="PostID";
    cbPost.ValueMember ="PostID";
    cbPost.DataSource =ds.Tables[0];
}
//删除按钮处理事件
private void btDelete_Click(object sender,EventArgs e)
{
    //获取当前行的记录编号
    string id=dgvSalesman.CurrentRow.Cells["id"].Value.ToString();
    con.Open();
    SqlCommand cmd = new SqlCommand();//创建 SQL 命令对象
    cmd.Connection=con;//指定数据连接
    cmd.CommandText ="DELETE TB_Salesman WHERE SID='"+id+"'";
    int rowNum=cmd.ExecuteNonQuery();//获取影响的记录条数
    con.Close();
```

```csharp
        if (rowNum > 0)
        {
            MessageBox.Show("业务员删除成功!");
            loadData();//重新加载表格
        }
}
//修改按钮处理事件
private void btUpdate_Click(object sender, EventArgs e)
{
    //获取当前行的业务员编号
    string id = dgvSalesman.CurrentRow.Cells["id"].Value.ToString();
    //获取当前行的业务员姓名
    string name = dgvSalesman.CurrentRow.Cells["name"].Value.ToString();
    //获取当前行的业务员性别
    string sex = dgvSalesman.CurrentRow.Cells["sex"].Value.ToString();
    //获取当前行的业务员所属部门
    string department = dgvSalesman.CurrentRow.Cells["department"].Value.ToString();
    //获取当前行的业务员岗位级别
    string post = dgvSalesman.CurrentRow.Cells["post"].Value.ToString();
    con.Open();
    SqlCommand cmd = new SqlCommand();//创建 SQL 命令对象
    cmd.Connection = con;
    cmd.CommandText = "UPDATE TB_Salesman SET SName='"+name+
        "',SSex='"+sex+"',SDID='"+department+
        "',SPostID='"+post+"' where sid='" + id + "'";
    int rowNum = cmd.ExecuteNonQuery();
    con.Close();
    if (rowNum > 0)
    {
        MessageBox.Show("业务员修改成功!");
        loadData();//重新加载表格
    }
}
//添加按钮处理事件
private void Insert_Click(object sender, EventArgs e)
{
    //获取当前行的业务员编号
    string id = dgvSalesman.CurrentRow.Cells["id"].Value.ToString();
    //获取当前行的业务员姓名
    string name = dgvSalesman.CurrentRow.Cells["name"].Value.ToString();
    //获取当前行的业务员性别
    string sex = dgvSalesman.CurrentRow.Cells["sex"].Value.ToString();
    //获取当前行的业务员所属部门
    string department = dgvSalesman.CurrentRow.Cells["department"].Value.ToString();
```

```csharp
//获取当前行的业务员岗位级别
string post = dgvSalesman.CurrentRow.Cells["post"].Value.ToString();
con.Open();
SqlCommand cmd = new SqlCommand();//创建SQL命令对象
cmd.Connection = con;
cmd.CommandText = "INSERT INTO TB_Salesman  VALUES('"+id+"','"+name+"','"
                    +sex+"','"+department+"','"+post+"')";
int rowNum = cmd.ExecuteNonQuery();
con.Close();
if(rowNum>0)
{
    MessageBox.Show("业务员添加成功!");
    loadData();//重新加载表格
}
}
}
```

> **提示**：由于业务员所属的部门采用了组合框的形式进行呈现，因此在往数据表格填充数据时需要对组合框的数据进行加载。

> **思考**：上面的代码中关于数据库的访问部分有很多重复的地方，可以通过怎样的方式减少代码的重复，提高代码的重用率？

(5)客户购买信息查询的实现。实现对客户购买信息的查询，并可以实现按客户名称查询、按商品名称查询以及模糊查询等功能。

在项目中添加一个名称为"Buy.cs"的新窗体用来进行客户购买信息查询，如图7-16所示。

图7-16 客户购买信息查询

由于从客户购买表中查询的客户和商品都是以外键形式保存的编号，在显示时也智能显示出客户的编号和所购买的商品编号。显然这种方式并不便于信息的查看，因此这里需要根据外键编号将对应的客户名称和商品名称获取过来，可通过在数据库中新建视图的方式来解决。在 SQL Server 中新建视图 View_Buy，设计代码如下：

```
SELECT TB_Buy. BID,TB_Customer. CCompany,TB_Product. PName,TB_Product. PPrice,TB_Buy.
BNum,TB_Buy. BTime FROM TB_Buy INNER JOIN TB_Customer ON TB_Buy. CID =TB_Customer. CID
INNER JOIN TB_Product ON TB_Buy. PID =TB_Product. PID
```

查询的执行结果如图 7-17 所示。

BID	CCompany	PName	PPrice	BNum	BTime
1	德胜电器贸易...	美的吸尘器	550.00	400	2013-10-28 00:...
2	袁强数码有限...	Iphone5S	5280.00	200	2013-12-05 00:...
3	袁强数码有限...	SONY微单	5880.00	100	2013-11-26 00:...
4	袁强数码有限...	小米3手机	2280.00	300	2013-12-15 00:...

图 7-17　查询 View_Buy 的执行结果

在窗体中将从 TB_Buy 表中获取数据更换成从 View_Buy 视图中获取数据，得到如图 7-18 所示的客户购买信息查询窗体。

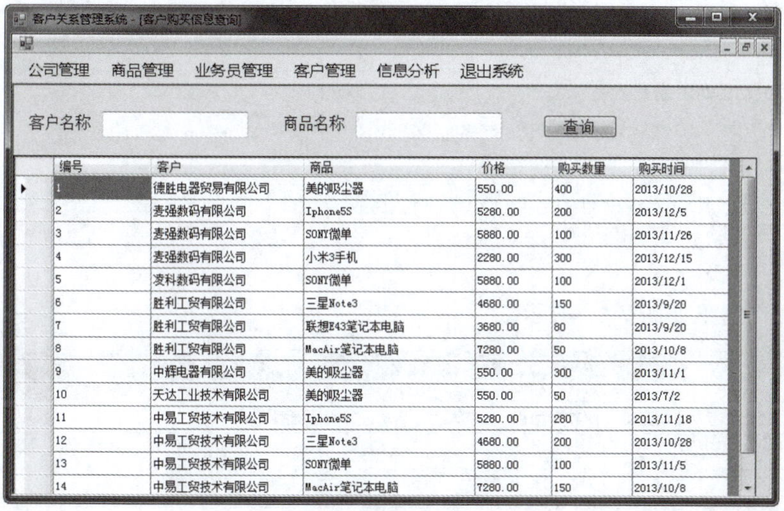

图 7-18　从视图中获取数据

思考：从视图中获取数据是在查询时经常使用的方法，那么在什么情况下使用视图比使用表格更方便呢？

在客户购买信息查询窗体中，添加实现条件查询的方法，并对查询按钮的事件进行处理。代码如下：

```
public partial class Buy : Form
{
    public Buy()
    {
        InitializeComponent();
    }
    //定义数据库连接字符串
    static string strConn="Data Source=DBSERVER;
    Initial Catalog=DB_CRM;Integrated Security=True";
    //创建面向 SQL Server 的数据库连接
    SqlConnection con =new SqlConnection(strConn);
    private void Buy_Load(object sender,EventArgs e)
```

```csharp
{
    loadData(tbCustomer.Text,tbProduct.Text);
}
//带参数的加载数据的方法
private void loadData(string s_customer,string s_product)
{
    con.Open();//打开数据库连接
    string cmd ="SELECT * FROM View_Buy WHERE CCompany LIKE '%"+
    s_customer+"%' and PName LIKE '%"+s_product+"%'";//定义模糊查询语句
    SqlDataAdapter sda =new SqlDataAdapter(cmd,con);//创建数据适配器
    DataSet ds =new DataSet();//定义数据集
    sda.Fill(ds);//填充数据集
    con.Close();//关闭数据库连接
    dgvBuy.DataSource = ds.Tables[0];//向表格填充数据
}
//查询按钮单击事件
private void button1_Click(object sender,EventArgs e)
{
    loadData(tbCustomer.Text,tbProduct.Text);
}
}
```

窗体的查询结果如图 7-19 所示。

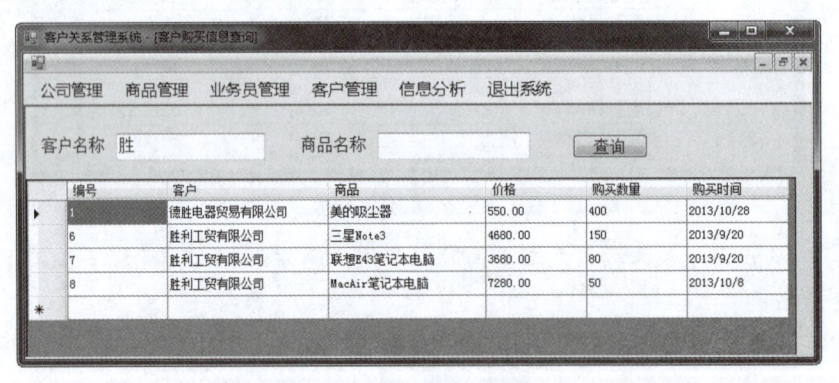

图 7-19　窗体查询结果

同样,也可以在窗体中设定两个条件,查询结果如图 7-20 所示。

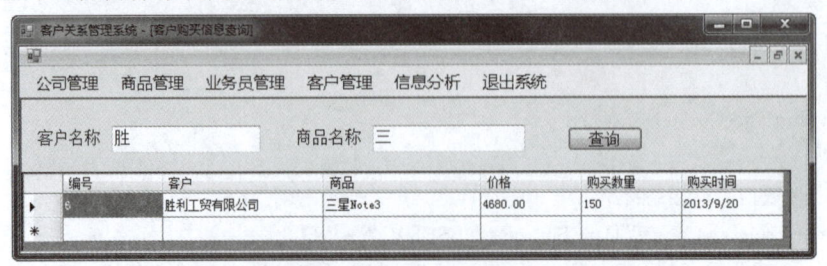

图 7-20　窗体查询结果

思考:窗体加载后,客户名称和商品名称两个文本框的值都为空,为什么在进行模糊查询时可以得到所有的数据?

7.2.3 课堂实践与检查

1. 课堂实践

(1)按照任务实施过程的要求完成任务并检查结果。

(2)实现客户关系管理系统中的其他功能,包括:岗位级别管理、商品管理、业务员任务管理、客户管理、客户信用档案管理以及客户反馈信息查询等。

2. 检查与问题讨论

(1)检查课堂实践的完成情况,并对过程中发现的问题进行讨论。

(2)讨论在使用 DataGridView 数据表格加载数据时要注意的问题。

(3)讨论在编码中该如何提高代码的重用性。

(4)讨论在进行数据库操作时应如何避免发生数据操作错误。

7.2.4 知识完善与拓展

1. 软件系统开发流程

软件系统开发流程即软件设计思路和方法的一般过程,包括设计软件的功能和实现的算法和方法、软件的总体结构设计和模块设计、编程和调试、程序联调和测试以及编写、提交程序。主要步骤如下:

(1)需求分析

相关系统分析员向用户初步了解需求,然后用文档列出要开发的系统的大功能模块,每个大功能模块有哪些小功能模块,对于有些需求比较明确相关的界面时,在这一步里面可以初步定义好少量的界面。系统分析员深入了解和分析需求,根据自己的经验和需求用文档或相关的工具图表再做出一份文档系统的功能需求文档。这次的文档会清楚列出系统大致的大功能模块,大功能模块有哪些小功能模块,并且还列出相关的界面和界面功能。系统分析员向用户再次确认需求。

(2)概要设计

首先,开发者需要对软件系统进行概要设计,即系统设计。概要设计需要对软件系统的设计进行考虑,包括系统的基本处理流程、系统的组织结构、模块划分、功能分配、接口设计、运行设计、数据结构设计和出错处理设计等,为软件的详细设计提供基础。

(3)详细设计

在概要设计的基础上,开发者需要进行软件系统的详细设计。在详细设计中,描述实现具体模块所涉及的主要算法、数据结构、类的层次结构及调用关系,需要说明软件系统各个层次中的每一个程序(每个模块或子程序)的设计考虑,以便进行编码和测试。应当保证软件的需求完全分配给整个软件。详细设计应当足够详细,能够根据详细设计报告进行编码。

(4)编码

在软件编码阶段,开发者根据设计报告中对数据结构、算法分析和模块实现等方面的设计要求,开始具体的编写程序工作,分别实现各模块的功能,从而实现对目标系统的功能、性能、接口、界面等方面的要求。

(5)测试

测试编写好的系统。交给用户使用,用户使用后一个一个地确认每个功能。软件测试有很多种:按照测试执行方,可以分为内部测试和外部测试;按照测试范围,可以分为模块测试和整体联调;按照测试条件,可以分为正常操作情况测试和异常情况测试;按照测试的输入范围,可以分为全覆盖测试和抽样测试。

(6)交付

在软件测试证明软件达到要求后,软件开发者应向用户提交开发的目标安装程序、数据库的数据字典、《用户安装手册》、《用户使用指南》、需求报告、设计报告、测试报告等双方合同约定的系统开发产物。

2. DataGridView 控件应用

(1)DataGridView 基本属性

DataGridView 控件可以在窗体上直接显示数据表格,是进行数据库系统开发的常用控件。可以在"工具项"中的"数据"栏目中找到 DataGridView 控件,如图 7-21 所示。

DataGridView 的常用属性见表 7-1。

图 7-21　DataGridView 控件

表 7-1　　　　　　　　　DataGridView 控件的常用属性

属性	说　明
AllowPaging	获取或设置一个值,该值表示是否启用分页功能
AllowSoring	获取或设置一个值,该值表示是否启用排序功能
Columns	获取表示列字段的 DataControlField 对象的集合
CurrentRow	获取当前操作的行
DataKeyNames	获取或设置一个数组,该数组包含了显示在 GridView 控件中项的主键字段的名称
DataKeys	获取一个 DataKey 对象集合,这些对象表示 GridView 控件中的每一行的数据键值
DataSource	获取或设置数据表格的数据源
Rows	获取表示数据行的 GridViewRow 对象的集合

3. 使用数据绑定访问数据库

在前面的任务中采用了 ADO.NET 的方式,通过编码来对数据库进行访问。Visual Studio 还提供了数据绑定的方式来进行数据库访问。使用数据绑定来进行数据库访问的方法如下:

(1)在项目中新建商品管理窗体"Product.cs",并在窗体上放置 DataGridView 控件。

(2)展开 DataGridView 数据表格的编辑功能,并打开"选择数据源"选项,如图 7-22 所示。

(3)单击"添加项目数据源",打开"数据源配置向导",如图 7-23 所示。

(4)选择数据来源为"数据库",单击"下一步"按钮进行数据库模型选择。选择数据模型为"数据集"后单击"下一步"按钮进入数据源选择对话框。

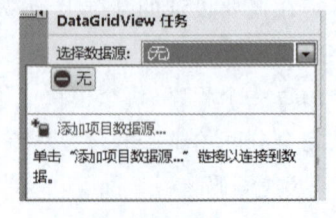

图 7-22　选择数据源

(5)在对话框中选择"新建连接",弹出"添加连接"对话框,在该对话框中即可选择需要连接的数据库,如图 7-24 所示。

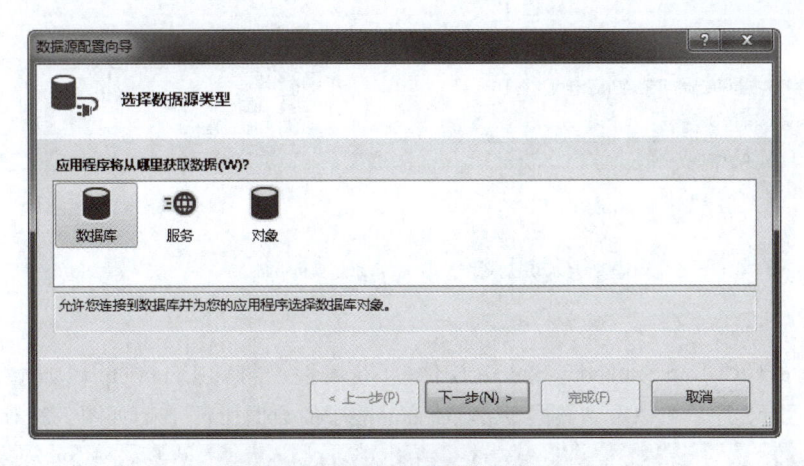

图 7-23　启动"数据源配置向导"

图 7-24　"添加连接"对话框

(6) 连接添加好后,单击"确定"按钮进入连接保存设定页码,选中对话框上的选项保存连接,如图 7-25 所示。

(7) 继续单击"下一步"按钮,进行数据库对象的选择,如图 7-26 所示。

(8) 单击"完成"按钮即可完成数据源的添加,这时可以在窗体上看到新添加的数据源,如图 7-27 所示。

其中,dB_CRMDataSet 用来实现程序对数据库的连接,而 dBCRMDataSetBindingSource 则可用来指明要访问的数据库对象。

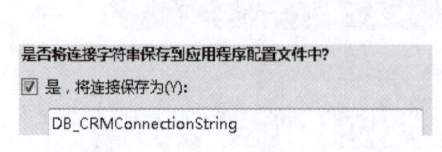

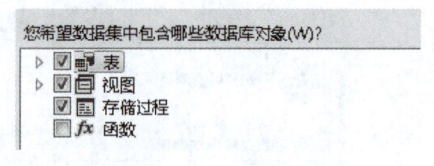

图 7-25 保存连接　　　　　　　　图 7-26 选择数据库对象

图 7-27 添加的数据源

（9）选中 dBCRMDataSetBindingSource 控件，并在属性中将其 DataMember 属性设置为 TB_Product 表。运行程序后可以看到数据表格已将商品表中的数据加载进来，如图 7-28 所示。

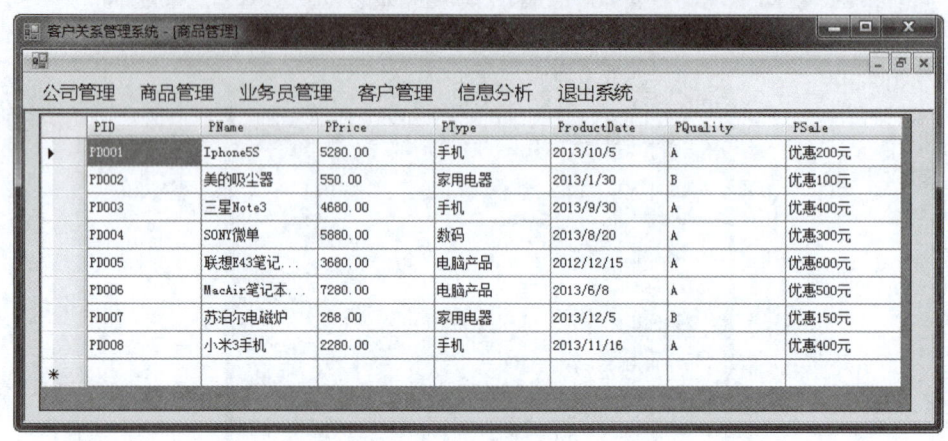

图 7-28 使用数据绑定访问商品表

综合训练 7　HR 人力资源管理系统的实现

1. 实训目的与要求

（1）了解数据库系统的一般开发流程。
（2）了解数据库访问的常用方法。
（3）掌握通过 ADO.NET 组件访问数据库的方法。
（4）掌握数据库系统开发的基本方法。

文档

酒店管理系统
开发说明书

2. 实训内容与过程

HR 人力资源管理系统主要功能需求见表 7-2。

表 7-2　　　　　　　　　HR 人力资源管理系统功能要求

模块	功能描述
部门管理	部门信息添加、部门信息修改、部门信息删除
职位管理	职位信息添加、职位信息修改、职信息位删除、职位信息查询
补贴管理	补贴信息添加、补贴信息修改、补贴信息删除
基本工资管理	基本工资信息添加、基本工资信息修改、基本工资信息删除
培训项目管理	培训项目信息添加、培训项目信息修改、培训项目信息删除

(续表)

模块	功能描述
员工管理	员工信息添加、员工信息修改、员工信息删除、员工信息查询
员工工资管理	员工工资信息查询、员工工资信息填报
员工培训管理	员工培训信息查询、员工培训信息填报

对 HR 人力资源管理系统进行实现，具体内容如下：
(1)对 HR 人力资源管理系统进行系统设计，画出系统的功能结构图和系统流程图。
(2)在 Visual Studio 中创建 HR 人力资源管理系统项目。
(3)进行系统实现，按照系统功能结构图的划分，完成各个功能模块。

知识提升

专业英语

项目：Project
软件开发：Software Development
需求分析：Requirements Analysis
组件：Component
实现：Implement
应用程序：Application
软件工程：Software Engineering
系统设计：System Design
接口：Interface

考证天地

(1)考点归纳

根据新版《数据库系统工程师考试大纲》(2020 年 12 月清华大学出版社出版发行)，涉及考点包括数据库连接方式、软件工程、软件生命周期等方面。

①数据库连接方式

连接数据库的常用方法有：ODBC、DAO、RDO、ADO。ADO 是 DAO、RDO 的简化合集。

②软件工程

软件工程是指应用计算机科学、数学及管理科学等原理，以工程化的原则和方法来解决软件问题的工程。其目的是提高软件生产率，提高软件质量，降低软件成本。

在经历 20 世纪 60 年代的软件开发危机后，人们开展了软件开发模型、开发方法、工具与环境的研究，提出了瀑布模型、深化模型、螺旋模型和喷泉模型等开发模型，出现了面向数据流方法、面向数据结构的方法和面向对象方法等开发方法，以及一批计算机辅助的软件工程工具和环境。

③软件项目管理

成本管理：有两种方法。开发费用＝人月数＊每个人月的代价；开发费用＝源代码行数＊每行平均费用。

风险分析：涉及三个概念，一是关心未来，二是关系变化，三是要解决选择问题。风险分析实际包括四个活动：风险识别、风险预测、风险评估和风险控制。

进度管理：有两种安排方式，一种是交付日期已确定，另一种是仅确定了大致的日期，最终交付日期由开发部门确定。常用两种图形描述方法,即 Gantt(甘特)图,横轴表示时间,纵轴表示任务,水平线表示任务的进度安排,它可以很好地描述任务间的并行性,但不能反映任务间的依赖关系,不能确定整个项目的关键;PERT 图,是一个有向图,图中的箭头表示任务,图中的结束称为事件,表示流入结点的任务的结束和流出结点的任务的开始。仅当流入结点的任务都结束时,该事件才出现,流出结点的任务才能开始。每个任务有一个松弛事件。为了表示任务间的关系,图中还可以加入一些空任务(虚线表示)。一个事件有事件号、出现该事件的最早时刻、最迟时刻。松弛事件为 0 的任务构成了关键路径。PERT 图不能反映任务的并行性。

人员管理:主程序员组、无主程序员组、层次式程序员组。

(2)真题分析

真题 1:不属于数据库访问接口的是(　　)。

A. ODBC　　　　B. JDBC　　　　C. ADO　　　　D. XML

〔分析〕

ODBC(Open Database Connectivity,开放式数据库连接技术)使程序员开发的数据库项目可以几乎不加改动地访问不同操作系统平台上的各种数据库,如 Windows 平台上的 SQL Server、Oracle 和 Access,UNIX 平台上的 Oracle 等。

JDBC 是 Sun 提供的一套数据库编程接口 API 函数,由 Java 语言编写的类、界面组成。用 JDBC 写的程序能够自动地将 SQL 语句传送给相应的数据库管理系统。

ADO 使用 OLE DB 接口并基于微软的 COM 技术。使用 ADO 能够编写对数据库服务器中的数据进行访问和操作的应用程序,并且易于使用、高速度、低内存支出和占用磁盘空间较少,支持用于建立基于客户端服务器和 Web 应用程序的主要功能。扩展标记语言 XML 是一种简单的数据存储语言,使用一系列简单的标记描述数据,而这些标记可以用方便的方式建立。虽然 XML 比二进制数据要占用更多的空间,但 XML 极其简单,易于掌握和使用。答案 D。

真题 2:下列叙述中,与提高软件可移植性相关的是(　　)。

A. 选择时间效率高的算法

B. 尽可能减少注释

C. 选择空间效率高的算法

D. 尽量用高级语言编写系统中对效率要求不高的部分

〔分析〕

软件可移植性是指软件从某一环境转移到另一环境下的难易程度。为获得较高的可移植性,在设计过程中常采用通用的程序设计语言和运行支撑环境。尽量不用与系统的底层相关性强的语言。可移植性是软件质量之一,良好的可移植性可以提高软件的生命周期。代码的可移植性主题是软件;可移植性是软件产品的一种能力属性,其行为表现为一种程度,而表现出来的程度与环境密切相关。答案 D。

问题探究

(1)ODBC、OLEDB 以及 ADO 有什么区别?

①ODBC 是开放式数据库互连,一些标准规范符合规范的数据库就可以通过 SQL(结构

化查询语言)编写的命令进行操作。理解 ODBC 是一种数据库互连标准就行了,Windows 中 ODBC 配置与数据库进行系统中登记操作一样,不起任何数据服务作用。其突出特点是可进行底层控制。

②OLE DB 是数据库嵌入对象,是一套组件对象模型(COM)接口,可提供对存储在不同信息源中的数据进行统一访问的能力。即:通过这个对象可以对数据库操作,但它只是数据库的一个接口。因为要统一许多接口,它接口也变得复杂繁多,不便于使用。其突出特点是可访问非关系数据库。

③ADO 是程序和数据接口的桥梁,使用它就可以方便地操作数据库。应用程序操作 ADO,ADO 则用 OLE DB 与数据库通信。其突出特点是易用性好,提供多种编程接口。

(2)软件开发的方法有哪些?

①结构化方法:是目前最成熟的开发方法之一,分为结构化分析和结构化设计。

②面向对象方法:从现实世界中客观存在的事物出发来构造软件系统。软件系统适用的业务范围称作软件的问题领域,把问题领域中事物的特征抽象地描述成类,由类建立的对象作为系统的基本构成单位,它们的内部属性与服务描述了客观存在的事物的静态和动态特征。对象类之间的继承关系、聚集关系、消息和关联反映了问题域中事物之间实际存在的各种关系。

③原型法:在获得一组基本需求后,快速地加以实现,随着用户和开发人员对系统理解的加深而不断进行补充和细化,是一种动态定义技术。

技术前沿

1. 对象关系数据库系统

在目前市场中,主流的数据库管理系统产品有两类:关系数据库系统和面向对象数据库系统。另外还有两种类型,分别是层次数据库和网关数据库。

对象关系数据模型扩展关系数据模型的方式是提供一个包括复杂数据类型和面向对象的更丰富的类型系统。

(1)嵌套关系:元组在一个属性上取值可以是一个关系,于是关系可以存储在关系中,从而形成了关系的嵌套。这样一个复杂的对象可以用嵌套关系的单个元组来表示。

(2)复杂类型:集合是集合体类型的一个实例,另外的集合体类型包括数组和多重集合。面向对象关系数据库允许属性是集合。

(3)继承、引用类型:SQL99 仅支持单继承。

(4)与复杂类型有关的查询:路径表达式;以集合体为值的属性;嵌套与解除嵌套。

(5)函数与过程:对象关系数据库系统中允许用户定义函数与过程,既可以用 SQL 来定义,也可以用外部的程序设计语言来定义。

(6)面向对象与对象关系:几种数据库系统的能力如下,关系系统——简单数据模型、功能强大的查询语言以及高保护性;对象关系系统——复杂数据模型、功能强大的查询语言以及高保护性;以持久化程序设计语言为基础的面向对象系统——复杂数据类型、与程序设计语言集成以及高性能。

2. 决定支持系统

决策支持系统实质上是在管理信息系统的基础上发展起来的。它综合利用了各种数据、信息、知识,特别是模型技术,能够辅助各级决策者解决决策问题。决策支持系统的新特点就是增加了模型库和模型库管理系统。

本章小结

1. 数据库访问:ADO.NET 的使用、ODBC 的使用、OLE DB 的使用等。
2. 数据库操作类:Connection 的使用、DataAdapter 的使用等。
3. 系统实现:软件工程、软件开发流程、系统结构图等。
4. 程序开发:Visual Studio 数据库访问、窗体设计、DataGridView 控件的使用等。

思考习题

一、选择题

1. 采用瀑布模型进行系统开发的过程中,每个阶段都会产生不同的文档。以下关于产生这些文档的描述中,正确的是(   )。
   A. 外部设计评审报告在概要设计阶段产生
   B. 集成测评计划在程序设计阶段产生
   C. 系统计划和需求说明在详细设计阶段产生
   D. 在进行编码的同时,独立的设计单元测试计划

2. 在软件项目开发过程中,评估软件项目风险时,与风险无关的是(   )。
   A. 高级管理人员是否正式承诺支持该项目
   B. 开发人员和用户是否充分理解系统的需求
   C. 最终用户是否同意部署已开发的系统
   D. 开发需要的资金是否能按时到位

3. 在软件项目管理中可以使用各种图形工具来辅助决策,下面对 Gantt 图的描述中,不正确的是(   )。
   A. Gantt 图表现了各个活动的持续时间
   B. Gantt 图表现了各个活动的起始时间
   C. Gantt 图反映了各个活动之间的依赖关系
   D. Gantt 图表现了完成各个活动的进度

4. 关于 ODBC 特性,说法正确的是(   )
   A. 最显著的优点在于互操作性
   B. 由 ODBC 所建立的应用程序不必针对特定的数据源
   C. 实际应用中,不同的数据库系统对 SQL 语法的支持程度相同
   D. 提供了两方面的一致性级别

5. 下列关于 ADO.NET 的特点说法错误的是(   )。
   A. 在 ADO.NET 中,数据是以 XML 格式存储的,具有较好的互操作性
   B. ADO.NET 采用断开式数据结构,这增强了应用程序的开销
   C. 在 ADO.NET 中,可以使用 C♯、VB.NET 等语言编写程序
   D. ADO.NET 的性能比 OLE DB 好

6. 在软件开发的各种资源中,(   )是最重要的资源。
   A. 开发工具　　　B. 方法　　　　C. 硬件环境　　　D. 人员

7. 原型化方法是用户和软件开发人员之间进行的一种交互过程,适用于( )。
A. 需求不确定的系统　　　　　　　　B. 需求确定的系统
C. 管理信息系统　　　　　　　　　　D. 决策支持系统

8. 在ADO.NET中,下列可以作为DataGridView控件的数据源是( )。
A. DataSet　　　B. DataTable　　　C. DataAdapter　　　D. DataView

9. 在ADO.NET中,不属于.NET数据提供组件的是( )。
A. Command　　　B. DataReader　　　C. DataSet　　　D. DataAdapter

10. 下列关于DataSet类说法错误的是( )。
A. 在DataSet中,可以包含多个DataTable
B. 修改DataSet中的数据后,数据库中的数据可以自动更新
C. 在与数据库断开连接后,DataSet中的数据会消失
D. DataSet实际上是从数据源中检索的数据在内存中的缓存

二、填空题

1. 软件定义时期包括两个阶段,它们是_____和_____。

2. ADO.NET的_____对象用来建立应用程序与数据库的连接。

3. 通过设置窗体的_____属性,可以让窗体成为一个MDI父窗体。

4. 使用OLE DB连接到SQL Server时,应将Connection对象的ConnectionString属性中的_____子属性设置为_____。

5. 需求分析中开发人员要从用户那里了解_____,需求分析阶段的任务是_____。

6. ADO.NET自带类库中包括有_____、_____、_____、_____和_____。

三、简答题

1. 简述ADO.NET、ODBC以及OLE DB有什么区别。

2. 简述ADO.NET访问SQL Server的一般流程。

3. 简述使用数据绑定方式访问SQL Server有何好处。

参考文献

[1] 陈会安. SQL Server 2012 数据库设计与开发实务[M]. 北京:清华大学出版社,2013.

[2] (美)阿特金森. SQL Server 2012 编程入门经典[M]. 北京:清华大学出版社,2013.

[3] 吴德胜. SQL Server 入门经典[M]. 北京:机械工业出版社,2013.

[4] 刘志成,宁云智,刘钊. SQL Server 实例教程(2008 版)[M]. 北京:电子工业出版社,2013.

[5] 王英英,张少军,刘增杰,等. SQL Server 2012 从零开始学[M]. 北京:清华大学出版社,2012.

[6] 郑阿奇,刘启芬,顾韵华. SQL Server 数据库教程(2008 版)[M]. 北京:人民邮电出版社,2012.

[7] 黄崇本,谭恒松,等. 数据库技术与应用[M]. 北京:电子工业出版社,2012.

[8] 郭郑州,陈军红,等. SQL Server 2008 完全学习手册[M]. 北京:清华大学出版社,2011.

[9] 程有娥,钱冬云,洪年松. SQL Server 数据库管理系统项目教程[M]. 北京:化学工业出版社,2011.

[10] 刘智勇. SQL Server 2008 宝典[M]. 北京:电子工业出版社,2010.

[11] 钱冬云,周雅静. 数据库设计与管理[M]. 北京:清华大学出版社,2009.

[12] 杨章伟. 精通 SQL 语言与数据库管理[M]. 北京:人民邮电出版社,2008.

[13] 萨师煊,王珊. 数据库系统概论[M]. 北京:高等教育出版社,2006.

[14] 希赛教育软考学院. 数据库系统工程师考试历年试题分析与解答[M]. 4 版. 北京:电子工业出版社,2012.

[15] 15 个 nosql 数据库[EB/OL]. https://www.cnblogs.com/haifan1984/p/4322800.html,2015-03-09.

[16] 宋沄剑. SQL Server 2012 中的 SequenceNumber 尝试[EB/OL]. http://www.cnblogs.com/CareySon/archive/2012/03/12/2391581.html,2012-03-12.

[17] 宋沄剑. SQL Server 2012 T-SQL 对分页的增强尝试[EB/OL]. https://www.cnblogs.com/CareySon/archive/2012/03/09/2387825.html,2012-03-09.

[18] jqrsdsy. SQL Server 2012 新特性 WITH RESULT SETS[EB/OL]. https://blog.csdn.net/jqrsdsy/article/details/39397975,2014-09-19.

[19] Masha. AlwaysOn 可用性组(SQL Server)[EB/OL]. https://docs.microsoft.com/zh-cn/sql/database-engine/availability-groups/windows/always-on-availability-groups-sql-server?view=sql-server-2017,2016-06-17.

附录

数据库设计大作业资料

一、数据库设计概要

结合教材数据库设计内容的学习,利用课内外时间完成《数据库设计》大作业。

1. 基本任务:数据库需求分析、概念结构设计、逻辑结构设计,数据库结构设计。

2. 设计选题:选择课题进行设计,课题可从教师提供的课题中选,也可以自己根据企业需求项目确定,但必须经上课老师认可。

3. 作业评价:

(1) 数据库需求分析:15%

(2) 概念结构设计:35%

(3) 逻辑结构设计:30%

(4) 关系模型规范化:20%

4. 作业提交:上交数据库设计报告。

二、数据库设计内容与要求

1. 对实际系统进行需求分析。

2. 设计数据库概念结构,内容至少包含 E-R 图。

3. 设计数据库逻辑结构,内容至少包含关系模型。

4. 确定数据库表结构,内容至少包含表结构及表间关系。

5. 数据库设计报告,内容是 1~4 的综合,可以增加开头和结尾等内容,并以一定的格式呈现。

三、数据库设计参考课题

1. 人事工资管理系统

主要功能:

系统主要功能分为部门信息管理、职工信息管理、出勤信息管理、工资信息管理和奖惩信息管理五大类,具体要求如下:

(1) 完成部门信息的登记、修改和查阅。

(2) 完成职工档案的登记、修改和查询。

(3) 完成职工出勤的登记、查阅和分析。

(4) 完成工资信息的登记、修改和查阅。

(5)完成奖惩信息的登记、修改和查阅。

设计要求：

要进行实际调研，系统功能在设计时要参照人事工资管理实际流程。

2. 银行储蓄系统

主要功能：

(1)实现储户开户登记。

(2)办理定期存款账。

(3)办理定期取款手续。

(4)办理活期存款账。

(5)办理活期取款手续。

(6)实现利息计算。

(7)输出明细表。

(8)具有数据备份和数据恢复功能。

主要的数据表有定期存款单、活期存款账、存款类别代码表等。

设计要求：

要进行实际调研，系统功能在实现时参照实际的储蓄系统的功能。同时要考虑银行系统数据的安全与保密工作。数据要有加密功能。

3. 设备管理系统

主要功能：

(1)实现设备的录入、删除、修改等基本操作。

(2)实现国家标准设备代码的维护。

(3)能够对设备进行方便的检索。

(4)实现设备折旧计算。

(5)能够输出设备分类明细表。

(6)具有数据备份和数据恢复功能。

主要数据表有设备明细账表、设备使用单位代码表、国家标准设备分类表等。

设计要求：

具体设备编码参考国家统一编码方法，功能实现也要考虑通用性。

4. 医院药品进销存系统

主要功能：

(1)新药品的入库。

(2)过期药品的出库登记、处理记录。

(3)药品库存检索。

(4)供货商信息检索。

(5)药品采购记录管理。

(6)药品用药说明信息管理。

(7)输出相应的数据报表。

(8)具有数据备份和数据恢复功能。

主要的数据表有药品分类代码表、药品库存表、供货商信息表、采购信息表等。

设计要求：

具体项目内容去医院进行调研，药品编码也应参考国家统一编码方法。

5. 超市管理系统

主要功能：

(1)实现商品设置，包括管理商品种类、包装种类、商品明细。

(2)完成进货处理，包括管理进货单、查询进货详单。

(3)实现销售收银，包括管理销售单和查询销售详单。当插入销售详表数据时，触发器完成修改商品表的商品，数量＝数量－销售数量。

(4)进行销售统计，实现月销售统计、查询月盈利额、进行库存盘点。

设计要求：

要进行实际调研，系统功能在设计时要参照超市管理的实际流程。

6. 英语学习助手

主要功能：

(1)实现英语单词的录入、修改、删除等基本操作。

(2)实现常用英语单词例句的录入、修改、删除等基本操作。

(3)实现英语单词检索、翻译等。

(4)常用英语单词例句检索。

(5)根据难度随机生成一份单词测试题目。

(6)能够检索出短文及其翻译对照表。

(7)具有数据备份和数据恢复功能。

主要的数据表有英语分级单词表、常用单词例句表、短文分级表等。

设计要求：

系统要考虑实用性，尽量实现英汉互译。英语单词和短语可以考虑加上声音。

7. 大学生就业咨询系统

主要功能：

(1)对用人单位的基本信息进行录入、修改、删除等。

(2)实现毕业生专业信息的维护。

(3)定时发布用人单位的毕业生需求信息。

(4)方便地实现对人才需求信息的检索。

(5)对用人单位的级别能够自动进行变更。

(6)能够对历年的毕业需求信息进行统计、分析。

(7)具有数据备份和数据恢复功能。

主要数据表有用人单位基本信息表、专业信息表、地区代码表等。

设计要求：

方便毕业生进行就业信息检索，可考虑将就业信息在网上进行发布。

8. 教务辅助管理系统

主要功能：

(1)对上课教师基本信息进行管理。

(2)对全院开设的课程进行管理。

(3)录入教师基本上课信息。
(4)实现自动排课功能。
(5)计算工作量。
(6)能够进行各种数据统计。
(7)能够输出相应的报表。
(8)具有数据备份和数据恢复功能。
主要的数据表有教师基本信息表、课程表、教室资源表等。
设计要求：
软件功能主要考虑实用，具体功能模块一定要先进行调研。

9. 宾馆客房管理系统

主要功能：
(1)实现客房数量的基本设置，进行房间价格，入住手续办理等各环节业务流程设置。
(2)办理入住手续，填写客人姓名、身份证号，家庭住址，入住客房，入住时间，预住时间，押金（要求＞＝当天客房费用＋200押金）等基本信息。
(3)客房门卡管理，要求入住时发卡；每天进行一次刷卡登记，必要时需要补交房费，否则不能够正常开锁；退房时交卡结算。
(4)为顾客办理退房手续。
(5)实现宾馆入住统计，按日、周、月核算，并生成报表。
(6)实现网上预订及处理。
设计要求：
软件功能主要考虑实用，具体功能模块一定要先进行调研。

10. 学生宿舍管理系统

主要功能：
(1)系统要求用户必须输入正确的用户名和密码才能进入系统。
(2)系统应该提供学生住宿情况的基本登记。
(3)系统应提供学生每学期的注册及学生的离校处理。
(4)系统应提供人员来访登记及结束访问的详细登记。
(5)系统应提供学生在校期间物品出入宿舍楼的详细情况登记。
(6)系统应提供查询功能，以方便用户对学生基本信息的查询（要实现按多种条件的查询）及楼房信息的查询。
(7)系统应提供增加、删除、修改用户帐户的功能。
(8)系统还应具有添加、修改、删除学生及员工基本信息的功能。
(9)报表生成，基本上应该能够实现学生基本信息的报表生成、某宿舍具体住宿情况的报表生成、某栋宿舍楼的所有员工信息报表、所有学生各年度宿舍交费情况报表、学生物品出入的信息打印及人员来访信息的报表等的功能。
设计要求：
软件功能主要考虑实用，具体功能模块一定要先进行调研。